KB266472

디지털 야누스의 두 얼굴

디지털 야누스의 두 얼굴

AI 시대, 기술을 넘어 인간을 묻다

김준우 · 김신곤 · 김징덕

이담북스

디지털의 파도 위에서 인간의 길을 묻다

❖ 거대한 전환의 시대, 디지털의 빛과 그림자

오늘날 우리는 인류 역사상 유례없는 거대한 전환의 시대를 살고 있습니다. 아침에 눈을 떠 잠들 때까지 우리는 디지털이라는 거대한 생태계 안에서 숨 쉬며, 인공지능(AI)과 빅데이터, 그리고 초연결망이 설계한 '디지털 세상의 빛' 속에 머물고 있습니다.

그러나 이 빛이 강렬할수록 그 이면에 드리운 그림자 또한 짙어지기 마련입니다. 기술의 편리함 뒤에 숨은 인간 소외, 알고리즘의 편향성, 그리고 일상을 위협하는 사이버 보안의 위기는 우리가 반드시 해결해야 할 시대적 과제가 되었습니다.

❖ 산길 위의 대화, 세 학자의 지적 동행

이 책은 평생을 강단과 연구 현장에서 정보시스템(MIS), 인공지능(AI), 그리고 디지털 보안(Security)이라는 세 가지 궤적을 그려온 세 명의 학자가 의기투합하여 내놓은 결과물입니다.

저희 세 사람은 때로는 거친 산길을 함께 오르는 트레킹 파트너로, 때로는 술 한 잔을 앞에 두고 치열하게 논쟁하는 학문적 동지로 시간을 보냈습니다. 땀 흘리며 도달한 산 정상에서 굽어본 세상은 디지털 기술이 결코 차가운 서버실에 갇힌 존재가 아님을 깨닫게 해주었습니다. 기술은 인간과 사회라는 복잡한 체계, 즉 '사회-기술 시스템(Socio-techno System)' 안에서 숨 쉴 때 비로소 진정한 의미를 갖기 때문입니다.

- 김준우 교수는 경영정보학의 관점에서 디지털 시스템이 우리 삶과 조직에 어떤 본질적 변화를 가져오는지를 성찰했습니다.

- 김신곤 교수는 급격히 진화하는 AI 기술이 열어젖힌 새로운 기회와 그 속에 내재된 윤리적·사회적 위험을 집요하게 추적했습니다.

- 김정덕 교수는 디지털 기술이 인간의 존엄성을 훼손하지 않도록 지탱해 주는 최후의 보루로서 '인간중심보안'의 가치를 정립하는 데 집중했습니다.

❖   본 서의 구성: 디지털 문명을 바라보는 입체적 지도

본 서는 독자들의 접근 편의성과 주제의 흐름을 고려하여 총 네 개의 파트로 구성하였습니다.

1. **디지털 전환과 인간의 삶**: 기술이 우리의 일상과 가치관을 어떻게 바꾸고 있는지 살피며, 그 기저에 흐르는 시스템적 사고를 조명합니다.

2. **AI 시대의 기회와 위험**: AI가 주는 경이로운 혜택과 동시에 우리가 경계해야 할 '그림자'를 조명하고, 왜 '인간다운 판단력'과 '책임 있는 거버넌스'가 절실해지는지를 고찰합니다.

3. **디지털 보안과 인간 중심**: 왜 '인간'이 보안의 중심이 되어야 하는지, 행동경제학과 심리학이 보안 현장에서 어떻게 작동하는지를 다룹니다. 보안이 규제가 아닌 '지속 가능한 성장'의 엔진임을 확인하실 수 있을 것입니다.

4. **디지털 문명과 MIS적 사고**: 기술을 문명사적인 관점에서 조망하며, 기술만능주의 속에서 사라져가는 인간의 성찰을 복원하고자 했습니다.

❖ 감사의 말씀: 인연과 진심의 기록

이 책이 세상에 나오기까지 많은 분의 소중한 헌신이 있었습니다.

무엇보다 세 학자의 학문적 고뇌를 아름다운 시각적 예술로 승화시켜 준 김정덕 교수의 며느리인 김유나 디자이너에게 깊은 감사를 전합니다. 표지와 간지 디자인에 담긴 정성은 이 책의 품격을 완성해 주었습니다. 또한, 어려운 출판 환경 속에서도 묵묵히 지원해 주신 이담북스출판사 관계자 여러분과, 오랜 집필 기간 동안 변함없는 믿음으로 곁을 지켜준 사랑하는 가족들에게 이 책의 기쁨을 돌립니다.

마지막으로 긴 시간 이 여정을 함께하며 서로에게 끊임없는 지적 자극과 학문적 영감이 되어준 우리 세 사람의 동행에 깊은 존경과 우정의 마음을 담습니다. 기술의 숲에서 인간의 길을 찾고자 애쓴 저희의 발자취가 독자들에게 작은 나침반이 되기를 희망합니다. 이 책을 읽는 모든 분이 디지털의 빛을 지혜롭게 누리고, 그 그림자 속에서도 길을 잃지 않는 강인한 '내면의 방패'를 갖게 되기를 소망합니다.

2026년 4월,

저자 김준우 · 김신곤 · 김정덕 드림

목차

PART 2. AI 시대의 기회와 위험

PART 3. 디지털 보안과 인간 중심

PART 4. 디지털 문명과 MIS적 사고

PART 1

디지털 전환과 인간의 삶

기술은 차가운 코드 속에만 존재하는 것이 아닙니다. 우리의 평범한 일상 속에 디지털 세상의 본질이 숨어 있습니다. 디지털 세상 속 인간과 사회, 문화와 가치의 변화를 세 명의 학자의 시선으로 따뜻하게 톺아봅니다.

**"우리는 도구를 만들고,
그 후에는 도구가 우리를 만든다."**

---

*"We become what we behold. We shape our tools,
and thereafter our tools shape us."*

마셜 맥루언 (Marshall McLuhan)

01 아파트에서 로제의 아파트로

김신곤 ┊ 대한민국의 두 번의 공간 혁명과
┊ 한국인의 공간 활용

대한민국의 근현대사는 '공간의 한계를 극복해온 혁신의 기록'이라 해도 과언이 아닙니다. 농지 개혁 이후 우리 사회는 두 번의 거대한 공간 혁명을 거치며 사회적 계층 이동의 사다리를 구축했고, 이제는 버려진 지하 공간을 첨단 농장으로 바꾸는 '공간 활용의 연금술'을 선보이고 있습니다. 물리적 토지 공간에 얽매였던 과거를 지나 가상 공간의 영토를 넓히고, 유휴 공간에 생명력을 불어넣는 한국인의 공간 혁명은 지금 이 순간에도 진화 중입니다.

❖ 첫 번째 공간 혁명: 고밀도 아파트가 만든 계층 이동 사다리

대한민국의 첫 번째 공간 혁명은 1970년대 시작된 '아파트 혁명'이었습니다. 아파트는 단순한 주거 형태의 변화를 넘어, 도시 밀도를 극적으로 높임으로써 상업 자본이 형성될 수 있는 물리적 토대를 제공

했습니다.

조선 시대의 5일장 체제에서는 상거래의 연속성이 보장되지 않았습니다. 장이 서지 않는 날에는 농사로 돌아가야 했고, 부의 축적은 오직 조상으로부터 물려받은 '땅문서'에 의해서만 결정되었습니다. 소득과 직업, 신분의 대물림이 고착화된 정체된 사회였던 것입니다. 그러나 아파트가 만든 고밀도 도시 공간은 누구나 가게를 열어 고객을 만날 수 있는 기회를 창출했습니다. 땅문서가 없던 이들이 도시로 상경해 부를 일구고 계층을 이동할 수 있는 '역동적 사다리'가 비로소 놓인 것입니다.

❖ 두 번째 공간 혁명: 가상 공간과 디지털 플랫폼의 탄생

물리적 공간의 성장이 정체기에 접어들 무렵인 1990년대, 대한민국은 '인터넷 가상 공간'이라는 두 번째 혁명을 맞이했습니다. ICT 기술이 개척한 이 신대륙은 자본과 토지(공간)가 부족한 청년들에게 새로운 기회의 땅이 되었습니다.

미국의 아마존에 대응하여 네이버와 카카오 같은 디지털 플랫폼 기업들이 탄생했고, 이는 곧 대한민국 경제 구조의 체질 개선으로 이어졌습니다. 현재 전 세계 유니콘 기업의 절반이 디지털 플랫폼 기반이라는 사실은, 가상 공간이 더 이상 부수적인 영역이 아닌 국가 경쟁력의 핵심 보루임을 증명합니다. 이 신대륙 위에서 우리 국민은 물리적 국경을 넘어 전 세계를 상대로 비즈니스를 전개하기 시작했습니다.

❖ 공간 활용의 진화: 폐지하보도에서 피어난 K-스마트팜

최근 전 세계가 주목하는 대한민국의 공간 활용 능력은 이제 '무(無)에서 유(有)'를 창조하는 수준을 넘어, '버려진 공간의 재해석'으로 나아가고 있습니다. 대전광역시 둔산동의 '대전팜(2026.2)' 사례가 대표적입니다.

15년간 쓰레기만 쌓이며 방치되었던 어두운 폐지하보도는 이제 저발열 LED와 자동 환경제어 시스템이 구축된 첨단 스마트팜으로 탈바꿈했습니다. 약 $966\,m^2$의 지하 공간에서 매달 380kg의 딸기와 유럽형 채소가 쏟아져 나옵니다. 도심 한복판 지하에서 시민들이 딸기를 따고 케이크를 만드는 이색적인 풍경은 외신들조차 놀라게 만드는 '공간 활용의 정수'입니다. 이는 비싼 땅값으로 고민하는 전 세계 도심 농업에 대한 완벽한 해답이자 불가능해 보이던 지하 세계를 옥토로 바꾼 우리 기술진의 집념이 만들어낸 쾌거입니다.

❖ 문화 영토의 확장: 로제의 '아파트'가 쏘아 올린 글로벌 신호탄

이러한 공간 활용 능력은 문화 영역에서도 빛을 발하고 있습니다. 2024년 10월, 로제(ROSÉ)의 곡 '아파트(APT.)'가 글로벌 차트를 석권한 것은 상징적인 사건입니다. 1970년대의 아파트가 물리적 공간 자산으로서의 계층 이동을 상징했다면, 로제의 '아파트'는 디지털 공간 내에서 한국적 서브컬처가 세계인의 놀이 문화로 확장되었음을 의미합니다.

한강 작가의 노벨 문학상 수상이 한국 문화의 '고급화'를 상징한다면, 로제의 열풍은 우리 문화 영토가 전 세계 젊은이들의 일상 깊숙이 침투했음을 보여줍니다. 1970년대의 공간 혁명 아이콘이었던 '아파트'가, 이제는 가상 공간을 타고 전 세계인이 즐기는 문화적 플랫폼으로 돌아온 셈입니다.

❖　물리적 공간의 한계를 넘어 가치 창조의 새로운 지평으로

디지털 시대의 공간 혁명은 단순한 건축이나 토목의 변화가 아닙니다. 그것은 사람을 연결하고 새로운 부가가치를 창출하는 '무대의 전환'입니다.

지하의 어두운 구덩이를 스마트팜으로 바꾸고, 술자리 게임을 글로벌 콘텐츠로 승화시키는 대한민국의 압도적인 아이디어는 우리가 가진 가장 큰 자산입니다. 물리적 한계를 넘어서는 한국인의 공간 활용 능력은 앞으로도 가상과 현실을 넘나들며 대한민국의 영토를 무한히 확장해 나갈 것입니다. 공간에 숨을 불어넣는 이 혁신이 우리 사회의 새로운 성장 동력이 되기를 소망합니다.

02 직업병과 설거지 공학

김준우 　효율과 노하우 사이, 부엌에서 마주한
　　　　서로 다른 세계관

세상에는 관성이란 자연의 법칙이 있습니다. 사람에게도 이 법칙은 습관 혹은 세계관이란 이름으로 어김없이 적용되곤 합니다. 히고 있는 일이 익숙해지고 습관이 된다면 이를 바꾸기가 참 쉽지 않습니다. 특히 정년을 하고 특별한 일 없이 집에 있다 보면 집안일을 거들어야만 하는데, 가장 시급한 일이 하루 세 번 해야만 하는 설거지와 집안 청소입니다. 특히 손님이나 자식들이 왔다 가면 설거지 더미가 하늘 높이 쌓이게 되고, 이는 파김치가 되어 있는 아내를 대신하여 영락없이 제 차지가 됩니다.

❖ 　전공 지식으로 분석하는 설거지 공정

그러나 문제는 일을 하는 방식이 제 아내와 판이하게 다르다는 점입니다. 전공이 시스템 전공인지라 설거지조차도 습관처럼 익숙하게 하던 방식대로 따르게 됩니다. 시스템 전공에서는 분석, 설계, 이행, 마무리라는 네 단계를 나누어 일을 처리하거나 시스템을 구축합니다. 먼저 싱크대 앞에 서서 설거지 더미를 한참 동안 관찰하며 생각해 봅니다. 먼저 각 그릇에 대한 재질 분석과 크기 분석을 시작합니다.

예컨대 재질로는 딱딱한 금속류인 프라이팬, 밥솥, 부엌칼, 수저 등이 있고, 자기류로는 접시, 밥그릇, 유리컵 등이 있으며, 쟁반과 같은 플라스틱 재질도 있습니다. 크기 또한 각각 다릅니다. 밥솥과 같이 큰 것, 접시와 같이 중간 크기인 것, 그리고 수저나 과도와 같이 작은 대상도 있습니다. 이렇게 설거지 대상에 대한 범주화가 끝나면 이제 공정(프로세스)을 생각할 차례입니다.

❖ 공간과 효율을 고려한 시스템적 접근

작업대(싱크대)가 협소한 만큼 일단 크고 무거운 것부터 시작해서 작업 공간을 확보해야 합니다. 그래서 솥과 같이 딱딱하고 크고 무거운 것이 작업의 1순위가 됩니다. 아직 내용물이 남아 있다면 다른 그릇에 덜어 놓거나 쓰레기통과 싱크대 배수구에 나누어 버려야 합니다. 다음으로는 깨지기 쉬운 것, 부피가 작지만 깨지기 쉬운 것, 그리고 마지막으로 부피가 작고 딱딱한 물체가 대상이 됩니다.

그 다음 공정은 세제를 적용하는 작업이고, 그 다음은 깨끗한 물로 헹구어 설거지 건조대에 안착시키는 일입니다. 먼저 1차 공정 후, 즉 세제로 닦은 후 모아 둘 곳을 확보해야 합니다. 공간이 협소하다 보니 자칫 깨지기 쉬운 사기그릇 위에 솥과 같이 무거운 것이 올라가면 깨지거나 미끄러져서 엄청난(?) 재난이 발생하기 십상입니다. 그래서 첫 단계 공정은 이러한 공간의 크기에 종속될 수밖에 없습니다. 만약 무리하게 1차 공정을 진행하면 좁은 싱크대 공간은 거의 지뢰밭이 되고 맙니다.

물론 이러한 공정을 완벽한 계산하에 하는 것이 아니라, 소위 눈짐작으로 진행하게 됩니다. 이렇듯 대략적인 분석 과정과 공정 과정에 대한 머릿속 시뮬레이션이 정리가 되면, 이제 과감하게 세제와 수세미를 준비하고 고무장갑을 낍니다. 물론 공정에서도 소위 PERT/CPM 공정관리 기법을 생각하여 설거지를 하면서 병행 처리할 일들, 즉 세탁기 스위치를 올리거나 커피 물을 끓이거나 혹은 라디오를 틀어 놓는 일들을 함께 수행하기도 합니다. 이러한 공정이 끝나고 모든 세척물들을 설거지 건조대에 안착시키면 그제야 장갑을 벗고 커피잔을 들고 소파에 앉습니다.

❖   아내의 노하우와 남편의 합리성 사이의 갈등

물론 이러한 복잡한 과정은 집안 청소, 냉장고 정리, 하다못해 옷장 정리까지 모두 해당됩니다. 이 과정이 빠르면 10분, 길면 20분 걸리는 작업이지만, 이렇게 복잡한 과정 없이도 제 아내는 아무렇지 않게 쉽고도 빠르게 일을 끝내곤 합니다. 나름대로 뿌듯하게 일을 마쳤고 고맙다는 인사를 기대하고 있건만, 하는 집안일마다 아내와 충돌을 빚습니다. 아내는 평생을 통해 얻은 노하우, 즉 나름의 효율적인 질서와 정리 방식 혹은 처리 방식을 터득하고 있습니다.

그것이 본인에게는 가장 편안하고 익숙해서 속도도 빠를 것입니다. 아내의 관점에서는 제가 하는 방식이 참으로 우스꽝스럽기 짝이 없을 터입니다. 그래서 아내는 제게 "뭐 그렇게 복잡하게 생각해요. 그냥 하면 돼요"라고 말하곤 합니다. 맞는 말입니다. 하지만 저의 입장에서는 그동안 바깥일 핑계로 집안일 경험이 없었기 때문에, 이렇게 처음 접하는 문제를 해결하기 위해 제게 익숙하고 효율적이라 생각하는 방식대로 분석하고 설계하여 이행하는 것이 보다 합리적이라고 자위해 봅니다. 결국 고맙다는 말 대신 핀잔만 듣는 경우가 대부분입니다. 아내의 관점에서는 아무것도 아닌 일에 그냥 빨리하면 되지, 왜 굳이 복잡하게 생각해서 어렵게 일을 하느냐고 힐난하는 것입니다.

❖ 서로의 차이를 인정하며 찾아가는 행복

사실 관성은 옳다고 생각할수록 더욱 가속이 붙을 뿐만 아니라 확고해지기 마련입니다. 그래서 한번 습관으로 뿌리를 내리면 어떤 계기가 마련되지 않는 한 바꾸기가 쉽지 않습니다. 이런 탓에 예전에는 어머니들께서 남정네를 부엌에 들이지 않으셨나 봅니다. 부엌일에 간섭받고 싶지 않으셨을 것입니다. 사실 냉장고나 찬장도 제가 손을 대면 영락없이 아내가 한마디 합니다. 자신의 정리 방식이 저와 달라서 급한 조미료 통을 찾을 수 없다는 것입니다. 하기야 저 역시 아내가 정리한 물건을 찾아내기가 여간 어려운 것이 아닙니다.

그래서 이제는 아내를 설득하든가, 제가 아내의 방식을 따르든가, 그것도 아니면 서로 신경을 끄고 각자가 편한 대로 하는 대안이 있습니다만, 결국 가장 편안한 마지막 대안으로 귀결되기 마련입니다. 이것이 서로의 노력을 줄이고 효용을 극대화할 수 있는 방법이 아닌가 싶습니다. 나이가 나이인지라 서로 적응하는 것도 쉽지 않기 때문입니다.

결국 아내와 한 공간에서 산다는 것은, 과거에는 서로가 다른 세계와 할 일을 가지고 있었으나 이제는 같은 공간에서 같은 일을 공유하게 되었음을 의미합니다. 그렇기에 서로에게 관심을 가질 수밖에 없을 것이고, 자연스럽게 뜻하지 않은 갈등들이 도처에서 발생합니다. 그럼에도 모든 것이 원만하게 문제없이 돌아가는 것은, 갈등을 사랑으로 융화시키는 서로의 오랜 기간 농익은 감정이 있기 때문일 것입니다.

03 손흥민의 리더십에서 배우는 보안의 성공 조건

김정덕 축구 스타의 성공에서 배우는 조직 보안과
리더십의 진정한 가치

지난 여름 손흥민 선수는 오랫동안 몸담았던 토트넘을 떠나 미국 MLS의 LAFC팀으로 이적하며 새로운 도전을 시작했습니다. 토트넘 주장으로서 보여준 리더십과 유럽 무대에서의 우승 경험, 그리고 LAFC에서의 빠른 적응과 활약은 한 선수의 커리어를 넘어, 어떻게 한 사람이 팀과 조직을 변화시키는지 잘 보여줍니다. 손흥민 선수의 성장과 리더십, 그리고 구단의 체계적인 지원이 주는 교훈을 통해, 디지털 시대에 보안 리더와 조직이 어떤 방향으로 나아가야 할지 함께 모색해 보고자 합니다.

❖ 손흥민의 성장과 기본의 힘: 보안에서도 답은 '기본'

손흥민 선수가 세계적인 공격수로 성장할 수 있었던 핵심에는 "기본에 충실하라"는 아버지 손웅정 씨의 철학이 자리합니다. 그는 어린

시절부터 볼 컨트롤, 패스, 슈팅과 같은 가장 기본적인 기술을 끝없이 반복하는 훈련을 통해, 어떤 경기 상황에서도 흔들리지 않는 탄탄한 기초를 쌓았습니다. 화려한 기술보다 경기 내내 일관되게 발휘되는 기본기가 결국 그를 월드클래스 공격수로 만든 토대였습니다.

사이버 보안도 마찬가지입니다. 인공지능(AI), 클라우드, 블록체인 등 첨단 기술이 주목받고 있지만, 보안의 본질은 여전히 조직에 맞는 보안관리체계를 세우고, 이를 꾸준히 운영·점검하는 데 있습니다. 자산 식별, 접근통제, 패치 관리, 로그 모니터링, 백업 및 복구, 교육과 인식 제고 등 기본적인 관리 활동이 제대로 이루어지지 않으면, 아무리 최신 솔루션을 도입해도 심각한 사고로 이어질 수 있습니다. 실제로 최근 주요 통신사 및 공공기관에서 발생한 침해사고들은 고도화된 공격도 문제였지만, 상당수가 기초적인 설정 미흡과 관리 소홀에서 출발했습니다.

❖ **팀워크와 서번트 리더십: 관계 중심의 소통과 협력**

손흥민 선수의 리더십은 동료와의 신뢰, 협력, 그리고 관계 중심의 소통을 기반으로 합니다. 그는 동료의 실수를 공개적으로 질책하기보다 감싸 안고, 스스로 더 많이 뛰며 책임을 나누는 모습을 통해 팀 사기를 끌어올립니다. 누구보다 헌신적으로 움직이는 동료이기 때문에 선수들이 자발적으로 그를 따르게 됩니다.

이러한 모습은 구성원의 성장을 돕고 뒷받침하는 서번트 리더십의 전형입니다. 보안 리더 역시 기술적 전문성뿐 아니라, 다양한 부서와의 협업과 신뢰 구축, 실수에 대한 과도한 비난 대신 학습과 개선을 중시하는 문화를 만드는 소프트 스킬이 중요합니다. 보안 이슈를 숨기지 않고 제기할 수 있는 심리적 안전감, 문제를 공유했을 때 함께 해결책을 찾는 경험이 반복될수록, 조직은 점점 더 강한 보안 팀워크를 갖추게 됩니다. 리더는 "지시하는 사람"을 넘어서, 구성원이 역량을 발휘할 수 있도록 돕고 방어선을 함께 구축하는 조력자여야 합니다.

❖ 구단의 지원과 열정적 팬덤: 조직 보안 성공의 구조적 조건

손흥민 선수의 성공은 결코 개인의 노력만으로 완성된 것이 아닙니다. 토트넘과 LAFC는 모두 구단 차원의 전략적 투자, 코칭 스태프 · 분석 · 의무팀 등 전문 조직의 체계적인 지원, 그리고 열정적인 팬덤이 결합된 구조 위에서 성과를 만들어 왔습니다. 특히 LAFC는 손흥민이라는 스타를 중심에 둔 장기적 비전과 브랜드 전략을 세우고, 경기력과 상업성을 동시에 높이는 방향으로 구단 시스템을 정비하고 있습니다. 한 명의 스타가 팀을 바꾸는 것처럼 보이지만, 실제로는 스타가 최대한 역량을 발휘할 수 있도록 뒷받침하는 보이지 않는 시스템이 성과를 가능하게 합니다.

사이버 보안도 보안팀만의 노력으로는 성공할 수 없습니다. 이사회와 CEO를 포함한 최고경영층의 분명한 의지, 적절한 권한과 예산의 부여, 위험과 통제에 대한 명확한 원칙, 그리고 조직 전체를 아우르는

거버넌스 체계가 필수적입니다. 여기에 더해, 열정적인 팬덤에 해당하는 것은 바로 전 직원의 자발적인 보안 참여 문화입니다. 구성원 한 사람 한 사람이 보안을 "IT나 보안부서의 일이 아니라 나의 일"로 인식하고, 메일을 열 때, 비밀번호를 설정할 때, 새 시스템을 도입할 때마다 자연스럽게 보안을 떠올릴 때, 조직의 보안 수준은 비로소 한 단계 도약합니다.

❖ **변화와 문화 구축의 선도자**

손흥민 선수가 보여준 기본기와 신뢰, 그리고 변화를 향한 도전 정신은 오늘날 보안 리더에게 요구되는 덕목과 정확히 일치합니다. 보안은 일회성 프로젝트가 아니라, 조직의 일하는 방식에 스며들어야 할 '문화'이기 때문입니다.

보안 리더는 기술적 통제를 넘어 구성원의 언어로 소통하며, 보안이 비즈니스 지속가능성의 핵심임을 설득해야 합니다. '불편한 통제'를 '성장의 무기'로 인식하게 만드는 과정이 곧 문화 구축입니다. 결국 보안의 성패는 기술이 아닌, 사람과 그들을 하나로 묶는 리더십에 달려 있습니다.

04 가장 따뜻한 보안 교과서, 육아

김정덕 ┊ 손녀 육아를 통해 본 사이버 보안의 지혜

지난 여름, 텍사스에서 갓 난 손녀를 50일간 돌보며 육아의 고충과 기쁨을 동시에 경험했습니다. 밤낮없이 이어지는 수유와 기저귀 갈이, 이유를 알 수 없는 보챔에 녹초가 되다 가도, 방긋 웃어주는 손녀의 미소 한 번에 모든 피로가 눈 녹듯 사라지는 경이로운 경험을 하였습니다. 하루가 다르게 성장하는 손녀를 보며 어제의 방식이 통하지 않음을 깨달았고, 매 단계마다 새로운 역할과 전략이 필요했습니다.

이 끊임없는 변화와 적응의 과정은 놀랍게도 제가 평생 몸담아온 사이버 보안의 원칙과 맞닿아 있었습니다. 말 못 하는 아기의 성장이 보여준 유연한 대응의 중요성은, 급변하는 위협에 맞서야 하는 보안 관리자에게 실로 깊은 지혜를 시사해 주었습니다.

❖ 상시 모니터링과 신속 대응: '울음'이라는 이상 신호

육아의 기본은 '상시 모니터링'입니다. 아기가 잘 숨 쉬고 있는지, 체온은 적절한지, 배고프거나 불편하지는 않은지 부모와 조부모의 눈과 귀는 24시간 아기에게 고정됩니다. 작은 뒤척임 하나, 가쁜 숨소리 하나도 놓치지 않으려는 노력은 조직의 정보 자산을 지키려는 보안 관제 요원의 모습과 정확히 겹쳐집니다.

사이버 보안의 첫걸음 조직의 네트워크와 시스템을 24시간 365일 감시하는 것에서 시작합니다. 보안 시스템은 결코 "제가 지금 공격받고 있습니다"라고 친절하게 말해주지 않습니다. 대신 평소와 다른 트래픽 패턴, 비정상적인 로그인 시도, 시스템 로그의 미세한 변화 등 이상 징후를 통해 위험을 알립니다. 손녀의 울음소리가 배고픔, 졸음, 아픔 등 각기 다른 의미를 갖듯이, 보안 전문가는 이러한 이상 신호를 정확히 해석하고 그 원인을 신속하게 파악하여 대응해야 합니다. 아기의 첫 울음에 즉각 반응해야 하는 것처럼, 보안 위협의 초기 신호를 놓치면 걷잡을 수 없는 피해로 이어질 수 있습니다.

❖ 공감과 소통: 말없는 요구를 읽는 능력

손녀는 아직 말을 하지 못합니다. 하지만 온몸으로 자신의 상태와 요구를 표현합니다. 미간을 찡그리는 표정, 허공을 향한 작은 손짓, 빨라지는 호흡 등을 통해 무엇을 원하는지 필사적으로 알립니다. 이를 이해하기 위해서는 깊은 '공감'과 끊임없는 '소통'의 노력이 필요합니

다. "지금 불편하구나", "배가 고프구나" 하고 아기의 입장에서 생각하고 그 요구를 채워줄 때 비로소 아기는 평온을 찾고 울음을 그칩니다.

이는 보안 정책을 조직에 적용하는 과정과 놀랍도록 닮아 있습니다. 보안은 단순히 기술적인 통제나 규정의 나열이 아닙니다. 현재의 보안 정책이 업무 효율성을 어떻게 저해하는지 이해하려는 공감의 자세가 선행되어야 합니다. 일방적으로 강요되는 보안 정책은 사용자들의 저항에 부딪히고 '우회 경로'라는 또 다른 취약점을 낳기 마련입니다. 사용자들의 고충을 듣고, 그들의 입장에서 더 나은 해결책을 함께 고민하는 '인간중심보안(People-Centric Security)'의 접근 방식은 결국 더 강력하고 지속 가능한 보안 문화를 구축하는 핵심입니다.

❖ **성장에 따른 맞춤형 전략: 진화하는 위협, 진화하는 방어**

목을 가누기 시작하면 눕히는 방식이, 뒤집기 시작하면 주변 안전 조치가 달라지고, 이유식이 시작되면 영양 계획이 바뀌어야 합니다. 아기의 성장 단계에 맞춰 육아 계획 및 방법도 끊임없이 변경해야 하는 것처럼, 사이버 보안 전략 또한 끊임없이 변화하는 위협 환경과 조직의 성장에 맞춰 유연하게 진화할 수 있는 '적응형 보안'으로 나아가야 합니다.

어제 유효했던 방화벽 정책이 오늘의 신종 랜섬웨어 앞에서는 무력할 수 있음을 잊지 말아야 합니다. 클라우드 도입, 원격 근무 확대 등 조직의 IT 환경이 변화하면 보안의 경계 또한 새롭게 설정되어야 합니다. 이는 정기적인 취약점 분석과 모의 해킹 훈련, 최신 위협 정보 학습 등을 통해 방어 체계를 끊임없이 점검하고 개선해야 함을 의미합니다. 성장을 멈춘 보안 전략은 도태될 수밖에 없다는 것, 이것이 바로 하루가 다르게 커가는 손녀가 가르쳐준 명백한 진리입니다.

❖ 기술을 넘어선 '돌봄'의 자세로

손녀를 돌보는 일은 고되고 힘들지만, 그 끝에는 세상 무엇과도 바꿀 수 없는 미소와 행복이 있습니다. 이 과정은 저에게 사이버 보안이란 차가운 기술과 규정의 집합이 아니라, 소중한 것을 지키기 위한 따뜻한 '돌봄'의 행위임을 다시 한번 일깨워주었습니다.

조직의 자산과 구성원을 잠재적 위협으로부터 보호하는 것은, 연약한 아기를 외부의 위험으로부터 지키는 것과 본질적으로 같습니다. 끊임없이 살피고, 보이지 않는 요구에 귀 기울여 공감하며, 성장에 맞춰 함께 변화하는 자세. 이러한 '돌봄'의 마음이야 말로 복잡하고 차가운 디지털 세상에서 우리를 안전하게 지켜줄 가장 근본적인 힘이 아닐까 생각합니다.

05 AI 시대, 어떻게 살아남을 것인가

김신곤 ┆ '디자인 능력(Design Ability)'이 핵심

이제 인류는 그 어느 때보다 급격한 변화의 한복판에 서 있습니다. 인공지능(AI)은 단순히 기술의 한 분야가 아니라, 사회 전반의 구조와 인간의 역할을 다시 쓰고 있습니다.

'로봇이 인간을 대체하는 세상, 모든 직업이 AI로 전환되는 세상'이라는 말이 더 이상 상상이 아닌 현실이 되어 가고 있습니다. 과연 인류는 이러한 변화 속에서 어떤 선택을 하게 될까요?

❖ 산업 혁명에서 AI 혁명으로

산업혁명 이후 기계화 시대에는 인간의 노동이 기계로 대체되었습니다. 이어 2000년대 초반 디지털 혁명은 단순 반복 업무를 컴퓨터가 처리하도록 만들었습니다. 이제 AI는 추론과 의사결정이 가능한 수준으로 발전하여 '지능의 시대'를 열어 가고 있습니다.

최근 AI는 인간의 지식 활동뿐 아니라 창작과 예술의 영역까지 확장되었습니다. 예를 들어, 구글의 AI 화가 '딥드림(Deep Dream)'은 이미 수백 점의 작품을 선보였으며 일부는 실제로 판매되었습니다. 또한 2024년 이후에는 오픈AI의 'Sora', 미드저니(Midjourney)와 같은 이미지·영상 생성 AI 및 음악을 생성, 편집 및 판매할 수 있는 Suno AI가 예술, 음악, 디자인, 광고 등 창작 산업 전반을 재편하고 있습니다. AI는 이미 창작의 주체로 자리잡고 있는 중입니다.

❖ AI 전환의 본격화

AI 기술이 고도화되면서, 기업과 사회 전반에서는 AI 전환(AI Transformation)이 가속화되고 있습니다. 이는 단순한 'AI 도입'을 넘어, AI를 중심으로 산업과 비즈니스 구조를 근본적으로 재설계하는 과정을 뜻합니다. 과거의 디지털 전환(Digital Transformation)이 업무 효율화를 목적으로 했다면, AI 전환은 의사결정과 창의적 사고의 자동화를 추구합니다.

이제 'AI 시대에 어떤 직업이 살아남을까?'라는 질문은 의미가 없습니다. AI 전환의 속도와 시차는 분야마다 다르지만, 예외 없는 변화가 이미 시작되었기 때문입니다.

❖ 지금은 과도기의 초입

모든 변화가 한꺼번에 일어나지는 않습니다. 분야별로 AI의 침투 속도와 적용 순서에는 차이가 있습니다. 지금은 AI 전환이라는 대변혁의 초입, 즉 과도기에 있습니다. 이 시점에서 중요한 질문은 '어떤 역량을 끝까지 지켜야 하는가?', '나는 지금 무엇을 해야 하는가?'입니다. 바로 지금이 AI 시대의 골든 타임(Golden Time), 즉 변화에 적응할 수 있는 결정적 시기이기 때문입니다.

❖ AI 시대의 생존 전략

AI 시대에 살아남기 위한 구체적인 방법은 다음 세 가지 관점에서 접근할 수 있습니다.

1) 지속적인 학습과 이해

AI 개념, 데이터 분석, 머신러닝 등 기본 지식을 꾸준히 익히는 것이 필수적입니다. 단순히 기술을 배우는 차원을 넘어, AI와 함께 일할 수 있는 능력을 기르는 것이 중요합니다. 학습은 곧 생존의 도구입니다.

2) 변화에 대한 유연한 태도

급변하는 환경 속에서는 변화에 저항하기보다는 적극적으로 받아들이는 태도가 필요합니다. 기술의 발전 속도는 이전 세대의 어떤 변화보다 빠릅니다. '지금은 너무 늦었다'고 느끼는 순간이 바로 가장 빠르게 움직여야 할 때입니다. 변화의 기차는 한 번 지나가면 다시 돌아오지 않습니다.

3) 질문력과 문제 해결력 강화

현재 AI는 스스로 질문을 만들어내지 못합니다. AI가 생성하는 질문은 인간의 입력에 대한 응답일 뿐입니다. 따라서 인간만이 가진 고유의 역량은 '질문하는 힘'과 '문제 해결력'입니다.

이 두 가지를 필자는 '디자인 능력(Design Ability)'이라 부릅니다. 디자인이란 '현재의 상태를 더 나은 상태로 바꾸기 위한 일련의 행동을 고안하는 것'을 의미합니다. 즉, 창의적으로 질문하고 해결책을 제시하는 능력, 이것이 AI가 쉽게 대체할 수 없는 인간만의 고유 영역입니다.

❖ 공존과 협력의 시대

결국 AI 시대에 살아남는다는 것은 AI를 기피하지 않고, 대립하지 않으면서 공존하며 협력하는 인간이 되는 것입니다. 기술의 발전을 막을 수는 없습니다. 누군가는 언제나 그 변화를 주도하게 마련입니다. 따라서 변화에 맞서 싸우기보다 그 흐름 속에서 스스로의 역할을 재정의해야 합니다. 변화하는 자만이 살아남고, 살아남는 자만이 강자가 됩니다.

'강한 자가 살아남는 것이 아니라, 살아남은 자가 강한 것이다.'

지금 자신이 속한 업무와 삶의 영역 속에서 AI와 공존할 수 있는 지점을 찾아야 합니다. AI를 활용해 새로운 가치를 만들거나, AI의 결과를 조정 · 지시하는 방향을 모색해야 합니다.

전공이나 직업을 '시류'에 맞추는 것보다, 자신의 강점을 기반으로 AI를 접목해 나가는 태도가 AI 시대의 확실한 생존 전략입니다. 결국 우리를 대체하는 것은 AI가 아니라, AI를 더 잘 다루는 다른 사람이기 때문입니다.

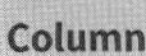

06 자전거 라이딩과 사이버 보안

김정덕 ⋮ 멈추지 않는 페달링의 미학

자전거를 타는 장면은 우리의 삶, 그리고 디지털 세상에서 중요성이 커지고 있는 사이버 보안과 놀라울 만큼 닮아 있습니다. 두 바퀴 위에서 균형을 잡고 앞으로 나아가기 위해 끊임없이 페달을 밟아야 하듯, 디지털 세계에서도 멈추지 않는 경계와 지속적 노력이 보안의 핵심이 됩니다.

❖ 균형과 경계: 넘어지지 않기 위한 노력

자전거의 기본은 균형입니다. 사이버 보안 역시 일관된 경계 태세와 신속한 적응이 핵심이며, 최신 위협 정보를 꾸준히 파악하고 구성원 모두가 위험 신호에 민감하게 반응하는 문화가 필수적입니다. 잠시의 방심이 넘어짐으로 이어지듯, 무심코 누른 링크나 확인되지 않은 파일 다운로드는 조직 전체를 흔들 수 있습니다. 결국 사용자 개개인의 보안 의식을 기반으로 한 건실한 보안 문화는 사이버 보안의 가장 중요한 축이며, 이는 균형을 잡는 행위와 같습니다.

❖ 페달링의 힘: 스스로 지켜내는 동력

자전거가 라이더의 심폐와 다리 힘을 기반으로 한 부드러운 페달링으로 전진하듯, 보안도 외부 솔루션만으로 완성되지 않습니다. 구성원 각자가 수칙을 준수하고 개인정보를 주도적으로 관리하며, 보안 업데이트를 빠짐없이 수행할 때 기업의 보안 체계가 견고하게 유지될 수 있습니다. 또한, 조직마다 위협과 리스크의 양상이 다르므로, 체크리스트 준수에 머물지 말고 맥락에 맞춘 자율보안 체계를 설계 · 실천해야 합니다. 진정한 라이딩의 묘미가 모터 의존이 아니라 자신의 페달링에서 나오듯, 보안의 힘도 내부의 주체적 실행에서 나옵니다.

❖ 속도와 방향: 위험에 대한 전략적 대응

자전거는 페달을 밟는 속도와 핸들의 방향에 따라 움직입니다. 단순히 빨리 달리는 것만이 능사가 아니며, 안전하게 올바른 방향으로 나아가야만 원하는 목적지에 도달할 수 있습니다. 보안도 모든 위협을 동일하게 다루기보다 위험도를 기준으로 식별하고 우선순위를 정해 전략적으로 대응해야 합니다.

또한, 예기치 않은 위험 앞에서 즉시 제동하는 브레이크처럼, 탐지 이후 신속 · 정확한 대응을 가능케 하는 절차와 시스템이 마련되어야 하며, 피해 최소화와 복구를 위한 비상계획은 필수입니다. 최근에 발생한 국가정보자원관리원 화재 사건은 단일 시설의 작은 불꽃이 국가 디지털의 넓은 숲으로 번질 수 있음을 보여준 명백한 증거입니다. 이중화는 선택이 아니라 기본이며, 물리 안전과 사이버 회복성을 하나의 설계 언어로 통합해야 한다는 교훈을 남기고 있습니다. 빠르기만 한 질주는 위험을 키우고, 올바른 방향이 없는 속도는 피로를 축적할 뿐입니다.

❖ 안전 주행을 위한 점검: 위험 기반 보안관리

안전한 주행이 정기 점검에서 시작되듯, 보안도 상시적이고 체계적인 점검으로 성숙해집니다. 운영체제와 소프트웨어를 최신 상태로 유지하는 일은 적정 공기압의 타이어처럼 시스템 안정성과 내구성을 동시에 확보하는 기본입니다. 인증 체계를 강화하고 비밀번호의 올바른 관리는 체인에 윤활을 더해 마찰을 줄이듯, 계정 탈취의 빈틈을 줄이는 실천입니다. 중요 데이터의 정기 백업과 복구 리허설은 브레이크가 제때 작동하는지 점검하는 과정과 같아, 사고의 충격을 흡수하고 정상 상태로 복귀하는 탄력성을 키워 줍니다.

보안 교육과 인식 제고는 헬멧을 올바르게 착용하는 습관에 가깝습니다. 피싱이나 악성코드 등의 위협에 대한 지식을 습득하는 보안 교육은 필수적입니다. 아는 것이 곧 힘이며, 이는 우리를 보호하는 가장 강력한 헬멧이기 때문입니다. 마지막으로, 안전한 주행을 위해 동료

라이더들과 함께 도로 상황을 주시하듯, 위협 정보를 공유하고 협력하는 것은 혼자서는 볼 수 없는 사각을 메웁니다. 그룹 라이딩이 재미도 있지만 안전하기도 한 이유입니다. 사이버 보안에서도 협력사, 정부, 연구기관과 더불어 위협 인텔리전스를 순환시키면, 개별 조직의 시야는 군집의 시야로 확장되고 생태계 수준의 방어력이 구축됩니다.

❖ 자율보안체계를 향하여

자전거는 단순한 이동 수단을 넘어, 끊임없는 노력으로 스스로를 지켜내는 삶의 철학을 품고 있습니다. 사이버 보안도 마찬가지로, 멈추지 않는 페달링처럼 꾸준히 경계하고 자신의 힘으로 균형을 유지하며 변화에 유연하게 대응하는 능동적 자세가 중요합니다. 이러한 원리를 일상과 업무에서 실천한다면, 더 안전하고 신뢰할 수 있는 디지털 환경을 함께 만들어 갈 수 있을 것입니다. 페달링의 리듬을 떠올리며, 다가오는 추석 연휴에는 어디로 자전거 라이딩을 떠날지 지도를 펼쳐 봅니다.

07 BIKE에 대한 사념(思念)

김준우 질주와 경영 사이의 궤적:
메커니즘을 넘어 본질적 제어로

사실 저의 평생 직업인 MIS(Management Information Systems)와 취미 생활인 오토바이를 같은 주제로 다루는 것은 조금 무리가 아닐까 싶습니다. 여러 측면에서 이질성이 크기 때문입니다. 바이크는 정교한 메커니즘을 갖는 하나의 완벽한 물리적 구동체이지만, 정보시스템은 사실 다수의 장비 연결로 구성되어 있으면서도 그 내부는 보이지 않는 정보의 체계로 움직이는 꽤 추상적인 존재입니다. 그럼에도 같은 궤도 위에서 이 두 주제를 놓고 여러 측면을 바라보는 것은, 적어도 저에게는 나름의 깊은 의미가 있다고 생각합니다. 먼저 바이크의 경우를 살펴보고, 이를 정보시스템과 견주어 보겠습니다.

❖ 목표 설정과 경로 계획의 미학

경영정보시스템이 나름의 목적과 목표를 갖고 있듯이, 바이크 운행

역시 먼저 행선지라는 목표가 결정되어야 합니다. 이 목표에 따라 전체적인 루트를 설정해야 하며, 중간에 쉴 곳과 주유소 등을 예상한 후에야 필요한 전체 소요 시간을 가늠할 수 있습니다.

실제 바이크 운행은 1969년 데니스 호퍼 감독의 영화 '이지 라이더(Easy Rider)'에서 보듯 황량한 미국의 66번 하이웨이를 질주하는 모습처럼 그렇게 낭만적이기만 한 것은 아닙니다. 바이크 운행에는 많은 변수가 작용하는데, 이를 구분하면 크게 외부 요인, 그리고 바이크와 라이더의 상태를 들 수 있습니다. 먼저 외부 변수로는 비나 눈, 바람 등의 날씨, 포장 혹은 비포장의 도로 상태, 교통 흐름, 물이나 모래 같은 도로 장애물, 교통 표지판, 그리고 내비게이션의 위치 안내 등을 들 수 있습니다. 이 뿐만이 아닙니다. 도로 옆에서 불쑥 튀어나오는 자동차나, 빨간 신호등에 아랑곳하지 않고 핸드폰을 보며 걷는 사람들을 마주할 때면 정말 간담이 서늘해지곤 합니다.

❖ 찰나의 결정, 라이더의 제어와 감각

바이크 운행의 본질은 도로 위에서 수집되는 수많은 정보를 바탕으로 현재의 속도와 방향, 그리고 차체의 기울기를 즉각적으로 결정하는 일입니다. 아니, 거의 수십 분의 일 초 단위로 본능적으로 결정해야만 합니다. 라이더가 가진 제어 수단은 바이크에 달린 앞뒤 브레이크, 슬로틀, 클러치, 핸들, 그리고 무게 중심 역할을 하는 라이더의 몸 그 자체입니다. 두 손과 두 발을 이용하여 이 레버들을 조작하고 정확한 체중 이동으로 최적의 속도, 방향, 기울기를 얻어내야만 사고를 피할 수 있습니다.

사실 순간적으로 변화하는 정보들에 대응하여 이상적인 감각적 조작을 해내는 것은 결코 쉬운 일이 아닙니다. 실험실(Lab)과 같이 고립된 서킷에서는 몇 가지 변수만 생각하면 되지만, 일반 도로에서는 수많은 변수가 무쌍하게 변화합니다. 그래서인지 산길이나 비포장도로를 달리는 어드벤처 매니아 층이나 시속 300km 이상의 속도를 내는 레이싱 매니아들을 위해 전문 라이딩 학교가 성업하는 것도 충분히 이해가 됩니다. 일상적인 주행과는 달리 이러한 극한 스포츠의 경우, 체계적인 훈련이 없으면 사고가 나기 쉽기 때문입니다.

❖ 도구의 다변화와 최적화된 시스템

이렇게 바이크가 쾌감을 위한 도구라면, 경영정보시스템은 경영의 도구에 비유할 수 있습니다. 정보시스템이 경영의 효율성을 극대화하는 것이라면, 바이크의 목표는 질주하는 쾌감을 극대화하는 것이라 할 수 있습니다.

정보시스템이 기업의 업무에 따라 수많은 형태가 존재하듯, 바이크 역시 장르에 따라 여러 형태로 구분됩니다. 레이싱을 위한 경주차, 여행을 목적으로 하는 투어러, 편안한 주행을 위한 크루저 등 사용자의 목적에 따라 최적화된 기계를 선택합니다. 이는 곧 기업이 처한 환경과 목적에 따라 ERP, CRM, SCM 등 최적의 정보시스템을 구축하는 것과 일맥상통하는 원리입니다. 결국, 바이크나 정보시스템 모두 복잡한 변수 속에서 목적지에 도달하기 위해 인간의 의지와 정교한 제어가 결합된 결정체라 할 수 있습니다.

음악가에게는 악기가 도구이듯이, 바이크나 정보시스템 역시 사람이 만든 도구입니다. 그러나 같은 도구라 할 지라도 접하는 인간의 느낌은 꽤나 이질적입니다. 정보시스템이 한 치의 인간미도 없는 차가운 도구라고 한다면 바이크는 인간의 도구라고 하기보다는 차라리 인체와 합체되어 존재한다고 말할 수 있을 것입니다. 그래서 로버트 피어시그가 쓴 '선(禪)과 모터사이클 관리술'에서처럼, 어쩌면 바이크 위에서야 말로 인간과 기계 사이의 철학적 교감을 논할 수 있는 것인지도 모르겠습니다.

08 골프의 지혜로 본 사이버 레질리언스

김정덕 완벽한 방어의 환상에서 벗어나라

현대 골프의 전설 벤 호건(Ben Hogan)은 "골프에서 가장 중요한 샷은 바로 다음 샷이다"라고 강조했습니다. 또한 "골프는 실수의 게임이며, 더 나은 실수를 하는 사람이 승리한다"는 격언을 남겼습니다. 이는 100% 완벽한 샷에 집착하기보다, 예상치 못한 미스 샷이 발생했을 때 이를 어떻게 관리하고 다음 기회로 연결하느냐가 승패를 결정짓는다는 본질을 시사합니다. 이러한 골프의 철학은 오늘날 초연결 디지털 시대를 살아가는 기업 경영의 핵심 화두인 '사이버 보안'에 매우 깊은 통찰을 제공합니다.

❖ 완벽한 방어라는 환상

디지털 전환(DX)의 가속화로 인공지능(AI)과 같은 혁신 기술이 비즈니스의 근간이 되면서, 사이버 보안은 기업의 생존과 직결된 최우선 과제가 되었습니다. 그러나 경영진이 반드시 직면해야 할 불편한 진실은 '완벽한 시스템'이나 '침투 불가능한 방어망'은 현실 세계에 존재하지 않는다는 점입니다.

아무리 정교하게 설계된 시스템이라도 기술적 결함은 발생할 수 있으며, 고도화된 해킹 기법은 끊임없이 방어의 틈새를 공략합니다. 특히 임직원의 사소한 실수나 공급망(Supply Chain)을 통한 예기치 못한 침해는 통제 범위를 벗어나는 경우가 많습니다. 이제는 '막을 수 있다'는 오만에서 벗어나, '언제든 뚫릴 수 있다'는 현실적인 전제 아래 전략을 재수립해야 할 때입니다.

❖ 사이버 레질리언스: 비즈니스 연속성을 위한 복원력

사이버 보안의 패러다임은 이제 '방어'에서 '레질리언스(Resilience, 복원력)'로 이동하고 있습니다. 사이버 레질리언스란 공격을 완벽히 차단하는 것에만 매몰되지 않고, 침해 사고가 발생하더라도 그 피해를 최소화하며 핵심 비즈니스 기능을 신속히 복구하는 역량을 의미합니다. 골프에 비유하자면, 티샷이 벙커에 빠졌을 때 당황하여 경기를 포기하는 것이 아니라, 침착하게 탈출하여 최소한의 타수 손실로 홀을 마무리하는 지혜와 같습니다.

사이버 레질리언스는 "조직의 핵심 임무를 보장하기 위해, 불리한 환경이나 공격에 직면했을 때 이를 예측하고, 견디며, 회복하고, 적응하는 능력"으로 정의됩니다. 이는 기존 사이버 보안과 세 가지 핵심적

인 차이를 보입니다. 첫째, 비즈니스 연속성입니다. 전통적 보안이 IT 자산 보호에 집중했다면, 레질리언스는 어떤 위기에서도 비즈니스의 생명력을 유지하는 것을 궁극적 목표로 삼습니다. 둘째, 전사적 참여와 책임입니다. 보안은 더 이상 보안부서만의 일이 아닙니다. 모든 임직원이 각자의 자리에서 참여하고 책임질 때 비로소 조직 전체의 회복력이 높아집니다. 셋째, 생태계 관점의 보호입니다. 우리 조직만 안전하다고 끝나는 것이 아니라, 연결된 협력사, 공급업체 등 생태계 전체의 보안 수준을 함께 높여야 한다는 관점의 확장이 필요합니다.

❖ 모든 전략의 완성은 '인간'과 '복원력'에 있습니다

성공적인 사이버 레질리언스는 '인적 자원, 프로세스, 기술(PPT: People, Process, Technology)'의 조화로운 균형에서 비롯됩니다. 그동안 우리는 견고한 보안 시스템을 도입하고, ISMS와 같은 관리체계를 통해 프로세스를 표준화하는 데 많은 노력을 기울여 왔습니다. 하지만 이 모든 기술과 프로세스를 운영하고, 예측 불가능한 위기 상황에서 최종적인 판단을 내리는 '인간'의 역량과 인식 수준을 높이는 노력은 상대적으로 부족했던 것이 현실입니다.

따라서 이제는 인간 중심으로 패러다임의 무게중심을 옮겨 세 요소의 균형을 바로잡아야 할 때입니다. 이는 프로세스나 기술을 경시하자는 의미가 결코 아닙니다. 오히려 일하는 방식인 프로세스와 도구인 기술의 실효성은 결국 그것을 활용하는 사람에 의해 좌우되므로, 사람

에 대한 투자가 그 무엇보다 중요하다는 의미입니다.

2024년 7월 발생한 '크라우드 스트라이크(CrowdStrike)발 글로벌 IT 대란'은 이러한 현실을 가장 극적으로 보여주는 사례입니다. 당시 전 세계 850만 대 이상의 윈도우 기기가 파란 화면(BSOD)을 띄우며 멈춰 섰습니다. 공항에서는 수천 편의 항공기가 결항하고, 병원에서는 수술이 취소되었으며, 금융 서비스가 마비되었습니다. 아이러니하게도 이 사태의 원인은 해커의 공격이 아니라, 시스템을 보호하기 위해 배포된 보안 소프트웨어의 '업데이트 오류'였습니다.

이 사건은 외부의 악의적인 공격이 없더라도 내부의 운영상 실수나 공급망의 오류만으로도 비즈니스가 셧다운 될 수 있음을 시사합니다. 또한, 기술적 완결성을 맹신하여 검증 절차(Human Verification)를 소홀히 했을 때 어떤 재앙이 닥칠 수 있는지를 경고합니다. 결국 경영진이 주목해야 할 것은 '완벽한 예방'이 아니라, 예기치 못한 실패가 발생했을 때 얼마나 신속하게 비즈니스를 정상화할 수 있는가 하는 '복구 역량'입니다.

❖ 관련 정책 및 법 규정은?

세계는 이미 발 빠르게 움직이고 있습니다. 미국은 '국가 사이버안보 전략'을 통해 사회 전체의 레질리언스 강화를 핵심 목표로 삼고 국가 안보 차원에서 민관 협력을 강조하고 있습니다. 특히 미국의 국가 핵심 인프라의 사이버 레질리언스를 평가하기 위한 기준 및 제도를 운영하고 있습니다. 유럽연합은 '사이버 레질리언스 법(Cyber Resilience Act)'을 통해 디지털 제품 생산자에게 처음부터 보안을 내재화(Security by Design)하도록 의무화하고 있습니다. 우리나라도 '국가사이버안보전략'에 '복원력'을 핵심 과제로 명시하고 있으나, 개념을 명확히 할 필요가 있으며, 사회 전반의 체질을 바꾸는 구체적인 실행 전략으로 이어져야 하는 과제를 안고 있습니다.

❖ 챔피언의 마인드셋으로 전환하라

골프에 완벽한 스윙이 없듯, 우리에게도 완벽한 사이버 방어란 없습니다. 대신 기본 원칙 위에서 부단한 연습으로 우리 조직과 사회에 맞는 최적의 스윙을 찾고, 미스 샷에 무너지지 않는 '멘탈 복원력'을 길러야 합니다. 실수를 두려워하기보다 실수를 통해 배우고, 실패를 비난하기보다 함께 책임지고 빠르게 복구하는 문화를 만들어야 합니다.

골프 코스에서 담담하게 다음 샷을 준비하는 골퍼처럼, 우리 사회도 예측 불가능한 위기 앞에서 회복하고 적응할 수 있는 '사람 중심의 레질리언스'를 체화해야 할 것입니다. 그것이 바로 격변하는 디지털 대항해 시대에 우리의 안전과 번영을 지키는, 가장 중요한 다음 '샷'이 될 것입니다.

09 '불꽃야구'가 던지는 사이버보안의 교훈

김정덕 : 결국은 사람

매주 월요일 밤이면 어김없이 잠을 설치곤 합니다. 본래 중독성이 강한 시리즈물은 의식적으로 피하는 편이지만, 지난 봄부터 시작한 유튜브 야구 프로그램 '불꽃야구'에 푹 빠져버렸기 때문입니다. '불꽃야구'는 은퇴한 KBO 레전드 선수들이 김성근 감독의 지휘 아래, 7할 승리를 목표로 분투하는 과정을 담아내고 있습니다.

드라마보다 더 극적인 경기 운영, 예능과 스포츠의 절묘한 균형, 그리고 선수들의 진솔한 서사가 어우러져 이미 최고 인기 프로그램으로 자리매김했습니다. 매 경기 직관 시에는 만원 관중을 기록하고, 스폰서가 줄을 잇는 이 프로그램은 본래 JTBC '최강야구'였으나 제작사가 플랫폼을 유튜브로 옮기며 새롭게 재탄생한 배경을 지니고 있습니다.

❖ 한국 사이버보안의 현주소와 과제

이 프로그램의 성공을 보며 문득 우리 사이버보안 현실이 떠오릅니다. 안타깝게도 한국의 사이버보안은 여전히 심각한 상태에 머물러 있습니다. 글로벌 보안업체 NordVPN이 발표한 '국가 프라이버시 테스트(NPT)'에서 지난 5년 평균값 기준, 한국은 세계 평균(62%)보다 상당히 낮은 50%를 기록하며 최하위권에 머물렀습니다. 특히 인공지능 활용과정에서 발생할 수 있는 프라이버시 문제에 대한 이해도가 매우 낮게 나타난 점은 심각한 우려를 자아냅니다.

최근 정보통신기업과 정부기관에서 잇따라 발생한 사고들은 이러한 문제를 현실로 증명하고 있습니다. 사건의 겉모습은 각기 달라도, 그 근본 원인과 대응 방식은 여전히 과거의 관행에 묶여 있습니다. 이는 단발적인 사건의 문제가 아니라, 우리 사회 전반에 걸친 보안 인식과 태도의 구조적 안일함을 보여주는 징후입니다. 그렇다면 해법은 어디에서 찾아야 할까요. 의외로 '불꽃야구'의 성공 요인 속에서 우리는 그 답의 실마리를 발견할 수 있을지 모릅니다.

❖ 성공 요인에서 배우는 사이버보안 강화

구심점의 리더십_통합된 컨트롤타워의 필요성: '불꽃야구' 성공의 첫째 요인은 김성근 감독의 진정성 있는 리더십입니다. 그는 왕년의 스타들을 다시 하나로 뭉치게 하고, 명확한 목표를 제시하며 팀을 이끌었습니다. 40대가 넘은 선수들이 엄격한 훈련을 통해 기량을 회복하고 야구의 즐거움을 되찾는 모습은 시청자에게 큰 감동을 주었습니다.

이는 사이버보안 분야에 중요한 시사점을 던집니다. 현재 국내 사이버보안의 가장 큰 문제점은 통합된 컨트롤타워의 부재와 불완전한 거버넌스입니다. 국가 차원에서는 민관을 아우르는 강력한 사이버보안 컨트롤타워를 구축해 협력 체계를 강화해야 합니다. 개별 기업 차원에서는 최고경영층의 역할과 책임을 명확히 하는 거버넌스를 확립하여, 사이버 위협 발생 시 신속하고 효과적인 대응이 가능하도록 만들어야 합니다.

사람의 성장과 동기부여_인적 자원 개발의 중요성: 둘째 요인은 인적 자원의 성장과 동기부여입니다. '불꽃야구'는 은퇴 선수의 재도전과 젊은 선수의 성장 스토리를 통해 깊은 공감대를 형성했습니다. 이는 사이버보안 분야에서 인적 자원 개발이 얼마나 중요한지를 보여줍니다.

현재 국내 사이버보안 분야는 전문 인력 부족과 조직 구성원의 낮은 보안 인식이라는 이중고를 겪고 있습니다. 체계적인 교육과 실전 같은 훈련을 통해 전문 인력을 양성하고, 전 직원의 보안 의식을 높여야 합니다. 또한, '불꽃야구'의 베테랑과 신예처럼, 숙련된 전문가가 신진 인력을 이끄는 세대 간 협력과 멘토링 시스템을 도입하여 지식과 경험이 자연스럽게 전수되는 선순환 구조를 만들어야 합니다.

소통과 팀워크_모두가 함께 만드는 보안 문화: 마지막으로 '불꽃야구'는 소통의 힘을 증명했습니다. 야구 초보자도 쉽게 이해하도록 돕는 자막, 선수와 감독의 생생한 목소리를 담는 마이크, 다양한 카메라 앵글은 기존 야구 중계에서는 볼 수 없었던 현장감과 재미를 선사하며 팬층을 넓혔습니다.

사이버보안 역시 '보안팀만의 리그'로 머물러선 안 됩니다. 일반 임직원도 쉽게 이해할 수 있는 콘텐츠를 개발하고 적극적으로 소통해야 합니다. 이를 통해 보안이 단순한 규제를 넘어, 조직 활동에 자연스럽게 녹아든 '습관'이자 '문화'로 스며들게 해야 합니다. 나아가 재미와 보상을 통해 구성원들이 보안 활동에 자발적으로 참여하는 '보안 팬덤'을 형성하는 노력도 필요합니다.

❖ 결국은 사람, 인간 중심의 보안으로

'불꽃야구'는 은퇴 선수들의 재도전을 통해 팀워크, 지속가능성, 그리고 무엇보다 '사람'의 중요성을 보여주었습니다. 이는 기술만으로는 완성될 수 없는 사이버보안의 본질과도 맞닿아 있습니다.

사이버보안의 핵심은 결국 사람입니다. 기술과 제도 위에 인간 중심의 접근법과 유기적인 협업이 더해질 때, 우리는 비로소 외부의 어떤 공격에도 쉽게 무너지지 않는 회복탄력성(Resilience)을 갖춘 지속 가능한 보안 체계를 완성할 수 있습니다. '불꽃야구'가 보여준 야구에 대한 진심과 열정이 팬들을 움직였듯, 우리 사회 전반에 인간 중심의 보안 철학이 뿌리내릴 때, 한국의 사이버보안은 비로소 굳건한 '최강팀'으로 거듭날 수 있을 것입니다.

10 인간의 연결 욕구와 디지털 영혼

김신곤 ⋮ 디지털 추모 문화와 AI

사람들은 모두 연결되어 있습니다. 미치 앨봄(Mitch Albom)의 '천국에서 만난 다섯 사람(The Five People You Meet in Heaven)'은 주인공 에디가 죽은 뒤 천국에서 다섯 사람을 만나며 이승에서 자신의 삶이 다른 사람들과 어떻게 얽혀 있었는지를 깨닫는 다는 이야기입니다. 작은 행동 하나가 누군가의 삶에 깊은 영향을 미치며, 인간은 고립된 존재가 아니라 보이지 않는 연결망 속에서 살아간다는 사실을 보여줍니다. 이 작품은 '모든 사람은 서로 연결되어 있으며 결국 삶은 개인의 경험을 넘어 다른 사람과의 관계와 연결의 집합이다'라는 것을 문학적으로 증명합니다.

❖ 사람과 자연의 교감: 코끼리와 불칸 목련의 애도

인도 케랄라주의 한 조련사가 세상을 떠난 후, 그가 돌보며 사랑하던 코끼리가 20km를 걸어와 눈물을 흘리며 마지막 인사를 건넨 영상은 많은 이들에게 감동을 주었습니다. 이는 동물도 감정을 지니며 애도와 위로의 순간을 경험할 수 있음을 보여줍니다.

또한 천리포 수목원 설립자 민병갈 원장이 세상을 떠난 해, 그가 사랑하던 불칸 목련과 블루베리가 꽃을 피우지 않았다는 기록은 자연이 인간의 부재를 감지하고 반응한 듯한 사례로 회자됩니다. 인간과 자연은 단절된 존재가 아니라, 교감하며 연결된 관계임을 보여줍니다. 이 모든 경험은 인간의 죽음 이후에도 자연과 연결되어 있으며 교감이 가능하다는 믿음을 더욱 굳건하게 만들어 줍니다.

❖ 디지털 세상과 인간의 연결 욕구

마슬로우(Abraham Maslow)의 욕구 5단계 이론에서 사회적 연결 욕구는 사랑, 소속감, 관계를 갈망하는 인간의 본능을 설명합니다. 오늘날 이 욕구는 SNS와 소셜미디어를 통해 구현되었습니다. 온라인 커뮤니티는 소속감을 제공하고, 댓글과 '좋아요'는 관계와 사랑을 표현하며, 팔로워와 공유는 존중과 인정의 욕구를 충족합니다. 디지털 세상은 인간의 연결 욕구를 실시간으로 가시화하고 강화하는 장치가 되었습니다.

디지털 기술은 사람과 사람과의 연결뿐만 아니라 사람과 자연과의 교감도 새로운 방식으로 확장합니다. 예컨대 멸종 위기 동물의 행동을 실시간으로 관찰하는 온라인 플랫폼, 나무의 성장과 숲의 변화를 기록하는 디지털 센서, 자연 다큐멘터리와 VR 체험을 통한 몰입적 교감 등은 인간이 자연과 연결되는 방식을 디지털 차원에서 재현한 사례입니다.

❖ AI와 죽은 사람과의 연결 욕구

죽음학(Thanatology)은 인류학, 철학, 의학, 사회학, 심리학, 법학 등 다양한 분야에서 사람의 죽음과 죽음 이후의 세계를 탐구하는 학문입니다. 그 가운데 근사체험(近死體驗)과 사후 통신(After Death Communication)은 중요한 연구 주제입니다. 사후 통신은 사람이 세상을 떠난 뒤에도 생존자에게 메시지를 전달하는 현상을 뜻합니다. 사후 통신은 단순히 초월적 현상으로만 이해되지 않고, 인간이 죽음을 넘어 관계와 기억을 이어가려는 본능을 보여줍니다.

엘리자베스 퀴블러 로스 박사는 죽음을 '소멸'이 아닌 '옮겨감'으로 설명했습니다. 죽음은 끝이 아니라, 영혼이 새로운 세계로 들어가는 문이라는 것입니다. 따라서 죽음을 두려움이 아닌 새로운 연결의 시작으로 받아들일 수 있습니다.

고인의 부고를 받기 직전, '누군가 나를 흔들어 깨우는 듯한' 체험이나 갑작스레 세상을 떠난 고인이 나비의 모습으로 나타나 마지막 인사를 건넨 경험 등은 인간이 죽은 사람과도 연결되고자 하는 욕구를 보여줍니다.

❖ 디지털 추모 문화와 디지털 영혼(Digital Soul)

오늘날 이러한 죽은 사람과의 연결 욕구는 디지털 추모 문화와 AI 기술을 통해 구현되고 있습니다. 소셜 미디어에서 고인의 계정에 사진과 글을 남기며 기억을 공유하는 온라인 추모관, 고인의 목소리를 되살려 가족에게 위로를 전하는 AI 음성 복원 기술, 고인의 글과 기록을 학습해 고인의 영혼을 재현하는 AI 대화 시뮬레이션, 고인의 모습과 성격을 반영한 디지털 아바타 등은 인간이 죽은 사람과도 디지털 세상에서 나마 연결되고자 하는 욕구를 보여줍니다. 이러한 사례는 인간의 사회적 · 정서적 욕구가 죽음을 넘어 디지털 영혼(Digital Soul)으로 확장되고 있음을 보여줍니다.

❖ 디지털 영혼, 또 다른 연결의 시작

인간은 사람과 사람, 사람과 자연, 사람과 죽음의 경계를 넘어 끊임없이 연결된 존재입니다. 그 연결은 데이터와 확장된 기억으로 디지털 세상 속에서 디지털 영혼으로 영속화됩니다. AI와 디지털 영혼은 죽음을 단절이 아닌 디지털 세상에서 새로운 연결의 시작으로 바꿉니다.

디지털 세상은 우리에게 이렇게 속삭입니다.

"죽음은 소멸이 아니라, 기억과 데이터 속에서 디지털 영혼으로 이어지는 또 다른 연결의 시작입니다."

11 내면의 방패, 마음챙김

김정덕 : 보안관리자의 내면은 안녕하십니까?

사이버 위협이 고도화될수록 보안관리자는 정보의 홍수와 책임의 무게 속에서 흔들리기 쉽습니다. 이런 때 필요한 것은 외부의 기술적 방패만이 아니라, 흔들림을 버티는 내면의 방패입니다. 마음을 다스리는 '마음챙김(Mindfulness)'은 스트레스를 줄이고 역량을 회복시키는 실천적 도구입니다.

❖ 마음챙김이란 무엇인가?

마음챙김은 고대 불교 명상에 뿌리를 둔 수행법으로, 이는 "매 순간 순간의 알아차림"을 의미합니다. 현대 심리학에서는 "현재 순간에 의도적으로 주의를 기울이되, 판단하지 않고 경험하는 심리적 과정"으로 정의합니다. 마음챙김은 단순히 긴장을 푸는 휴식과는 구별됩니다. 이는 '자동조종 모드(automatic pilot mode)'에서 벗어나 의식적으로 현재를 자각하는 훈련입니다. 인내, 초심, 신뢰, 수용, 내려놓음과 같은 특정 태도를 가지고 주의를 기울이는 것이 핵심이라고 강조합니다.

❖ 보안관리자에게 주는 내면의 효익

마음챙김은 뇌과학과 임상 연구를 통해 불안과 스트레스 감소 효과가 입증된 정신적 웰빙 회복법입니다. 특별한 장비 없이 호흡이나 걷기 등으로 쉽게 시작할 수 있어, 기업 현장에서도 창의성 향상과 스트레스 관리 수단으로 널리 활용되고 있습니다. 이러한 이점은 고도의 집중력과 위협 대처 능력이 필수적인 보안 전문가에게 다음과 같은 실질적 효익을 제공합니다.

1) **스트레스 관리 및 회복탄력성 강화**: 보안 입무는 예측 불가능한 위협과 막중한 책임감으로 스트레스가 높습니다. 마음챙김은 현재에 집중하게 하여 부정적 생각의 고리를 끊고 감정을 객관화함으로써 심리적 안정을 돕습니다. 이는 번아웃을 예방하고 장기적인 직무 만족도 유지에 기여합니다.

2) **집중력 및 의사결정 능력 향상**: 위협 분석과 사고 대응 등 고도의 집중력이 필요한 업무에서, 마음챙김은 산만함을 줄이고 주의력을 강화하는 훈련이 됩니다. 이는 압박 속에서도 침착하고 명료한 의사결정을 가능케 하며, 문제의 본질을 꿰뚫는 통찰력을 향상시킵니다.

3) **관성적 사고 탈피와 창의적 문제 해결**: 진화하는 사이버 위협에 과거의 방식만으로는 대응하기 어렵습니다. 마음챙김은 사고의 틀을

객관적으로 인식하고 관성에서 벗어나게 합니다. '관성적 대응이 진짜 위협'이라는 지적처럼, 고정관념을 탈피해 다양한 관점으로 문제를 바라보는 능력은 창의적 해결책의 기반이 됩니다.

4) 감정 조절 능력과 협업 역량 강화: 위기 상황일수록 감정에 휘둘리지 않는 평정심이 필수적입니다. 마음챙김은 감정을 있는 그대로 알아차리는 연습을 통해 조절 능력을 키워주고, 타인에 대한 공감력을 높여 팀 내 소통과 협력을 원활하게 합니다. 이는 '인간중심보안' 문화 형성에도 긍정적입니다.

5) '인간 방화벽' 강화 및 실수 감소: 보안의 취약 고리인 '사람'의 실수를 줄이는 데 효과적입니다. 마음챙김은 자기 인식(self-awareness)을 높여 '자동조종 모드'에서 비롯되는 부주의한 실수를 방지하고, 보안 절차 준수율을 높여 결과적으로 '인간 방화벽'을 강화합니다.

❖ 보안관리자를 위한 실천 가이드

보안관리자가 마음챙김을 실천에 옮길 수 있는 몇 가지 팁을 제시하면 다음과 같습니다. 첫째, 보안관리자는 알림을 설정해 60초 동안 오로지 호흡의 들고남에만 주의를 둡니다. 산만함을 알아차리면 부드럽게 호흡으로 돌아가며, 위기 대응 전 워밍업 루틴으로 활용할 수 있습니다. 둘째, 중요한 결재나 배포 전에는 세 차례 깊게 호흡한 뒤, 몸의 긴장과 마음의 감정, 그리고 당면 목표를 약 10초간 점검합니다. 이는 판단 실수를 줄이는 내면의 브레이크가 됩니다. 셋째, 일상에서는

'출퇴근 걷기'나 '차 한 잔'과 같은 행위를 정해 감각에 주의를 두고 스마트폰을 내려놓습니다. 습관화가 핵심이며, 반복을 통해 자연스러운 알아차림이 자리 잡게 합니다.

❖ 파도 위의 중심

마음챙김의 선구자 존 카밧진 박사는 "파도를 멈출 수는 없지만, 파도 타는 법을 배울 수는 있다"고 말했습니다. 위협과 압박을 없앨 수는 없어도, 마음챙김은 파도 위에서도 중심을 잃지 않게 하는 내면의 방패입니다. 개인의 안정과 성장 위에 조직의 디지털 레질리언스가 세워집니다. 오늘, 가장 짧은 실천으로 가장 큰 변화를 시작하시길 바랍니다.

12 정보화 사회와 윤리

김준우 ┊ 기술의 진보가 묻는 인간의 가치

인류의 역사는 기술 발전의 역사라 해도 과언이 아닐 것입니다. 그 동안 출현했던 기술들이 크든 작든 인류의 생활에 깊은 영향을 주어 왔기 때문입니다. 이러한 영향에는 사회적, 경제적, 그리고 윤리적 이 슈가 자연스럽게 수반되기 마련입니다. 최근 기술은 점차 인류 소통의 도구로, 혹은 지능의 도구로 발전하면서 기존의 기술이 갖고 있던 윤 리적 측면을 다시 한번 돌아보는 계기가 되었습니다.

❖ 정보 윤리의 정의와 전통적 기준의 한계

윤리는 고대로부터 많은 철학자가 언급해 왔지만, 이를 한마디로 요약하면 공동체의 이익을 위한 기준이자, 작게는 타인에게 해가 되지 않는 행동 규범이라고 할 수 있습니다. 그리고 정보 윤리는 정보화 사 회에서 개인과 조직이 정보를 다루는 과정에서 발생할 수 있는 윤리적 문제를 해결하기 위한 규범 체계로 정의됩니다.

Kenneth Laudon 교수는 정보화 사회의 윤리적 측면을 정보에 대한 권리와 의무, 즉 지적 재산권, 사생활 보장권, 책무와 통제, 시스템 품질, 그리고 삶의 질 등으로 정의한 바 있습니다. 하지만 Laudon의 정의는 정보 기술을 협소하게 정의했을 때 해당되는 개념입니다. 최근 경쟁적으로 개발되고 있는 AI 기술에 대해 AI 윤리 위원회의 필요성이 제기되고 있을 뿐만 아니라, 정보 기술이 이미 국가 통치 수단화되고 있듯이 정보화 사회의 예전 윤리적 기준은 현 시대에 맞지 않는 면이 있습니다. 다시 말해 기술의 특성이 변하듯, 그에 맞는 새로운 윤리적 잣대가 필요하다는 것입니다. 이를 설명할 수 있는 몇 가지 사례를 살펴보겠습니다.

❖ 정보 기술의 오용과 플랫폼 기업의 윤리적 책임

나쁜 의도를 가지고 정보 기술을 사용하면 당연히 비윤리적입니다. 이때 나쁜 의도란 공동체에 해가 되거나 타인에게 피해를 주는 행위일 것입니다. 예컨대 분명한 범죄 행위나 사기(fraud), 절도, 도청, 사이버 공격 등의 행위는 분명 비(非)윤리를 넘어 반(反)윤리적입니다. 이외에도 의도가 있든 없든 딥페이크 기술을 이용하여 가짜 뉴스를 퍼뜨려 갈등을 조장하고 타인을 모함하는 행위도 비윤리적입니다.

현재 SNS상에 자극적인 뉴스를 올리거나, 사건을 침소봉대하여 갈등을 조장하고 남을 모함하는 행위가 횡행하고 있습니다. 이러한 사태는 SNS 기업이 조회수를 늘리기 위한 수단으로 자극적인 영상이나 글에 주는 혜택이 원인 중 하나로 지목되기도 했습니다. 유발 하라리가 언급한 로힝야족 학살 사건처럼, SNS 기업이 수익성을 이유로 자극적인 폭력 영상을 방치하고 알고리즘으로 확산시킨 것은 명백히 비윤리적인 결과로 이어졌습니다.

❖ 권력의 통제 수단이 된 기술과 인간 소멸의 위기

정보 기술을 이용한 여론전과 가짜 뉴스를 통한 비방은 이제 일반적인 현상이 되었습니다. 더욱 심각한 것은 권력을 위해 정보 기술을 선동과 통제, 감시의 수단으로 활용하는 경우입니다. 유발 하라리와 대런 애스모글루 교수가 지적하듯, 정보 기술이 독재의 수단으로 피지배자들의 사고와 행동을 감시하고 세뇌하는 일이 매우 손쉬워졌습니다.

또한, 첨단 기술에 의존하게 됨으로써 발생하는 인간 사고 능력의 소멸은 매우 두려운 일입니다. 계산기나 내비게이션의 사례처럼, 우리가 AI에 점차 의존하여 분석하고 종합하는 지능의 능력을 잃어버린다면 이는 인류의 윤리적 측면에서 위배되는 현상입니다. 지능의 소멸은 곧 인간의 소멸을 의미하기 때문입니다.

❖ 새로운 윤리적 체계와 능동적 통제권의 필요성

인간의 소멸이 가속화되는 시기는 기술이 자각을 갖게 되어 인간의 통제를 벗어나는 때입니다. 그때에는 기계와 함께할 공동체를 위한 완전히 새로운 윤리적 기준이 필요하게 될 것입니다.

우리가 정보 기술에 의해 발생할 수 있는 현상을 예측하고 통제할 수만 있다면 비극을 막을 수 있습니다. 자본주의와 민주주의 체제 내에서 쉽지 않은 과제이나, 첨단 기술에 대한 사용 통제권을 확보하여 비윤리적 활용을 반드시 막아내야 합니다. 결론적으로 기술 개발의 속도가 빠른 현 시점에서는, 공동체의 자연스러운 형성 기준을 넘어 새로운 윤리적 체계를 수호할 수 있는 능동적인 통제력이 절실히 필요합니다.

13 언어의 족쇄

김준우 기호의 감옥에서 탄생한 가공의 인격:
AI를 향한 오해와 진실

인간은 언어로 생각한다고들 합니다. 프랑스의 언어학자 페르디낭드 소쉬르(Ferdinand de Saussure)가 설파했듯이, 인간은 자신이 사용하는 어휘의 구조 속에 갇히게 되는 존재입니다. 우리가 일상에서 마주하는 '착한 정당', '아름다운 재단'과 같은 명칭들은 이미 특정 가치가 부여된 단어를 통해 그 조직의 본질을 오해하게 만들곤 합니다. 물론 명명자의 의도가 반영된 결과이겠으나, 사용자는 그 언어가 설정한 프레임 안에서 사고를 제한받게 됩니다.

❖ 튜링 테스트: 기계와 인간을 동일시한 언어적 기점

컴퓨터 시대를 개척한 앨런 튜링(Alan Turing)의 1949년 실험은 이러한 언어적 오해가 기술 영역으로 확장된 대표적 사례입니다. 그는 칸막이 너머의 대답만으로 인간과 컴퓨터를 구별할 수 없다면 컴퓨터가 사고를 하는 것으로 정의하였습니다. 바로 이 지점부터 기계를 사람의 관점에서 바라보는 거대한 오해가 시작되었습니다. 기계의 처리 과정을 '사고'라는 인간적 단어로 규정함으로써 언어의 잘못된 사용이 발생한 것입니다.

이러한 현상은 '전문가 시스템'이나 '신경망 네트워크'의 메커니즘을 가진 인공지능(AI)에서 극명하게 나타납니다. 과거의 시스템은 사전에 구축된 규칙 기반(Rule base)을 활용함에도 불구하고, 이를 '전문가처럼 생각한다'고 명명하였습니다. 하지만 인간 전문가의 직관과 통찰은 단순한 언어적 규칙으로 모두 표현될 수 없는 영역입니다.

❖ 블랙박스의 신비화와 인격화의 오류

최근의 신경망 방식 역시 인간의 뇌 구조를 모방했다는 이유로 마치 인간처럼 학습하고 판단하는 것처럼 묘사되곤 합니다. 하지만 그 내부의 복잡한 수치 계산과 가중치 연산 과정은 인간이 직관적으로 이해하기 어려운 '블랙박스'와 같습니다. 결과의 도출 과정을 명확히 예측할 수 없기에, 대중은 이를 신비화하며 인격을 가진 존재로 오해하기 시작했습니다.

우리가 시스템의 내부 작용을 단순한 물리적 기계의 작동으로 온전히 이해한다면 결코 이를 인격체로 여기지 않을 것입니다. 그러나 기계가 내뱉는 유려한 '언어'는 사용자들로 하여금 기계 뒤에 지각을 가진 자아가 존재한다는 착각을 불러일으킵니다.

❖ AI의 한계: 통계적 결과와 인간적 감성의 괴리

오해는 꼬리를 물고 이어져, SF 영화 속 기계가 인간을 지배할 것이라는 공포로 번지기도 합니다. '오디세이'나 '터미네이터' 같은 영화적 상상은 잘못된 어휘 선택이 낳은 극단적인 결과물이라 할 수 있습니다. 물론 머지않은 미래에 범용 인공지능(AGI)이 등장하여 논리적 영역에서 인간을 능가할 수는 있겠으나, 그것이 곧 인간과 같은 자각(自覺)이나 감정을 가짐을 의미하지는 않습니다.

AI는 본질적으로 과거에 축적된 방대한 데이터를 통계적으로 재조합하여 내뱉는 기계에 불과합니다. 고대 그리스 시절부터 논의되어 온 인간의 감성과 자아의 영역은 통계적 수치로 구현될 수 있는 성질의 것이 아닙니다. 결국 AI는 인간을 보조하는 고도의 통계 도구일 뿐, 결코 인간을 완전히 대체하거나 인격적 주체가 될 수 없음을 명확히 인식해야 합니다. 우리는 언어가 만든 족쇄에서 벗어나 기술의 실체를 냉철하게 바라보아야 할 것입니다.

따라서 이제는 이러한 오해와 폐단을 없애기 위해 기계에서 쓰는 용어를 다시 정립할 필요가 있습니다. 기계의 작동과 인간의 행위에 동일한 어휘를 사용하는 것은 오해를 불러일으키기 쉽습니다. 기계의 작동을 사람의 그것으로 연상하여 자칫 사람으로 오인할 것이기 때문입니다.

14 디지털 시대의 한글 예외 코드: '기역, 디귿, 시옷'

김신곤 : 'ㄱ, ㄷ, ㅅ'의 올바른 이름을 찾아주어야 할 때

디지털 세계에서 시스템의 안정성을 결정짓는 핵심 원칙은 '패턴의 일관성(Consistency)'입니다. 예외 처리가 많아질수록 시스템은 복잡해지고 오류 가능성은 커지기 마련입니다. 세계에서 가장 과학적인 문자로 평가받는 한글에도 500년 넘게 방치된 '예외 코드'가 존재합니다. 바로 '기역, 디귿, 시옷'이라는 자음 이름입니다.

한글 자음의 이름 생성 알고리즘은 본래 매우 명쾌합니다. 초성 소리에 'ㅣ'를 붙이고, 종성에는 그 자음이 받침으로 쓰일 때의 소리인 'ㅡ'를 결합하는 방식(C + 'ㅣ' + '으' + C)입니다. '니은(ㄴ)', '리을(ㄹ)', '비읍(ㅂ)' 등이 보여주는 이 대칭 구조는 정보 디자인 측면에서도 유례를 찾기 힘든 걸작입니다. 그러나 ㄱ, ㄷ, ㅅ은 이 규칙을 위배하며 '기역, 디귿, 시옷'이라는 불규칙한 값을 출력하고 있습니다.

❖ 500년 전의 '임시 방편'과 그 한계

이러한 예외는 1527년 최세진의 『훈몽자회』에서 비롯된 전형적인 '임시 방편'때문에 생긴 일입니다. 당시에는 우리 글자의 발음을 기록할 독자적 수단이 없어 한자의 음과 뜻을 빌려야만 했습니다. 본래 규칙대로라면 '기윽, 디읃, 시읏'이라 명명해야 했으나, 한자 중에는 '윽, 읃, 읏'의 음을 정확히 표현할 글자가 없었습니다.

결국 '역(役)', '말(末/귿)', '옷(衣)'이라는 한자를 동원해 임시방편으로 이름을 붙인 것이 오늘날까지 이어져 온 것입니다. 이는 당시의 한자가 우리의 소리를 온전히 담아내지 못해 발생한 문제였습니다. 500년 전의 기술적 한계로 인한 임시 방편이 오늘날 한글 시스템의 논리적 완결성을 저해하는 레거시(Legacy)로 남게 된 것입니다.

❖ 인공지능(AI) 시대, '디지털 리팩토링(Digital Refactoring)'이
   필요한 이유

단순히 관습이라는 이유로 이 예외를 방치하기에는 우리가 치러야 할 기회비용이 너무 큽니다. 디지털 전환(DX)과 인공지능 시대를 맞아 이를 '기윽, 디읃, 시읏'으로 바로잡는 디지털 리팩토링(Digital Refactoring), 즉 소프트웨어의 외부 동작(기능)은 그대로 유지한 채 내부 구조를 체계적으로 재설계 · 개선하는 작업은 다음과 같은 경영적 가치를 지닙니다.

첫째, 데이터 처리 효율성과 AI 학습 최적화입니다. 자연어 처리

(NLP) 알고리즘은 규칙성을 기반으로 학습합니다. '니은-디귿-리을'로 이어지는 불규칙한 데이터 시퀀스는 시스템에 불필요한 예외 규칙을 추가하며 데이터 정합성을 떨어뜨리는 '노이즈(Noise)'로 작용합니다. 규칙이 단순화될수록 알고리즘은 경량화되고 정보 처리 속도는 향상됩니다.

둘째, 한글 세계화를 위한 사용자 경험(UX) 개선입니다. K-컬처의 확산으로 한글을 배우는 글로벌 사용자가 급증하고 있습니다. 일관된 규칙을 배우던 학습자들에게 갑자기 등장하는 '기역, 디귿, 시옷'은 인지적 마찰(Friction)을 일으키고 학습 장벽을 높입니다. 사용자 인터페이스(UI) 설계에서 일관성이 깨지면 사용자 이탈률(Churn Rate)이 급증하듯, 비과학적인 예외 명칭은 한글의 직관적인 브랜드 가치를 훼손합니다.

셋째, 국가적 데이터 표준화와 거버넌스 확립입니다. 북한은 이미 '기윽, 디읃, 시읏'을 표준으로 채택하여 언어의 규칙성을 확보했습니다. 향후 남북 간 데이터 통합이나 시스템 연동 시, 자음 명칭의 불일치는 메타데이터 관리의 혼선을 초래할 가능성이 큽니다. 이는 단순한 어문 규정의 문제를 넘어 데이터 거버넌스 차원에서 선제적으로 대응해야 할 과제입니다.

❖ 세종의 정신을 잇는 운영체제 업데이트

주시경 선생은 이미 1909년『국문연구의정안』을 통해 규칙에 맞는

'기윽, 디읃, 시읏'으로 바로 잡을 것을 주장했습니다. 100년 전에는 관습의 벽에 부딪혔을지 모르나, 지금은 기술적 제약이 완전히 사라진 디지털 강국의 시대입니다.

우리는 낡은 시스템(Legacy)을 혁신하고 최적화하여 세계적인 경쟁력을 쌓아왔습니다. 이제 500년 묵은 기술적 부채를 상환하고 한글이라는 운영체제를 최신 버전으로 업데이트해야 할 때입니다. 한글의 과학성과 체계성을 온전히 회복하는 것은 세종대왕이 선사한 문자 혁명의 가치를 디지털 시대에 드높이는 길입니다.

자음자 예외 이름에게 올바른 이름을 찾아주는 것, 그것이 바로 디지털 시대를 선도하는 우리가 우리 문명의 근간인 훈민정음에 대해 갖춰야 할 최소한의 예의이자 전략적 선택입니다.

15 훈민정음이 '과학적'인 이유

김신곤 | 과학철학의 관점에서

'과학적'이라는 말은 단순히 기술적이거나 복잡하다는 뜻이 아니라, 검증 가능하고 새련 가능한 방법으로 세상을 이해하려는 태도와 사고 방식을 의미합니다. 그렇다면 한글, 즉 훈민정음은 과연 이러한 '과학적 조건'을 충족하는 문자일까요? 본 칼럼은 과학철학의 기준을 바탕으로 훈민정음의 창제 원리를 분석함으로써, 한글이 인류의 위대한 과학적 성취이자 철학적 설계의 결정체임을 보여드리고자 합니다.

❖ '과학'이라 불리기 위한 조건

과학철학에서 "무엇이 과학인가?"라는 질문은 '경계 설정 문제(demarcation problem)'로 불립니다. 여러 철학자들이 제시한 기준 가운데 핵심은 다음 네 가지입니다.

경험적 검증 가능성: 과학적인 주장은 관찰이나 실험을 통해 확인

될 수 있어야 합니다. 예를 들어 "지구는 태양 주위를 돈다"는 관측으로 검증 가능하지만, "영혼은 불멸한다"는 경험적으로 검증할 수 없습니다.

재현 가능성: 동일한 조건에서 누구나 같은 결과를 반복적으로 얻을 수 있어야 합니다. 주관적 체험은 이 조건을 충족하지 못합니다.

반증 가능성(Karl Popper): 과학적 이론은 "이런 현상이 관찰되면 이 이론은 틀린 것"이라는 형태로 반박이 가능해야 합니다. 예컨대 "모든 백조는 하얗다"는 주장은 검은 백조 한 마리만 발견되면 반증됩니다. Karl Popper에 따르면 '과학은 이론을 계속 검증하려는 것이 아니라, 대담한 가설을 세우고 그것을 반증하려는 시도를 통하여 오류를 끊임없이 제거해 가는 과정이다.'라고 하였습니다.

논리적 일관성과 체계성: 이론은 내부적으로 모순이 없어야 하며, 가설-실험-결과-결론의 흐름이 논리적으로 이어져야 합니다.

이 네 가지 조건은 단순한 절차가 아니라 과학적 사고의 본질을 드러냅니다. 따라서 훈민정음이 이러한 기준을 충족한다면, 그것은 단순한 언어학적 산물이 아니라 과학적 체계로 평가받을 수 있습니다.

❖ 훈민정음의 과학적 창제 원리

훈민정음해례본에는 자음·모음의 제자 원리와 구조가 명확히 기술되어 있습니다. 자음은 발음기관의 모양을 본떠 만들었다고 설명되어 있으며, 이는 음성학적 검증이 가능합니다. 예를 들어 'ㄱ'은 혀뿌리가 목구멍을 막는 형태를 본떠 만들었다는 설명은 실제 조음 위치(velar)와 일치합니다. 이는 발음기관의 구조를 관찰함으로써 검증 가능한 경험적 주장입니다. 또한 동일한 문자 조합은 항상 동일한 발음을 만들어내므로 재현 가능성을 충족합니다. 오늘날 한국어 학습자가 누구든 동일한 발음 규칙으로 읽고 쓸 수 있다는 사실이 이를 증명합니다.

훈민정음의 가획(加劃) 원리, 즉 '획을 더하면 소리가 세진다'는 규칙은 반증 가능성의 대표적 사례입니다. 실제로 'ㄱ'과 'ㅋ'의 기식(aspiration) 정도를 측정하면 후자가 더 셉니다. 이는 현대 음향학 실험으로도 반증될 수 있는 실증적 문법 체계라는 뜻입니다. 세종대왕께서 창제하신 이 원리는 15세기에도 이미 '음성의 물리적 현상'을 구조적으로 인식했음을 보여줍니다.

훈민정음의 구성은 탁월한 논리적 일관성과 체계성을 지니고 있습니다. 자음은 발음기관의 위치(혀, 입술, 목구멍 등)에 따라 조직되어 있고, 모음은 하늘(·), 땅(ㅡ), 사람(ㅣ)의 삼재(三才) 사상을 바탕으로 조합됩니다. 이러한 구조는 음소 단위로 체계적으로 확장 가능한 언어 시스템을 만들어냈습니다. 삼재 사상이나 음양오행설 등은 형이상학적 철학 배경으로서 경험적으로 반증 가능한 과학 이론은 아니지만, 창제의 정당성을 부여하기 위한 시대적 산물이자 문자 설계에 내재된 형태와 기능의 연관성을 설명하는 철학으로 작용했습니다.

훈민정음은 백성이 쉽게 배우고 사용할 수 있도록 명확한 목적을 가지고 창제되었습니다. 세종대왕께서는 "백성이 말하고자 하는 바가 있어도 문자로 표현하지 못해 답답해한다"는 문제의식을 갖고, 정보 전달의 효율성과 효과성을 최우선으로 고려하셨습니다. 훈민정음의 창제 원리는 "형태는 기능을 따른다(Form follows function.)"는 현대 디자인 철학의 핵심, 즉 "겉모양보다 쓰임새가 먼저"라는 원칙과 일치합니다. 따라서 훈민정음은 "소리라는 기능을 가장 정확하고 체계적으로 나타내기 위해 글자 모양을 설계한 문자"이기 때문에 이 원칙이 잘 적용된 대표적인 예로 이해할 수 있으며 정보 전달을 위한 구조적 설계와 철학이 담긴 정보 디자인의 걸작이라 평가할 수 있습니다.

❖ 현대 학문적 관점에서의 평가

현대 음성학과 뇌언어학에서도 한글의 과학성은 지속적으로 확인되고 있습니다. 예컨대 미국 스탠퍼드대학교와 경희대학교 공동 연구(2018)는 한글의 구조가 뇌의 음성 자극 인식 방식과 유사하게 설계되어 있음을 밝혀냈습니다. 또한 국제음성학협회(IPA)의 체계와 비교할 때, 한글은 음소 단위를 시각적으로 직접 매칭하는 유일한 문자로 평가됩니다. 이러한 점에서 훈민정음은 '음성학적 가시화'라는 언어 과학의 핵심 원리를 15세기에 이미 구현한 문자입니다.

❖ 과학적 사고의 결정체로서 훈민정음

이러한 이유로 훈민정음은 경험적으로 검증 가능하고, 재현 가능하며, 반증 가능한 과학적 기준 위에 세워진 세계 유일의 과학적 문자 체계입니다. 또한 창제의 목적을 명확하게 알 수 있는 유일하고도 실용적인 문자이기도 합니다. 세종대왕께서는 "백성이 말하고자 하나 문자로 표현하지 못한다"는 점에서 출발하여, 효율적이고 효과적인 정보 전달이라는 사회적 기능을 설계의 중심에 두셨습니다. 이는 과학적 합리주의와 휴머니즘이 결합한 발상의 산물입니다.

결국 훈민정음은 단순한 문자 체계가 아니라, 인간의 발음 기관에 대한 과학적 관찰, 추상화, 그리고 체계화의 과정을 거쳐 탄생한 언어 발명의 성공 사례입니다. 그것은 오늘날에도 반증되지 않고 검증 가능한 언어학의 모델로 남아 있으며, 대한민국의 문화유산을 넘어 인류 문명의 위대한 과학적 성취입니다.

16 케데헌 현상에서 배우는 사이버 보안문화

김정덕 공감과 참여, 그리고 우리의 '신바람'이
만드는 보안 혁신

2025년, '케이팝 데몬 헌터스'(이하 케데헌)라는 작품이 전 세계에 하나의 문화적 신드롬을 일으켰습니다. 이 애니메이션은 K팝 팬덤의 상징인 '떼창' 문화를 중심으로, 팬들이 노래와 춤을 통해 하나의 공동체를 이루는 독특한 경험을 그려내며 단순한 콘텐츠를 넘어선 현상이 되었습니다.

사실 저는 이 작품을 처음 넷플릭스에서 접했을 때 10분도 채 보지 않고 멈췄습니다. 급한 일도 있었지만, 솔직히 말해 별다른 감흥을 느끼지 못했기 때문입니다. 하지만 연일 쏟아지는 언론 보도와 주변의 뜨거운 반응에 결국 다시 재생 버튼을 눌렀습니다. 물론 끝까지 본 지금도 이 영화가 제 인생 영화 목록에 오를 일은 없을 것 같습니다. 제게는 애니메이션이라는 장르 자체가 익숙지 않고, 스토리 역시 특별하게 와닿지는 않았습니다. 다만, 영화 속 OST 'Golden'의 멜로디만큼

은 귓가에 계속 맴돌 정도로 중독성이 강하더군요.

❖ 케데헌의 인기 비결

스스로 '꼰대'임을 인정하면서, 저는 이 지점에서 한 가지 질문을 던지게 되었습니다. 왜 이 영화는 저와 같은 세대의 감성과는 다르게, 연령과 국적의 경계를 넘어 이토록 폭넓은 사랑을 받고 있는 것일까? 그 이유에 대해 진지하게 탐구해보았습니다. 제 생각에는 K팝 팬덤 문화에 대한 이해를 바탕으로 보편적인 문화적 공감대를 형성하고, 누구나 쉽게 이해하고 즐길 수 있는 효과적인 스토리텔링을 채택했기 때문입니다. 특히 넷플릭스라는 강력한 글로벌 플랫폼을 통해 전 세계 팬들이 동시에 콘텐츠를 소비하고, 유튜브, 소셜 미디어 등 다양한 소통 창구에서 활발하게 의견을 나누며 자발적으로 팬덤을 확장한 것이 성공의 핵심 요인이라고 생각합니다.

케데헌이 보여준 이 공동체적 문화 경험은 사이버 보안 분야에도 중요한 시사점을 제공합니다. 사이버 보안은 더 이상 단순히 기술적·관리적 통제만으로 유지되는 영역이 아닙니다. 즉, 모든 구성원이 공감할 수 있는 명확한 메시지(문화적 공감대)를 흥미로운 이야기(스토리텔링)로 전달하고, 조직 내 다양한 소통 채널(플랫폼)을 통해 자유롭게 공유하고 참여할 때, 비로소 자발적이고 강력한 보안 문화가 형성될 수 있음을 보여줍니다.

❖ 케데헌 현상과 우리나라 문화가 주는 시사점

케데헌이 전 세계적 열풍을 일으킨 데는 한국 대중문화 특유의 공동체성과 참여 문화가 크게 작용했습니다. 우리 문화에는 '같이 부르고, 같이 놀고, 무대와 관객이 하나가 되는' 전통적 음악문화가 깊게 뿌리내려 있습니다. 장례식이나 경사 때 동네 사람들이 함께 곡을 부르거나, 농경 사회의 풍작을 기원하며 사물놀이를 함께하던 전통은, 오늘날의 노래방 문화와 K팝 떼창으로 자연스럽게 계승되어 왔습니다. 이처럼 음악과 퍼포먼스가 단순 소비를 넘어 모두가 함께 만드는 '신바람'의 힘은 우리 사회가 가진 독특한 문화적 자산입니다.

이 관점에서 보안 문화도 충분히 '신바람 문화'처럼 형성될 수 있다고 봅니다. 조직 구성원들이 보안을 지키는 일에 적극 참여하고 즐거움과 자부심을 느낄 때, 자연스럽게 강력한 보안 문화가 구축될 수 있다는 뜻입니다. 단순히 의무감이나 통제에 의한 보안 활동이 아니라, 모두가 함께하는 '즐거운 동참'과 '긍정적 경험'이 만들어질 때 보안은 조직 내 일상의 일부가 됩니다.

❖ 한국 문화의 특성과 보안 문화 트리거

우리나라 음악 문화의 '같이 부르는' 공동체성과 '무대와 관객이 하나 되는' 참여 방식은 보안 문화에서도 매우 중요한 힌트가 됩니다. 이 공동체적 경험에는 "함께한다"는 심리적 신뢰와 소속감이 내재되어 있습니다. 보안 분야에서는 이러한 정서가 '보안 의식'과 '자발적 보안 행동'으로 이어져야 합니다. 그런데 문화적 자산만 있더라도 그것이 현실에서 보안 문화로 진화하려면 특정한 '트리거(촉발 요인)'가 필요합니다.

한국적 '신바람'을 동력으로 하는 보안 문화를 정착시키기 위한 트리거는 다양한 방식으로 작동할 수 있습니다. 우선, 보안 우수 사례나 개인의 기여를 공개적으로 칭찬하는 '공유와 인정의 문화'를 조성하여 긍정적인 동기를 부여해야 합니다. 또한, '케데헌'의 떼창처럼 집단이 함께 즐기는 보안 캠페인이나 게임화된 교육 같은 '공동체 이벤트'를 통해 재미와 동료애를 더할 수 있습니다.

여기에 더해, 리더가 직접 모범을 보이며 인간 중심의 일관된 메시지를 전달하는 '리더십의 역할'과, 우리에게 친숙한 이야기를 활용한 '문화적 스토리텔링'은 보안을 더욱 친근하게 만듭니다. 그리고 이러한 트리거들이 효과적으로 작동하기 위한 필수직인 환경이 바로 '활발한 소통 채널'입니다. 공식적, 비공식적 플랫폼을 통해 이러한 활동들이 끊임없이 공유되고, 보안에 대한 이야기가 일상적인 대화의 일부가 될 때, 비로소 자발적이고 강력한 '신바람 보안 문화'가 조직 전체에 뿌리내릴 수 있습니다.

❖ 한국적 '신바람' 보안 문화의 가능성

우리 문화가 지닌 '같이 부르고 춤추는' 공동체 전통은 사이버 보안 문화의 가장 큰 경쟁력이 될 수 있습니다. 이 전통이 보안 분야에서 트리거만 잘 작동한다면, 단기간 내 강력하고 지속성 있는 보안 문화가 형성될 수 있으리라 기대합니다. 오늘날 글로벌 디지털 위협에 대응하기 위해서는 기술적 대비뿐 아니라 사람 중심의 문화 혁신이 더욱 중요합니다. 케데헌 현상이 보여준 공감과 참여, 그리고 우리 문화의 신바람 정신이 만난다면, 사이버 보안도 세계적 수준의 혁신적 문화로 발전할 수 있지 않을까요? 조직과 국가의 안전을 위한 새로운 길이 여기에 있음을 확신하며, 보안 문화의 '떼창' 시대를 기대합니다.

Column

17 나무의 전략에서 배우는 보안의 지혜

김정덕 : 나무의 전략에서 배우는 보안의 지혜

숲길을 걸을 때면, 개별적인 나무가 모여 거대한 군락을 이루는 장엄한 모습에 김틴하곤 합니다. 땅에 깊이 뿌리내려 그저 햇빛괴 비를 맞으며 살아가는 듯 보이는 나무들이지만, 그 이면에는 수많은 위협에 맞서는 치열한 생존 전략이 숨어 있습니다. 실제로 지구상에서 가장 오래 사는 생명체는 바로 식물입니다. 한자리에 고정되어 움직일 수 없는 숙명은 역설적으로 주변 환경에 기민하게 적응하고, 건강한 생태계를 이루어 더불어 살아가는 지혜를 발전시켰습니다. 이러한 나무의 생존 방식은 우리가 매일 마주하는 사이버 보안의 세계에 놀라운 통찰과 교훈을 줍니다.

❖ 껍질, 잎, 그리고 방어의 지혜

나무의 가장 바깥을 감싼 두툼한 껍질은 해충의 침입이나 외부 충격으로부터 자신을 보호하는 견고한 1차 방어벽입니다. 잎사귀 또한 미세한 털이나 왁스층으로 덮여 있어 병원균이 쉽게 자리 잡지 못하게 합니다. 여기서 그치지 않고, 일부 나무는 곤충의 공격을 감지하면 즉시 천연 살충 성분이나 소화를 방해하는 타닌(tannin) 같은 화학물질을 생성하여 자신을 방어합니다. 이처럼 물리적, 화학적 방어 체계를 다층적으로 갖춘 나무의 전략은 오늘날 사이버 보안의 핵심 원칙인 '심층 방어(Defense in Depth)'와 정확히 일치합니다.

이는 우리가 디지털 자산을 보호하는 방식과 같습니다. 단순한 비밀번호 하나에 의존하는 대신, 외부 침입을 막는 방화벽부터 악성코드를 탐지하는 백신, 사용자를 확인하는 다단계 인증, 그리고 최후의 보루인 데이터 암호화에 이르기까지 여러 보안 장치를 겹겹이 두는 것이 바로 나무의 지혜를 닮은 보안입니다. 어느 한 계층이 뚫리더라도 다음 방어선이 위협을 막아낼 수 있도록 설계하는 것입니다.

❖ 나무도 소통한다! 숲의 비밀 네트워크

관점을 숲 전체로 넓혀보면 나무의 지혜는 더욱 깊어집니다. 놀랍게도 땅속에는 '우드 와이드 웹(Wood-Wide Web)'이라 불리는 거대한 네트워크가 펼쳐져 있습니다. 나무의 뿌리와 땅속 균류가 서로 연결되어 영양분을 주고받고, 심지어 해충이 나타나면 위험 신호를 공유한다고 합니다. 한 나무가 병에 걸리면, 이 네트워크를 통해 주변 나무들에게 경고를 보내고 이웃 나무들은 미리 방어 태세를 갖추는 것입니다.

이 모습은 사이버 보안에서 '정보 공유'의 중요성을 떠올리게 합니다. 한 기업이나 기관이 해킹을 당했을 때, 그 정보를 신속히 공유해야만 유사한 피해를 막을 수 있습니다. 혼자만 조용히 문제를 해결하려다가는 숲 전체가 병들 듯, 사회 전체가 더 큰 위험에 빠질 수 있습니다. 그렇기에 기업과 기관, 국가 단위의 위협 정보 공유 네트워크가 활발히 운영되어야 합니다.

❖ 변화에 적응하는 힘과 복원력

나무는 환경 변화에 놀라울 만큼 유연하게 적응합니다. 겨울이 오면 잎을 떨궈 에너지를 아끼고, 가뭄이 들면 뿌리를 더 깊이 뻗어 물을 찾습니다. 또한, 다양한 수종이 어우러진 숲은 특정 병충해가 발생하더라도 생태계 전체가 무너지지 않는 복원력(Resilience)을 가집니다. 반면, 단일 수종으로만 이루어진 숲은 한번 병이 돌면 속수무책으로 파괴될 위험이 큽니다.

이는 특정 시스템이나 솔루션에 대한 과도한 의존이 초래할 수 있는 '단일 지점 장애(Single Point of Failure)'의 위험을 경고합니다. 여러 제조사의 보안 솔루션을 조합해 사용하고, 문제가 발생했을 때 신속히 복구할 수 있는 계획과 태세를 갖추는 것, 이것이 바로 건강한 숲이 우리에게 가르쳐주는 또 하나의 지혜입니다.

❖ 자연에서 배우는 디지털 생존법

우리는 흔히 첨단 기술만이 사이버 세상을 지키는 열쇠라고 생각하지만, 사실 수억 년을 살아온 자연의 생존 전략이야말로 최고의 교과서일지 모릅니다. 나무처럼 여러 겹의 방어막을 구축하고, 위험 정보를 이웃과 나누며, 변화에 유연하게 대처하고, 다양한 대안을 준비하는 것. 이것이야말로 우리가 디지털 세상에서 안전하게 살아가는 지혜가 아닐까 생각합니다.

최근 국내 굴지의 통신사에서 발생한 대규모 개인정보 유출 사고를 접하며, 올봄 눈처럼 흩날리던 이팝나무 꽃잎이 떠올랐습니다. 화려하게 피었다가도 한순간에 스러지는 꽃잎처럼, 견고해 보이는 우리의 디지털 시스템 역시 한순간의 방심으로 무너질 수 있다는 경각심을 느낍니다. 또한, "세상에 홀로 아름다운 생명은 아무것도 없다"는 말이 있듯, 아무리 미미한 존재라 해도 살아남기 위해서는 다른 누군가의 도움이 반드시 필요합니다. 나무와 숲의 생명들은 그 '더불어 사는 삶'의 지혜를 이미 터득하고 있는 것입니다.

갑자기 찬 바람이 부는 늦가을, 자연의 이치가 우리에게 평온함과 함께 엄중한 생존의 법칙을 가르쳐주듯, 이제는 보안 전문가부터 일반 사용자에 이르기까지 우리 모두가 각자의 경험과 지혜를 모아 안전하고 신뢰할 수 있는 '디지털 숲'을 함께 가꾸어 나가야 할 때입니다.

Column

18 한송이 국화꽃을 피우기 위해…

김정덕 : '꽃 항상성'의 지혜로 읽는 보안 운영 설계

가을 국화 군락 앞에서 벌은 때로 더 가까운 꽃이 있어도 같은 종의 꽃민 연달아 찾습니다. 이른바 '꽃 항상성(Flower constancy)'은 서로 다른 꽃 사이를 오가며 생기는 혼선과 손실을 줄이고, 한 가지 꽃형에 집중해 채집 효율을 높이는 자연의 지혜를 뜻합니다. 학습과 기억에 드는 비용을 최소화해 수확을 극대화하는, 단순하지만 강력한 전략입니다.

'꽃 항상성'은 고대의 관찰에서 출발해 근대 과학을 거치며 정교해졌습니다. 2000년 전 아리스토텔레스의 기록을 시작으로, 다윈과 뮐러의 연구에서 체계적으로 확인되며, 마침내 측정과 분석이 가능한 과학적 틀로 자리 잡았다고 합니다. 그 긴 축적 끝에 '꽃 항상성'은 현대 수분 생태학의 핵심 개념 가운데 하나로 확립되었습니다. 한마디로, 자연은 '선택과 집중'으로 효율을 끌어올립니다.

❖ 가을 들판에서 배운 집중

들판의 벌이 한 종에 집중할수록 수확이 커지듯, 보안도 원리는 같습니다. 모든 경로를 한꺼번에 막으려 하기보다 임계 자산과 핵심 전술군에 초점을 고정할 때, 탐지와 대응은 더 효과적이고 효율적으로 정렬됩니다. 초점이 정해지면 로그 스키마와 탐지 규칙, 대응 절차가 한 방향으로 맞춰져 신호대잡음비가 높아지고 전환 비용과 오탐이 줄어듭니다. 가을 수확처럼 일이 몰리는 시기일수록 무엇을 수확 바구니에 먼저 담을지 결정하는 일이 성패를 가릅니다. 이제 들판의 교훈을 보안 운영 설계로 바꾸어, 어디에 시선을 고정해야 효율과 품질이 함께 올라가는지 살펴보겠습니다.

❖ '꽃 항상성'에서 배운 보안 설계 원리

'꽃 항상성'에서 얻은 설계 원리는 네 가지로 이어집니다. 첫째는 '핵심 자산의 일관성 유지'입니다. 조직에서 가장 중요한 핵심 자산(가장 지켜야 할 정보와 서비스)을 하나의 '집중 구역'으로 정하고, 그 흐름에 맞춰 로그의 핵심 키와 태그, 보존 정책, 탐지 규칙을 같은 기준으로 통일합니다. 같은 대상을 같은 기준으로 반복해 보아야 미세한 이상이 신호로 떠오르고, 불필요한 경보는 자연스럽게 배경으로 가라앉습니다.

둘째는 '절차의 일관성 유지'입니다. 변경 · 배포 승인, 사전 검증, 롤백, 영향권 고해상도 모니터링을 하나의 플레이북으로 묶고, 매번 같은 순서로 실행합니다. 같은 길을 반복해 걸을수록 발걸음이 가벼워지듯, 대응의 속도와 품질이 안정되고 편차가 줄어듭니다.

셋째는 '선택적 다양성의 적용'입니다. 겉으로 비슷해 보이는 공격 전술군을 명확히 구획해, 서로 다른 꽃을 구분하듯 다르게 다룹니다. 유사 변형은 하나의 바구니로 묶어 중복 알람을 줄이고, 구분이 필요한 변형에는 개별 규칙을 두어 정밀도를 높입니다.

넷째는 '회복성의 일상화'입니다. 백업 무결성 점검, 단절 모드 리허설, 서비스 우회와 복원 시간의 실측을 정기적으로 수행합니다. 물난리를 대비해 제방을 미리 보수하듯, 복구 경로를 정교화하고 백업의 건전성을 사전에 확인해 복원력을 확보합니다.

❖ 최근 사건이 건네준 조용한 신호

올봄의 대형 통신사 침해는 핵심 식별자 보호와 계정·암호화 통제의 일관성이 흔들릴 때 어떤 비용이 발생하는지 보여주었습니다. 이어진 타 통신사의 경계면 위협은 네트워크·단말·코어 사이마다 변함없는 검증 체계를 순환적으로 두어야 함을 상기시켰습니다. 가을의 데이터센터 화재는 물리와 사이버가 서로 다른 장면이 아니라 한 무대임을 드러내며, '공공 영향이 큰 기능부터 되살리는' 우선 복구 순서를 설계에 새겨야 함을 말해주었습니다. 세 사건이 공통으로 전하는 메시지는 단순합니다. 초점이 분산될수록 중요한 것은 작아지고, 사소한 것이 커진다는 사실입니다.

❖ 한송이 국화꽃을 피우기 위해…

　들판의 벌이 한 송이에 국화꽃에 시선을 고정하듯, 보안도 가장 중요한 것부터 같은 눈으로 반복해 보아야 합니다. 초점이 선명할수록 신호는 또렷해지고, 낭비와 혼선은 줄어듭니다. '집중 구역'을 정하고, 이를 관찰·보호할 정책과 프로세스, 솔루션을 일관된 기준으로 맞춘 뒤, 복원 리허설과 백업 무결성 검증을 정례화해 복원력을 유지해야 합니다. '꽃 항상성' 원리가 운영의 습관이 될 때, 조직은 혼란 속에서도 흔들리지 않는 힘을 갖게 됩니다. 깊어 가는 가을, 자연이 건네는 간명한 가르침을 오늘의 실천으로 이어가야 하겠습니다.

19 타이밍(Timing)이 곧 완성도(Completeness)

김신곤 │ 완벽함보다 빠른 수정(Fix)이 낫다

디지털 대전환(DX)의 파고 속에서 리더들은 매일 수천 가지의 데이터와 마주합니다. 그러나 역설적으로 디 많은 데이터기 더 니은 결정을 보장하지는 않습니다. 본 칼럼은 실존주의 철학의 '선택'이라는 화두를 통해, 오늘날 디지털 비즈니스 환경에서 리더가 갖춰야 할 의사결정의 본질적 가치가 무엇인지, 특히 '타이밍'과 '완성도'라는 두 축 사이에서 어떤 균형을 잡아야 하는지를 모색하고자 합니다.

❖ 의사결정, B와 D 사이의 치열한 디지털 'C'

실존주의 철학자 사르트르는 "인생은 B(Birth)와 D(Death) 사이의 C(Choice)다"라고 설파했습니다. 우리는 이 세상에 우연히 던져진 존재(피투성)이기에, 내가 누구인지, 어떻게 살아야 하는지는 오직 매 순간의 선택을 통해 결정됩니다. '나는 원래 이런 사람이다'라고 정해진 본질은 없으며, 내가 내린 선택들이 모여 비로소 나의 본질을 형성한다는 뜻입니다.

이 철학적 명제는 오늘날 디지털 비즈니스 환경에서 더욱 냉혹한 현실로 다가옵니다. 의사결정의 결과가 곧 '선택'이며, 이 선택이 개인의 삶은 물론 조직의 성패를 좌우하는 핵심 활동인 것은 자명합니다. 특히 조직의 운명을 짊어진 C-Level 임원과 정책 결정권자들에게 의사결정은 '언제(Timing)' 결정할 것인가와 '얼마나 확실하게(Completeness)' 결정할 것인가 사이의 위태로운 줄타기입니다. 빅데이터의 홍수 속에서도 결단을 내리지 못하는 '분석 마비' 현상은 디지털 시대 리더들이 직면한 새로운 위기입니다.

❖ 타이밍과 완성도, 디지털 비즈니스의 상충관계

의사결정의 두 축인 타이밍과 완성도는 흔히 상충 관계(Trade-off)에 놓입니다. 타이밍이 지나치게 빠르면 정보 부족으로 인해 완성도가 떨어지고, 반대로 완성도를 높이기 위해 너무 많은 정보를 기다리다 보면 결정의 적기를 놓치게 됩니다.

디지털 선도 기업들은 이 딜레마를 '신속한 불완전함'으로 돌파합니다. 페이스북의 마크 저커버그는 "약 70%의 정보만으로도 결단을 내리라"는 원칙을 고수합니다. 완벽한 정보를 기다리기보다 과감하게 행동하는 것이 시장 선점의 핵심이기 때문입니다. 아마존의 제프 베조스는 의사결정을 '되돌릴 수 없는 문(Type 1)'과 '되돌릴 수 있는 문(Type

2)’으로 나누고 대부분의 디지털·운영 관련 결정은 Type 2에 속하므로 속도와 실행력이 더 중요하다고 강조하고 있습니다.

콜린 파월이 제시한 ‘40~70% 규칙’도 리더가 결정을 내려야 할 적절한 시점을 말해 줍니다. 확보된 정보가 40% 미만일 때는 결정을 미루고 추가적인 데이터 수집에 집중해야 합니다. 하지만 정보의 양이 40%에서 70% 사이의 구간에 도달했다면, 직관과 경험을 결합하여 결단을 내리기에 가장 적절한 ‘골든타임’이라 할 수 있습니다. 만약 정보가 70%를 초과할 때까지 기다린다면 이는 이미 비효율적인 정보 수집 행위가 되며, 그사이 경쟁자는 이미 행동을 개시하여 시장을 선점했을 가능성이 매우 높습니다.

❖　왜 디지털 세상에서는 ‘완성도’보다 ‘타이밍’인가?

디지털 문명에서 ‘완벽한 계획’은 환상에 불과합니다. 코드는 언제든 수정할 수 있지만, 상실한 기회비용은 회복이 불가능합니다. 타이밍이 완성도에 우선하는 이유는 다음과 같습니다.

첫째, 기회의 휘발성입니다. 시장과 위협 환경은 실시간으로 변화하며 기회는 기다려주지 않습니다. 둘째, 데이터의 역설입니다. 지나친 숙고는 종종 결정 회피로 이어집니다. 불완전한 정보 속에서도 판단하는 능력이야말로 리더십의 본질입니다. 셋째, 실행 중심의 역동성입니다. 완벽한 계획보다 빠른 실행과 피드백을 통해 개선하는 애자일 (Agile) 방식이 경쟁에서 앞서 나가는 동력이 됩니다. 성급한 결정으로 인한 실수는 수정할 수 있지만, 지연된 결정은 조직의 역동성을 해칠 수 있습니다.

❖ 후회 없는 리더를 위한 5가지 의사결정 원칙

불확실성이 상수가 된 시대, 후회 없는 결정을 위해 리더가 명심해야 할 다섯 가지 태도입니다.

1. 문제를 해결하는 것은 '결정'이지 '시간'이 아닙니다. 기다림은 회피일 뿐이며, 결정을 미룬다고 해서 해결이 쉬워지지 않습니다.

2. 완벽한 준비는 존재하지 않습니다. 불확실성은 모든 의사결정의 본질입니다. 결단은 언제나 불안함 속에서 이루어지는 법입니다.

3. 완벽주의는 행동 회피의 또 다른 이름입니다. '아직 덜 준비됐다'는 말은 디지털 시대의 생존을 가로막는 변명에 불과합니다.

4. 용기는 기다린다고 생기지 않습니다. 지금 하지 않으면 평생 못할 수도 있다는 절박함이 필요합니다.

5. 최악의 의사결정은 '결정하지 않는 것'입니다. 무결정은 조직을 정체시키고 기회를 박탈합니다.

❖ 데이터의 늪에서 벗어나야

우리가 절대로 되돌려 받지 못하는 것이 세 가지 있습니다. 하나는 이미 흘러간 시간(Flown time)이며, 또 하나는 잃어버린 기회(Lost opportunity), 그리고 마지막 하나는 입 밖으로 뱉어 놓은 말(Spoken words)입니다.

이 격언은 타이밍은 저절로 오는 것이 아니라 스스로 끌어오는 사람만이 잡을 수 있는 '기회의 창'임을 말해 줍니다. 리더의 한 번 '뱉어 놓은 말'은 책임의 무게를 갖지만, 그 결단이 늦어져 '흘러간 시간'이 되고 '잃어버린 기회'가 된다면 조직은 회생 불가능한 타격을 입게 됩니다.

디지털 생태계에서 가장 큰 위험은 '틀린 결정'이 아니라 '늦은 결정'입니다. 틀린 결정은 수정을 통해 성장의 밑거름이 될 수 있지만, 늦은 결정은 수정할 기회조차 주지 않습니다. 데이터의 늪에서 벗어나, 불완전함과 불확실성의 바다로 과감히 뛰어드는 것이 디지털 야누스, '빛'의 얼굴을 마주하는 길입니다.

Column

20

알고리즘에 '정(情)'을 업데이트하다

김신곤

한국인의 생명 존중 사상에서 배우는
공존의 지혜

인공지능(AI)과 디지털 기술이 세상을 뒤덮고 있습니다. 모든 것이 데이터로 치환되고 효율성이 최고의 미덕이 된 지금, 우리는 역설적으로 '온기'를 그리워합니다. 차가운 금속성 기술이 인간을 대체할지도 모른다는 막연한 두려움 속에서, 우리는 어떤 철학을 붙잡아야 할까요? 그 해답은 의외로 우리의 오래된 기억, 한국인의 '정(情)'과 '생명 존중 사상' 속에 숨어 있습니다. 단순한 연민을 넘어 생명과 공존하려는 한국인의 철학은 디지털 문명이 나아가야 할 방향을 가리키는 소중한 나침반입니다.

❖ 소의 짐을 나누어 진 농부와 'AI 코파일럿'

펄 벅(Pearl S. Buck) 여사는 과거 한국 농촌에서 잊지 못할 장면을 목격했습니다. 소달구지에 볏단을 싣고 가는 농부가 자신도 지게에 짐을

지고 소 옆에서 걷는 모습이었지요. "왜 편하게 타고 가지 않느냐"는 질문에 농부는 이렇게 답했습니다.

"소도 고생을 많이 했으니 짐을 나눠 져야지요."

펄 벅 여사가 "세상에서 가장 아름다운 풍경"이라 극찬한 이 장면은 오늘날 '인간과 기술의 관계'를 다시 생각하게 합니다. 서양의 합리주의적 사고에서 소는 노동을 위한 '생산 수단'이나 '도구'에 불과할지 모르지만 한국의 농부에게 소는 생사고락(生死苦樂)을 함께하는 '동반자'였습니다.

이러한 태도는 오늘날 AI 시대가 지향해야 할 '코파일럿(Co-pilot, 협력자)' 개념과 맞닿아 있습니다. 인간이 기술을 마음껏 활용할 수 있는 도구로만 취급하거나 반대로 기술에 지배당하는 것이 아니라, 농부가 소의 짐을 덜어주 듯 서로의 부족함을 채워주는 '협력적 동반자 관계'를 구축하는 것, 이것이야말로 우리가 디지털 기술을 대하는 바람직한 태도일 것입니다.

❖ '독수리 식당'과 '기술적 공생(Technological Symbiosis)'

매년 겨울, 몽골에서 3,000km 이상을 날아온 독수리들을 위해 한국 사람들은 이른바 '독수리 식당'을 엽니다. 도시화로 먹이를 잃고 굶주려 죽어가는 독수리들을 위해 농부와 환경단체가 동물 사체를 제공하는 이 공간은, 죽어가는 생태계에 숨을 불어넣는 숭고한 행위입니다. 한때 혐오스럽다며 손가락질 받던 이 행동은 결국 독수리를 자연의 청소부로 되살려 인간에게 이로움을 돌려주었습니다.

이 '독수리 식당'의 정신은 디지털 시대에 '기술적 공생(Technological Symbiosis)'의 가치로 확장되어야 합니다. 디지털 격차(Digital Divide)로 소외된 고령층이나 취약 계층, 기술 발전의 그늘에 가려진 약자들을 위해 플랫폼을 개방하고 데이터를 나누는 행위는 디지털 생태계의 '독수리 식당'을 여는 것과 같습니다. 승자독식의 논리가 지배하는 디지털 정글에서 약자를 위한 '여분'을 남겨두는 배려야 말로 건강하고 지속 가능한 디지털 생태계를 유지하는 핵심 비결입니다.

❖ '워낭소리'에서 메타버스 속 공감으로

다큐멘터리 영화 '워낭소리' 속 최 노인과 소 '누렁이'의 관계는 생명 존중의 극치를 보여줍니다. "내가 죽으면 소 무덤 옆에 묻어달라"던 최 노인의 유언은 인간과 동물이 경제적 관계를 넘어 영혼을 나눈 사이임을 보여줍니다. 또한, 겨울철 가로수에 털실 옷을 입혀주는 우리 아이들의 마음이나, 폭설에 꺾이는 나무 소리에 가슴 아파했던 법정 스님의 감수성 역시 자연을 생명체로 여기는 한국적 정서의 발로입니다.

이러한 '확장된 공감 능력'은 다가올 메타버스(Metaverse)와 휴머노이드 로봇 시대에 필수적인 자질입니다. 우리가 반려 로봇에게 감정을 느끼고, 가상 공간의 아바타를 존중하는 윤리적인 근거는 어디서 오는 걸까요? 바로 나무 한 그루, 소 한 마리도 허투루 대하지 않았던 한국인의 그 마음입니다. 대상이 생명체이든 디지털 존재이든, 그 대상을 존중하고 아끼는 마음이야말로 차가운 기술 사회를 인간답게 만드는 최후의 보루가 될 것입니다.

❖ 남겨진 '까치밥', 미래를 위한 '디지털 여백'

우리는 감나무 끝에 '까치밥'을 남겨두던 민족이었습니다. 펄 벅 여사가 탄성을 질렀던 그 까치밥은 겨울새를 위한 배려이자 자연과 공존하겠다는 무언의 약속이었습니다.

이제 우리는 이 따뜻한 정신을 디지털 시대로 가져와야 합니다. 소의 짐을 나눠 지던 농부처럼 AI를 통제 대상이 아닌 상생의 파트너로 받아들이고, 굶주린 독수리를 쟁기던 마음으로 기술 소외 계층을 보듬는 '포용적 기술'을 실천해야 합니다. 극한의 효율성 대신 타인을 위한 배려의 공간을 남겨두는 '디지털 까치밥', 즉 '디지털 여백'을 허용해야 합니다. 예컨대, 프랑스 등에서 법제화된 '연결되지 않을 권리(Right to Disconnect)', 즉 업무 연락을 받지 않고 온전한 휴식을 보장받을 수 있게 하거나, 의도적으로 알림을 차단하는 '디지털 디톡스(Digital Detox)' 구역을 설계하는 것 등이 현대판 까치밥의 일례라 할 수 있습니다.

이러한 여백은 낡은 유물이 아니라, 인간과 기술이 조화롭게 공존하기 위해 미래까지 반드시 품고 가야 할 가장 한국적이면서도 세계적인 '운영체제(OS)'가 아닐까요?

워런 버핏에게 배우는 사이버 복원력의 원칙

김정덕 ┊ 투자의 거인이 가르쳐 준 '어떻게 지킬 것인가'

2025년 7월 말 발간된 『워런 버핏, 삶의 원칙』은 그의 투자 기법이 아닌, 95년 인생을 관통하는 '삶의 태도'에 초점을 맞춥니다. 이 책은 그의 성공이 복잡한 공식이 아닌, 단순하고 일관된 원칙에서 비롯되었음을 명확히 보여줍니다. 책은 버핏의 생애를 총 5개의 시기로 나누어, 각 단계별 선택과 그 배경이 된 철학을 실제 발언과 함께 소개합니다.

흥미롭게도 그의 생애 주기별 철학은, 기술의 복잡성에 매몰되기 쉬운 오늘날 사이버 보안 분야에 근본적인 해법을 제시합니다. 버핏의 삶의 궤적을 따라가며, 기술을 넘어 지속 가능한 '사이버 복원력(Cyber Resilience)' 구축의 지혜를 탐색해 보고자 합니다.

❖ 제1원칙: "일단 시작하라"

책의 제1부 '원칙의 씨앗'에서 버핏은 6살 때부터 껌을 팔며 돈의 가치를 배우고, 작은 돈이라도 바로 투자를 시작했습니다. 그의 교훈은 "일단 시작하지 않으면 절대 성공할 수 없다"는 것입니다. 사이버 보안 역시 마찬가지입니다. 많은 조직이 완벽하고 전사적인 보안 시스템을 구축하기 전까지 행동을 망설입니다. 그러나 버핏의 방식처럼, 가장 기본적인 것부터 즉시 시작해야 합니다. 모든 직원의 비밀번호를 강화하고, 소프트웨어 업데이트를 정기적으로 실행하며, 의심스러운 이메일을 신고하는 훈련을 하는 것, 바로 이 작은 시작이 거대한 위협을 막는 가장 효과적인 첫걸음이 될 것입니다.

❖ 제2원칙: "능력의 범위 안에서 움직여라"

제2부에서는 대학 졸업 후 본격적으로 투자 세계에 뛰어들어 자신의 투자 회사 '버핏 파트너십'을 운영하던 시기입니다. 버핏은 스승의 가르침을 넘어 '능력의 범위(Circle of Competence)'라는 자신만의 원칙을 확립합니다. 이는 자신이 완벽히 이해하는 분야 안에서만 움직인다는 것입니다. 이 원칙은 사이버 보안의 핵심인 '자산 식별 및 관리'와 정확히 일치합니다. 우리 조직이 보호해야 할 핵심 데이터는 무엇이며, 어떤 시스템에 저장되어 있고, 누가 접근하는지를 명확히 파악해야 합니다. 이 '능력의 범위'를 정의하지 않고서는 효과적인 방어가 불가능합니다. 최신 보안 솔루션을 무작정 도입하기 전에, 우리가 무엇을 지

켜야 하는지 아는 것이 우선입니다.

❖ 제3원칙: "시간을 당신의 편으로 만들어라"

제3부에서는 40세에서 55세까지 기간으로, 버핏은 장기적인 안목으로 위대한 기업을 사들여 시간을 자신의 편으로 만들었습니다. 사이버 보안 역시 단기적인 위협 대응(Fire-fighting)을 넘어서야 합니다. 일회성 보안 교육이나 연례 점검은 잠시의 위안을 줄 뿐입니다. 진정한 방어는 시간이 쌓여 만들어지는 '보안 문화'에서 나옵니다. 신입 사원부터 경영진까지 모두가 보안을 자신의 책임으로 인식하고, 안전한 업무 습관을 체화하도록 꾸준히 투자하고 인내하는 것, 이것이 바로 시간을 우리 편으로 만드는 장기적인 보안 전략입니다.

❖ 제4원칙: "평판은 5분 만에 무너진다"

제4부에서는 56세에서 70세까지 기간으로, 세계적인 부호의 반열에 올랐지만, 여전히 검소한 생활을 유지하며 부와 명성을 관리하는 방법을 보여줍니다. 버핏은 "평판을 쌓는 데는 20년이 걸리지만, 무너뜨리는 데는 5분이면 충분하다"고 경고합니다. 이 말처럼 사이버 보안 사고는 기업이 수십 년간 쌓아 올린 고객의 신뢰와 브랜드 가치를 한순간에 붕괴시킬 수 있습니다. 보안은 더 이상 IT 부서의 기술적 과제가 아닙니다. 데이터 유출은 곧 고객과의 약속을 저버리는 행위이며, 기업의 존폐를 위협하는 경영의 핵심 리스크입니다. 모든 보안 정책은

'우리의 가장 소중한 자산인 신뢰를 어떻게 지킬 것인가?'라는 질문에서 출발해야 합니다.

❖ 제5원칙: "가장 중요한 투자는 자기 자신에게"

인생의 후반기를 다루는 제5부에서는 투자뿐만 아니라 인간관계, 시간 관리, 성공과 실패에 대한 깊은 통찰을 나눕니다. 버핏은 결국 최고의 투자는 '자기 자신'에게 하는 것이라고 말합니다. 사이버 보안의 마지막 퍼즐 역시 '사람'입니다. 최첨단 AI 방화벽도 내부 직원의 작은 실수 하나에 무력화될 수 있습니다. 따라서 구성원이 끊임없이 성장하도록 지원하고, 위협 대응 역량을 키우는 교육이야말로 최고의 보안 투자입니다. 기술은 도구일 뿐, 가장 강력한 방어 체계는 잘 훈련된 '인간 방화벽(Human Firewall)'임을 명심해야 합니다.

❖ 지속 가능한 보안의 길

『워런 버핏, 삶의 원칙』은 우리에게 중요한 사실을 일깨워 줍니다. 진정한 힘은 복잡한 기법이나 기술이 아닌, 단순하고 올바른 원칙을 꾸준히 지키는 데서 나온다는 것입니다. 기초에서 시작하고, 자신의 것을 명확히 알며, 장기적 안목으로 문화를 만들고, 신뢰를 지키며, 사람에게 투자하는 것. 이것이 버핏의 삶의 원칙이자, 예측 불가능한 디지털 시대에 우리 조직을 지켜줄 가장 확실한 사이버 보안의 길이 될 것입니다.

22 의학 3.0 시대, 보안의 새로운 지평을 열다

김정덕 : 지속 가능성을 위한 인간중심보안 전략

현대 의학의 패러다임을 뒤흔든 피터 아티아(Peter Attia) 박사는 그의 저서 《Outlive》에서 '의학 3.0' 시대를 선언했습니다. 질병이 발생한 뒤에야 대응하는 '의학 1.0'이나, 통계적 평균에 기반해 표준화된 치료를 제공하는 '의학 2.0'을 넘어, 개인의 고유한 특성에 맞춰 질병을 예측하고 예방하여 '건강수명(Healthspan)'을 늘리는 것이 의학 3.0의 핵심입니다.

이러한 의학의 진화 과정은 오늘날 기업 보안이 나아가야 할 방향과 놀랍도록 닮아 있습니다. 여전히 많은 기업이 사고가 터진 후 수습하는(1.0) 단계나, 모든 임직원에게 획일적인 통제 정책을 적용하는(2.0) 수준에 머물러 있기 때문입니다. 이제 보안 역시 기술적 통제를 넘어, 조직과 구성원의 특성에 맞춘 '인간 중심의 예방 전략(Security 3.0)'으로 도약해야 할 때입니다.

❖   의학 3.0이란 무엇인가?

의학 3.0은 유전체학, 인공지능과 같은 최첨단 기술과 데이터를 활용하여 질병 발생 이전에 위험을 예측하고 선제적으로 개입하며, 개인의 유전적 특성, 생활 습관, 환경 요인 등을 종합적으로 고려한 맞춤형 건강 관리를 지향하는 의료 철학입니다. 핵심은 단순히 수명을 연장하는 것(lifespan)이 아니라, 건강수명(healthspan)을 늘리고 삶의 질을 향상시키는 데 있습니다. 이는 환자 개개인을 고유한 특성을 가진 존재로 인식하고, 환자 스스로 건강 관리 결정에 주체적으로 참여하는 것을 강조합니다.

❖   의학 3.0이 제시하는 인간중심보안의 4가지 방향

1. 사고 후 대응에서 '선제적 예방'으로: 의학 3.0이 질병 발생 전 예방에 집중하듯, 보안 관리 역시 사고 후 대응에서 '선제적 예방'으로의 전환이 필요합니다. 의학 3.0이 정기검진과 데이터 분석을 통해 질병 이전 단계에서 위험을 탐지하듯, 보안도 침해 사고 발생 이후의 포렌식과 복구에만 의존해서는 안 됩니다.

사용자가 피싱 이메일, 악성 링크, 가짜 로그인 페이지 등의 징후를 스스로 구분할 수 있도록 최신 공격 트렌드를 반영한 교육과 캠페인을 정기적으로 실시해야 합니다. 더 나아가 비밀번호 관리, 소프트웨어 업데이트, 데이터 백업 상태 등을 스스로 점검하는 '보안 자가 진단' 도구를 제공하여, 일상 업무 속에서 예방 행동이 자연스러운 습관

으로 자리 잡도록 해야 합니다.

2. **일률적 통제에서 '개인화된 보안 경험'으로:** 의학 3.0이 모든 환자를 평균적 존재가 아닌 고유한 개인으로 대하듯, 보안 정책 역시 모든 사용자에게 동일한 일률적 통제에서 '개인화된 보안 경험'으로 나아가야 합니다. 의학 3.0이 평균적 환자가 아니라 개별 환자를 기준으로 치료 전략을 세우듯이, 조직 보안도 모든 구성원에게 동일한 규칙과 교육을 적용하는 방식에서 벗어나야 합니다.

예를 들어, 대외 커뮤니케이션이 많은 부서, 민감 정보를 직접 다루는 부서, 고위 경영진과 같이 공격 노출이 높은 집단에는 더 엄격하고 세밀한 보호 조치와 특화된 교육을 제공할 필요가 있습니다. 동시에 사용자가 편의성과 보안 수준 사이에서 일정 부분 선택권을 갖되, 그 선택에 따른 책임과 리스크를 명확히 인지하도록 하는 자율성·책임의 균형도 중요합니다

3. **'통제'가 아닌 '협력'의 보안 문화 조성:** 의학 3.0이 환자의 적극적 참여를 유도하고 전반적인 삶의 질 향상을 목표로 하듯, 보안 관리도 기술적 '통제' 중심에서 '협력'과 '참여'의 보안 문화로 전환해야 합니다. 의학 3.0에서 환자가 치료 계획을 함께 세우고 생활습관 개선에 주체적으로 참여하듯, 보안도 구성원을 통제와 규율의 대상으로만 보아서는 효과적인 변화가 어렵습니다.

각 부서에서 보안에 관심과 영향력이 있는 구성원을 '보안 챔피언'으로 지정하여, 현장의 언어로 정책을 설명하고 동료의 모범사례를 전

파하도록 하는 방안은 참여를 촉진하는 좋은 예입니다. 대규모 조직에서는 사업부별 BISO(Business Information Security Officer)를 두어 CISO와 현업 사이에서 가교 역할을 수행하게 함으로써, 비즈니스 특성을 반영한 보안 개선이 이루어지도록 할 수 있습니다. 더 나아가 규정을 어겼을 때의 처벌보다, 보안 수칙을 잘 지킨 개인과 조직을 공개적으로 인정하고 긍정적으로 강화하는 방식이 자발적 실천을 훨씬 효과적으로 이끕니다.

4. 단기적 처방에서 '지속 가능한 보안 체계'로: 의학 3.0이 일시적인 증상 완화가 아닌 지속 가능한 건강수명(Healthspan)을 추구하듯, 보안 역시 단기 처방이 아니라 '지속 가능한 보안 체계'를 구축해야 합니다. 의학 3.0이 일회성 치료가 아닌 평생에 걸친 건강 관리와 삶의 질 향상을 지향하듯, 보안도 캠페인 몇 차례로 끝낼 수 있는 과제가 아닙니다.

문서 암호화, 메일 발송 전 수신자 재확인, 외부 반출 시 민감도 표시처럼 보안 절차를 업무 프로세스 속에 내재화하여, 추가적인 부담이 아니라 업무의 기본 흐름으로 느껴지도록 설계해야 합니다. 또한 위협 환경은 끊임없이 변화하므로, 보안 교육 프로그램 역시 최신 공격 사례와 기술 변화를 반영해 지속적으로 개편하고, 게임화(gamification)나 시뮬레이션 기반 훈련 등 참여형 방식으로 전환할 필요가 있습니다.

❖ 신뢰와 자율에 기반한 보안 전환

의학 3.0이 추구하는 '예방, 개인화, 참여, 삶의 질 향상'이라는 네 가지 키워드는 인간중심보안의 핵심 가치와 그대로 맞닿아 있습니다. 보안 정책과 기술만으로는 해결되지 않던 많은 문제들이, 사람을 단순한 취약점이 아니라 보호해야 할 핵심 자산이자 파트너로 바라보는 관점 전환을 통해 새로운 돌파구를 찾을 수 있습니다.

조직 구성원 한 사람 한 사람을 이해하고, 신뢰하되 검증하며, 스스로 보안의 일부라고 느끼게 만드는 인간중심보안 전략은 디지털 전환과 인공지능 확산으로 복잡성이 더해지는 현재의 환경에서 필수적인 대응 전략이 될 것입니다. 궁극적으로 이는 조직 전체의 '보안 건강수명'을 연장하고, 안전한 토대 위에서 혁신과 성장을 지속할 수 있는 기반을 제공할 것입니다.

PART 2

AI 시대의 기회와 위험

기술이 인간을 닮아갈수록, 역설적으로 우리는 가장 '인간다운' 지혜와 책임감을 고민해야 합니다. AI의 본질부터 윤리, 그리고 안전한 공존을 위한 거버넌스를 논합니다.

“진짜 위험한 것은 컴퓨터가 인간처럼 생각하는 것이
아니라, 인간이 컴퓨터처럼 생각하게 되는 것이다.”

“The real danger is not that computers will begin to think like men,
but that men will begin to think like computers.”

시드니 J. 해리스 (Sydney J. Harris)

01 위기 속의 기회, 기회 속의 위기

김신곤 ┊ AI 시대, 기회는 곧 위기인가

'위기(危機)가 곧 기회(機會)'라는 말을 자주 듣습니다. 그러나 '위기'의 본래 의미는 '위험'과 '기회'가 아니라, '위험한 시기', 즉 '진짜 위험한 시간'이라는 뜻입니다. 또 다른 의미는 '중요한 시점(crucial point)'이라는 것입니다.

존 F. 케네디 대통령은 국가적 위기 상황에서 "위기(Crisis)를 한자로 적으면 두 글자다. 하나는 위험(Danger)이고 다른 하나는 기회(Opportunity)이다"라고 말하며, 위기 속에 위험과 기회가 공존함을 강조했습니다. 윈스턴 처칠 역시 "낙관주의자는 위기 속에서 기회를 보고, 비관주의자는 기회 속에서 위기를 본다"고 말했습니다. 그러나 거꾸로 '기회가 곧 위기'라는 관점은 거의 언급되지 않습니다.

❖ 엔비디아의 입성과 인텔의 퇴장

2024년 11월, 디지털 기술 산업의 지형 변화를 보여주는 사건이 있었습니다. 인공지능(AI) 반도체 선두주자인 엔비디아가 인텔을 밀어내고 미국 다우지수에 편입된 것입니다. 인텔은 1999년 반도체 기업 최초로 다우지수에 포함되었으나, 25년 만에 퇴장하게 되었습니다. 다우의 '반도체 기업 간판 교체'는 AI 시대의 산업 질서가 바뀌고 있음을 보여주는 상징적 사건입니다. 엔비디아는 AI 열풍을 타고 GPU 시장을 장악했지만, 인텔은 PC와 서버용 CPU 시장에 안주하며 급성장하는 모바일 시장 대응을 게을리했습니다. 뒤늦게 모바일 프로세서와 통신 반도체 사업에 뛰어들었으나 경쟁사에 밀려 결국 사업을 중단하거나 매각할 수밖에 없었습니다.

❖ 놓친 기회는 위기

놓친 기회는 곧바로 위기로 이어집니다. 디지털 시대에 '위기가 곧 기회'이듯 '기회는 곧 위기'입니다. 인텔은 엔비디아 인수와 오픈AI 투자 기회를 놓치면서 경쟁에서 뒤처졌습니다. 그 결과 시가총액은 4년 전의 3분의 1 수준으로 급감했습니다. 엔비디아 주가는 2023년 약 240%, 2024년 약 170% 상승했지만, 인텔 주가는 2024년에만 약 50% 하락했습니다. 이는 시대 변화에 맞춘 혁신과 투자의 기회를 살리지 못하면 오히려 위험에 빠지고, 기술 흐름에 능동적으로 대응하지 못한 기업은 도태될 수밖에 없음을 보여줍니다.

삼성전자 역시 인텔과 유사한 경험을 했습니다. 2001년 어느 한 교수가 개발한 '3차원 반도체 양산 기술'을 삼성에 제안했으나 채택되지 않았고, 결국 인텔에 기술이 이전되었습니다. 인텔은 이를 바탕으로 2011년 세계 최초로 핀펫(FinFET) 반도체 양산에 성공했습니다. 또한 2004년 삼성은 안드로이드 운영체제(OS) 투자 제안을 거절했습니다. 이후 구글이 인수하여 세계 스마트폰 생태계를 장악하게 되었고, 삼성은 구글의 운영체제에 의존하는 상황을 피할 수 없게 되었습니다.

❖ AI 시대의 도전

전문가들은 인텔과 한때 부진했던 삼성의 공통된 문제로 비용 절감에 치중한 경영 전략, 장기간 1위를 유지하며 나태해진 조직 문화를 꼽습니다. 그러나 핵심은 급격히 변한 AI 시대에 적응하지 못했다는 점입니다.

삼성경제연구소는 이미 23년 전 보고서에서 '한순간의 방심과 전략 착오에 의해 생존이 엇갈리는 시대가 도래한다'고 경고했습니다. 또한 '앞으로는 고객이 원하는 것을 신속히 공급할 수 있는 능력이 핵심 경쟁력이 될 것'이라고 전망했습니다. 이는 오늘날 AI 가속기 핵심 칩인 HBM(고대역폭 메모리)의 등장을 예견한 듯한 문장이었습니다. 그럼에도 불구하고 삼성전자는 HBM 시장에 적절히 대응하지 못해 한때 위기를 맞게 되었다는 평가가 있습니다.

❖ 극복한 위기는 기회

삼성전자는 한때 부진했던 HBM 시장에서 위기를 잘 극복한 듯 보입니다. 지난해 구글·AMD에 HBM3E를 공급하는 데 성공했고, 올해는 엔비디아와 구글에 차세대 HBM4 공급도 가능할 것으로 예상된다고 합니다. 삼성은 지난 4분기 영업익 국내 기업 첫 20조를 돌파했으며 매출도 90조 넘어 한국 신기록을 달성했습니다. D램 매출 세계 1위 자리도 탈환하는 등 극복한 위기는 곧바로 기회로 이어진다는 것을 보여주고 있습니다.

❖ 기회와 위기의 교차점

현재 우리나라 경제는 반도체 산업에 의존하는 바가 적지 않습니다. 기회와 위기가 반복되듯이 반도체 시장도 늘 호황과 불황 사이클을 반복해왔습니다. AI 인프라 투자로 구조적인 장기 호황이 예상되지만, 공급 부족이 어느 정도 해결된 이후를 대비해야 할 것입니다. 피지컬AI 등 AI 산업의 성장 정체, AI 데이터센터 및 AI 스타트업의 자금 조달에 변화가 생길 경우 반도체 산업에도 리스크가 생길 수 있기 때문입니다.

'기회는 곧 위기'라는 말은 단순한 비관론이 아닙니다. 위기를 극복하면 기회가 찾아오 듯, 기회를 놓치면 곧 위기가 찾아온다는 사실을 명심해야 합니다.

Column

02 인공지능이란?

김신곤

천지인(天地人) 사상으로 보는 인공지능의 본질

'인공지능'은 사람이 만든(Artificial) 지능(Intelligence)이라는 뜻입니다. 인공지능과 상대되는 개념으로 '자연지능'이 있습니다. 자연지능은 뇌를 가지고 있는 생명체인 사람과 동물의 지적 능력을 말하며, 이는 환경에 적응하며 살아가기 위한 필수 능력입니다.

자연지능은 뇌가 있는 사람과 동물의 지적 능력을 뜻하므로 지능과 뇌 사이에는 깊은 관계가 있습니다. 생명은 단세포 생물에서 다세포 생물로 진화하는 과정에서 각각의 세포는 역할을 갖고 분업을 시작하여 장기(臟器) 등을 형성하는데 이때 생겨난 것 중 하나가 바로 뇌입니다. 생물이 살아가기 위해서는 다양한 정보를 처리해야 하므로 뇌가 관제탑과 같은 역할을 하게 된 것입니다.

❖ 천지인 사상과 인간 지능의 본질

우리나라의 전통 이념인 '천지인(天地人) 사상'은 이 세상이 천(天) · 지(地) · 인(人), 세 가지 요소로 구성돼 있다고 인식, 이해하고 해석하는 철학이며 세계관입니다. 천지인 사상에 의하면 인간이 생존하기 위하여 적응해야 하는 '외부 환경'은 천(天), 지(地) 및 다른 사람(人)이라는 것입니다. 여기서 천(天)은 '시간'이며 지(地)는 '공간'을 의미합니다. 쉽게 말해 인간의 지능이란 사람이 환경과 조화를 이루어 사회에서 잘 살아가기 위한 능력이라는 것입니다. 따라서 인간 지능은 크게 보아 '시간(天)'에 적응하기 위한 예측(prediction) 능력과 '공간(地)' 및 다른 사람들(人), 즉 사회에 적응하기 위한 최적화(optimization) 능력이라고 할 수 있습니다.

❖ 인간의 지적 능력과 인공지능

인간의 '지능'에 대한 정의는 매우 다차원적이고 복합적입니다. 일반적으로 인간 지능은 지적 능력, 좀 더 확대하면 지식을 다룰 수 있는 능력을 뜻합니다. 인류가 크게 번성할 수 있었던 것은 이 지식을 다루고, 아는 지식을 다시 활용하거나, 다른 사람에게 전달할 수 있는 뛰어난 지능을 가지고 있기 때문입니다.

인간 지능 가운데 첫 번째로 꼽을 수 있는 것이 바로 지식을 표현하는 언어 능력입니다. 지식을 다룰 수 있는 능력의 출발점은 내가 아는 지식을 누군가에게 표현, 전달, 및 축적할 수 있는 언어 능력이기 때문입니다. 두 번째는 누군가가 표현한 지식을 나의 지식으로 전환하는 능력, 이것이 학습 능력입니다. 이렇게 학습된 지식을 기반으로 새로운 지식을 생각해 내는 능력을 추론 능력이라고 합니다.

궁극적으로 인간 지능의 본질은 '외부 환경'에 적응하기 위한 예측과 최적화 능력이며, 구체적으로 지식을 다루는 언어 능력, 학습, 추론에 기반하여, 새로운 상황이나 문제에 대응하는 문제 해결(Problem solving) 능력 등 인간의 사고 과정에 필요한 지적 능력입니다. 컴퓨터가 사람처럼 이런 지능을 갖도록 하는 것이 바로 인공지능이라고 볼 수 있습니다

❖ 인공지능의 개념과 정의

인공지능은 넓은 의미에서 글자나 말의 의미 인식, 학습, 얼굴 표정 인지 등 그동안 인간만이 할 수 있다고 생각했던 기능을 컴퓨터가 수행하도록 하는 것을 목표로 하는 소프트웨어, 논리, 컴퓨팅, 철학 등을 뜻하기도 합니다. 쉽게 풀자면, 인공지능이란 넓은 의미에서 컴퓨터가 사람처럼 생각할 수 있게, 학습 알고리즘을 생성하고 적용하여 구현하는 모든 기술로서 컴퓨터 과학의 한 분야입니다.

컴퓨터 과학에서는 '에이전트'라는 개념을 도입해 '지능'을 설명하고 있습니다. 피터 노빅과 스튜어트 러셀의 인공지능 교과서에서는 '인공지능'을 '지능적인 에이전트'로 표현합니다. 지능적인 에이전트는 센서를 통해 환경의 상태를 인식하고, 특정한 목표를 달성하기 위

해 행동하며, 주어진 환경에서 독립적으로 행동을 결정하고 수행할 수 있으며, 환경의 변화에 적응하고, 경험을 통해 학습하여 행동을 개선할 수 있습니다. 이러한 관점에서 보면 '인공지능'은 '시간(天)'과 '공간(地)'의 자연 환경과 사회적 환경(人)을 인식하고, 목표를 향해 최적화된 행동을 결정하며 인간의 개입 없이 자율적으로 행동할 수 있는 컴퓨터 시스템 또는 소프트웨어 에이전트로 정의할 수 있습니다.

❖ 인간 지능의 모방과 인공지능의 구현

인간의 지능은 이 세계에서 오랜 시간에 걸쳐 진화하였으며 컴퓨터와 뇌, 기계와 신체는 구조와 작동 원리가 다릅니다. 따라서 자연 지능을 그대로 인공지능으로 옮길 수는 없습니다. 그럼, 인간의 지능을 컴퓨터 시스템에 어떻게 구현할 것인가? 인공지능은 다양한 기술과 학습 알고리즘을 이용하여 컴퓨터에 인간의 뇌가 정보처리하는 과정을 모방하여 인간의 지능을 구현합니다. 인간의 정보 처리 과정은 보통 입력-> 학습 및 처리 -> 출력 단계로 이루어집니다. 컴퓨터는 입력 단계에서 각종 센서를 통하여 데이터를 받아들이고, 처리 단계에서는 기계학습(machine learning) 알고리즘을 통해 입력 데이터를 처리합니다. 출력 단계에서는 처리 결과를 출력합니다.

❖ 인간의 대뇌와 지능

인간 특유의 지능은 대뇌와 관계가 있습니다. 사람의 대뇌 중 가장 최근에 진화한 부분은 신피질(Neo-cortex)입니다. 이 신피질에는 약 1,000억 개 이상의 뉴런이 시냅스를 통하여 다른 뉴런들과 연결되어 정보를 주고받으며, 생각, 감정, 기억 등 복잡한 기능을 수행합니다. 또한 그 연결은 노화, 질병, 학습에 의해 시시각각 변화합니다. 사람의 유전자 배열을 해석한 것을 '인간 게놈(Human Genome)'이라고 하듯이 사람의 뉴런의 연결망을 '인간 커넥텀(Human Connectome)'이라고 합니다. 최근 가장 중요한 인공지능 기술인 인공 신경망(딥러닝)은 인간 커넥텀을 본 뜬 기계학습 알고리즘 가운데 하나입니다.

❖ AI혁명: 인류 지능의 확장

산업혁명은 인간의 근육을 대체한 생산성 혁명입니다. 반면 AI 혁명은 인간 두뇌의 지능을 확장하는 혁명입니다. 두 혁명은 모두 인류 문명을 근본적으로 변화시켰지만, 그 본질은 서로 다릅니다. 산업혁명이 물리적 세계를 바꿨다면, AI 혁명은 지적 세계를 바꾸고 있습니다. 결론적으로 AI 혁명은 인간 지능의 확장이라는 점에서 산업혁명과 구별되는 새로운 패러다임입니다.

03 AI의 진화, 인간의 뇌를 닮아가는 길

김신곤 : 인간 수준의 지능 구현 목표를 향하여

인공지능(AI)의 발전은 인간 뇌의 구조와 진화 과정을 닮아 가는 대표적 사례입니다. 인공지능(AI)은 인간의 지능을 컴퓨터 상에 구현하는 기술로, 자연지능과 대비되는 개념입니다. 자연지능은 인간과 동물의 뇌가 지닌 지능을 의미하며, AI는 이를 모방하여 점차 인간의 사고와 학습 방식을 닮아가는 방향으로 발전해 왔습니다. 이러한 흐름은 AI가 인간 뇌의 생물학적 구조를 모방하여 탄생했기 때문에 자연스러운 흐름이며, AI 기술은 뇌가 수백만 년간 거쳐온 효율적 진화 경로를 가속화된 속도로 따라가고 있습니다.

❖ 연결주의와 신경망: 인간 뇌를 모방한 첫걸음

AI의 발전은 초기부터 인간 뇌의 구조를 모방하려는 시도에서 시작되었습니다. 연결주의 (connectionism)는 인간의 뉴런 연결 구조에서

영감을 받아 인공 신경망을 구축하는 방식으로, 기호주의(symbolism)와 함께 초기 AI 연구의 두 축을 이루었습니다. 1950년대 등장한 퍼셉트론(perceptron)은 인간 뉴런의 작동 원리를 단순화한 최초의 인공신경망 모델이었으며, 이후 딥러닝(deep learning)은 다층 신경망을 통해 시각, 언어, 추론 등 다양한 인지 기능을 학습하게 되었습니다. 이는 인간 뇌의 시냅스 연결 구조와 매우 유사하며, 현대의 대규모 언어모델(LLM) 역시 이러한 연결주의 기반의 구조를 따르고 있습니다.

❖ 스케일링 법칙과 AI의 진화적 전환

AI 모델의 성능은 데이터 양, 컴퓨팅 자원, 모델 크기 등이 증가함에 따라 향상된다는 '스케일링 법칙'에 기반하여 발전해 왔습니다. 그러나 최근에는 이 법칙의 한계가 드러나고 있습니다. 모델의 크기나 입력이 커질수록 성능이 반드시 비례하여 향상되지는 않으며, 효율성과 자원 소비의 문제도 함께 대두되고 있습니다. 예를 들어, 동물의 몸집이 커질수록 대사율이 선형적으로 증가하지 않는 것처럼, AI 모델도 일정 규모 이상에서는 성능 향상이 둔화되는 '스케일링 법칙의 종말' 현상이 나타나고 있습니다.

이러한 한계를 극복하기 위해 AI 연구는 단일 거대 모델 중심에서 벗어나, 작고 전문화된 여러 AI 에이전트가 협력하여 문제를 해결하는 방식으로 전환되고 있습니다. 이러한 에이전트는 자율성, 적응성, 실시간 상호작용 능력을 갖추고 있으며, 구조적 효율성과 협업을 통해 실질적인 가치 창출에 집중하고 있습니다. 이러한 흐름은 인간 뇌의 진화와 유사합니다. 인간의 뇌는 단순히 크기만 키우는 것이 아니라, 시각 피질, 언어 영역, 전두엽 등 기능별로 전문화된 영역들이 유기적으로 협력하여 고차원적 사고를 수행하는 구조를 가지고 있습니다.

❖ 인간 뇌의 진화와 AI 발전의 유사성

인간의 두뇌는 오스트랄로피테쿠스의 400cc에서 호모 사피엔스의 1,500cc까지 커졌지만, 이후에는 평균 1,350cc 수준으로 줄어 들었습니다. 이는 에너지 소비, 출산의 한계, 신체 구조 등의 생물학적 제약과 함께, 집단 내 협업과 분업이 가능해지면서 범용지능보다 전문화된 역할 분담이 중요해졌기 때문입니다. 이와 유사하게, AI 분야에서도 GPT, PaLM, DeepSeek 등 초거대 모델이 스케일링 법칙에 따라 발전하다가 한계에 도달한 후, 효율 중심의 소형 전문 모델과 멀티에이전트로 패러다임이 전환되고 있습니다.

❖ 다중 지능과 사회적 분업

하워드 가드너의 다중지능이론에 따르면, 인간은 다양한 지능을 지니며, 집단 내에서 역할이 분화됨에 따라 각자의 전문성을 발휘하게 됩니다. 이러한 구조는 기억의 외장화, 정보의 사회적 분업, 문화 축적 등과 함께 뇌의 크기보다 효율성과 네트워크 구조가 더 중요해졌음을 보여줍니다. AI 역시 이러한 방향으로 진화하고 있으며, 클라우드 기반 서비스와 결합된 특화 에이전트들이 다양한 분야에서 활용되고 있습니다.

❖ 인간 발달 과정과 AI 학습 방식의 유사성

AI는 이제 인간의 성장과 발달 과정을 모사하는 방식으로도 진화하고 있습니다. MIT, DARPA 등은 영유아의 인지 발달을 기반으로 AI를 훈련시키는 연구를 진행 중이며, 생후 18개월 영아의 직관적 판단과 상식 추론 능력을 AI에 적용하려는 시도도 이루어지고 있습니다. 이는 AI가 단순한 데이터 기반 학습을 넘어, 인간처럼 경험을 통해 학습하고 적응하는 방향으로 발전하고 있음을 보여줍니다.

❖ 에너지 효율과 스파이킹 뉴럴 네트워크

인간 뇌는 매우 낮은 에너지로 고도의 계산을 수행하는 구조를 가지고 있습니다. 이를 모방한 스파이킹 뉴럴 네트워크(SNN)는 뉴런의 발화 시점을 기반으로 정보를 처리하며, 기존 딥러닝보다 에너지 효율이 높습니다. 이는 인간 뇌의 병렬 처리 및 에너지 최적화 구조를 반영한 기술로, AI가 성능뿐 아니라 효율성까지 고려하는 방향으로 진화하고 있음을 보여줍니다.

❖ AI는 인간 뇌의 진화를 닮아가는 기술

AI는 단순한 계산 기계에서 출발하였지만, 점차 인간의 뇌처럼 학습하고, 적응하고, 협력하는 방향으로 진화하고 있습니다. 연결주의에서 시작된 뇌 모방은 퍼셉트론, 딥러닝, 대규모 언어모델, 그리고 협력적 AI 에이전트로 이어지며, 인간의 사고 구조를 점점 더 정교하게 구현하고 있습니다. 이러한 흐름은 단순한 모방을 넘어, 인간 수준의 지능 구현이라는 궁극적 목표를 향한 자연스러운 진화이며, 인간과 기계 사이의 경계를 허물어가는 과정이라 할 수 있습니다.

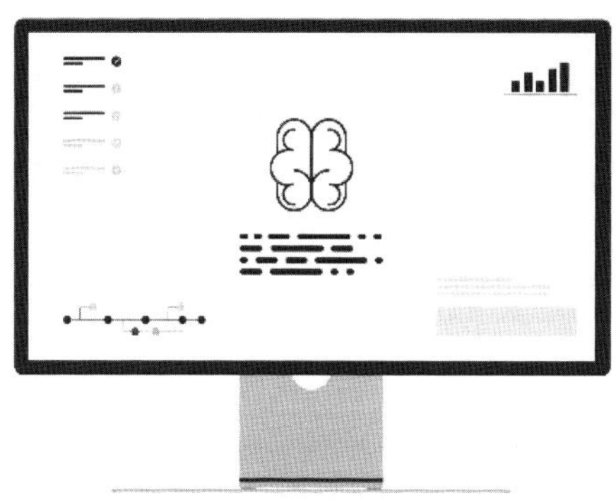

◆ 04 AI의 철학적 기반

김신곤　　본성(Nature)과 양육(Nurture)의 변주

인공지능(AI)은 단순한 기술적 도구를 넘어, 인간 지능의 형성 원리를 기울처럼 투영하는 철학적 실체입니다. 인간의 지능이 유전적 본성(Nature)과 환경적 양육(Nurture)의 상호작용으로 완성되듯, AI 또한 알고리즘 구조(본성)와 학습 데이터(양육)의 상호작용으로 성장하고 진화합니다. 이러한 관점은 AI의 편향성, 책임 소재, 그리고 인간과의 협업 가능성을 성찰하는 핵심적인 틀을 제공합니다.

❖ 인간 지능의 메커니즘: 잠재력과 실현의 조화

인간에게 있어 본성(Nature)은 기억력이나 직관과 같은 유전적 잠재력(Potential)을 의미하며, 양육(Nurture)은 교육과 경험을 통한 그 잠재력의 실현(Actualization)을 뜻합니다. 과거에는 유전과 환경 중 무엇이 우위인가를 두고 논쟁했으나, 현대 심리학과 뇌과학은 이 둘의 밀접한

상호작용에 주목합니다. 아무리 뛰어난 언어적 본성을 타고났더라도 적절한 언어 환경(양육)이 주어지지 않으면 지능은 발현되지 않기 때문입니다.

❖ AI의 지능 구조: 아키텍처와 데이터의 공진화

AI 세계에서도 'Nature vs. Nurture'의 문법은 동일하게 작동합니다.

- **AI의 본성**(Nature): 모델의 아키텍처와 알고리즘 구조입니다. 예를 들어 Transformer 구조나 Attention 메커니즘, 파라미터의 규모 등은 AI가 태생적으로 갖는 인지적 틀을 형성합니다.

- **AI의 양육**(Nurture): 학습 데이터와 훈련 과정입니다. 수십억 개의 문장과 지식을 학습하며 획득하는 언어적 능력은 후천적인 양육의 결과물입니다. 결국, 뛰어난 알고리즘(본성)과 양질의 데이터(양육)가 결합할 때 비로소 고도화된 지능이 완성됩니다.

❖ 윤리적 성찰: 편향과 책임의 기원을 묻다

AI의 윤리적 문제인 '편향'과 '책임' 또한 본성과 양육의 관점에서 재해석되어야 합니다.

- **알고리즘 편향**(Nature의 한계): 특정 성별에 차별적인 추천을 한다면 이는 설계자의 철학이나 기술적 선택이 반영된 구조적 문제입니다. 따라서 AI 윤리는 설계자(본성의 창조자)와 데이터 제공자(양육의 주관자) 모두에게 공동의 책임이 있음을 시사합니다.

- **데이터 편향**(Nurture의 한계): 특정 인종에 대한 인식률이 낮다면 이는 학습 데이터가 사회적 불균형을 그대로 반영한 결과입니다.

❖   **인간-AI 협업: 강점의 결합을 통한 지능의 확장**

인간과 AI는 배우는 방식과 사고하는 영역이 다르기에 상호 보완적인 협업이 가능합니다. 인간은 직관, 메타인지(Metacognition), 윤리적 판단에 강점을 지니고, AI는 대규모 데이터 처리와 패턴 인식에 탁월합니다.

- **의료 · 법률 사례:** AI가 방대한 데이터를 분석하여 가능성을 제시하면(양육된 지능), 인간 전문가는 직관과 윤리적 가치를 바탕으로 최종 의사결정을 내립니다(본성적 지능). 이리힌 협업은 서로 다른 지능의 본질을 이해하고 약점을 보완할 때 가장 강력한 시너지를 발휘합니다.

❖   **AI의 철학적 기반, '잠재력의 올바른 실현'**

결국 AI의 철학적 기반은 단순한 기술 논리를 넘어, 인간과 기계 모두의 성장 과정에서 '잠재력의 올바른 실현'이라는 공통된 목표로 수렴됩니다.

1. **구조적 본성**(Nature): 설계자의 윤리적 철학이 담긴 알고리즘.
2. **환경적 양육**(Nurture): 사회적 공정성이 담긴 학습 데이터.
3. **상호작용의 결과:** 인간의 메타인지와 AI의 연산 능력이 결합한

확장된 지능.

이러한 관점은 AI를 단순한 도구가 아닌, 인간 지능의 거울이자 협력자로 이해하는 것이 바로 AI의 철학적 기반의 출발점인 것을 말해줍니다. 이것이 바로 우리가 AI 기술을 대할 때 견지해야 할 진정한 철학적 태도입니다.

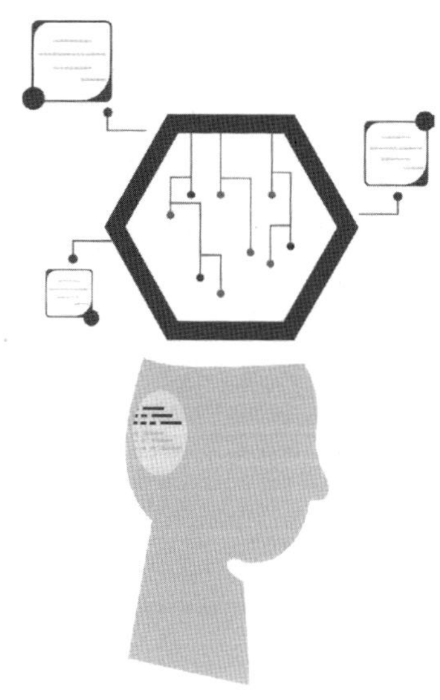

05 감정과 인공지능

김준우 : 과연 기계가 인간다울 수가 있는가?

신(神)이 자신을 닮은 인간을 만들었듯이, 인간 또한 자신을 닮은 그 무엇인가를 민드는 것을 오랜 숙원으로 삼아왔습니다. 자연을 이해하게 되고 과학 기술이 크게 발달하자, 이 꿈을 현실화하려는 움직임이 점차 일어나기 시작했습니다. 상상 속에 있던 인조인간 프랑켄슈타인이나 인기 로봇 터미네이터를 실제로 만들고자 하는 것입니다. 그러나 이에 앞서 우리가 먼저 던져야 할 질문은 '사람처럼 생각하고 느끼는 기계가 과연 가능한가' 하는 점일 것입니다.

❖ 생각하는 기계

세계 2차 대전이 한창일 때 천재 수학자 앨런 튜링이 "기계는 사람과 같이 생각할 수 있다"라고 말한 이후, 수많은 과학자가 이 판타지를 실현하기 위해 매달려 왔습니다. 이것은 가능하기만 하면 엄청난 경제적 가치를 창출하기 때문입니다. 수많은 노동력을 대체할 수 있을 뿐만 아니라, 사람보다 훨씬 더 나은 결과를 낼 수 있다고 믿었던 것입니다. 그러나 이들이 가장 먼저 부딪힌 장벽은 바로 "생각한다"는 문제였습니다. 도대체 기계에 어떻게 생각을 시킬 수 있을까요?

이 고민을 해결하는 방식에 따라 과학자들은 두 진영으로 나뉩니다. 한쪽은 논리학의 추론 방식을 택했고, 다른 한쪽은 사람의 뇌세포를 모방하는 쪽을 택했습니다. 전자는 귀납 및 연역과 같은 논리적 추론을 통해 결과를 얻으려 했으나, 문제는 우리의 사고가 생각보다 그리 논리적이지 않다는 데 있었습니다.

후자는 뇌세포 하나가 어떻게 작동하는지 모방하여 이를 컴퓨터 프로그램으로 구현하고자 했습니다. 그러나 이 방식의 문제는 사람의 뇌에 수억 개의 뇌세포가 있을 뿐만 아니라, 이들을 움직이는 것이 생물학적 전기라는 점입니다. 이는 일반적인 전기와는 성질이 다릅니다. 더욱이 아직도 뇌의 작동 원리는 완전히 밝혀지지 않았습니다. 그럼에도 이 방식은 나름대로 주효하여, 알파고를 앞세운 구글은 바둑 이벤트를 통해 엄청난 마케팅 이익을 얻기도 했습니다.

문제는 이 두 방식의 적용 분야가 매우 제한적이라는 것입니다. 과학자들이 이 둘을 합쳐보기도 하고 여러 가지 방편을 써 보기도 했지만, 아직 갈 길은 멀어 보입니다. 그도 그럴 것이 아직 우리는 뇌 구조나 작동 원리에 대해 마치 장님이 코끼리 만지듯 상상하고 추측할 뿐이기 때문입니다. 쉽게 말해 아직 잘 "모른다"고 할 수 있습니다. 이러한 한계에도 불구하고 과학자들은 "인공지능"이라는 이름을 붙이고, 기계도 생각할 수 있다고 나름대로 자위(自慰)하기에 이릅니다.

❖ 감정을 갖는 기계

설령 기계가 논리적으로 생각한다고 가정하더라도, 사람같이 느끼려면 사람이 가진 마음, 연민, 사랑 등의 감정을 이해하고 실행할 수 있어야 합니다. 이에 대해 노벨상 수상자인 제럴드 에델만은 그의 저서 『신경과학과 마음의 세계』에서 이러한 이유로 기계가 감정을 갖는 것은 불가능하다고 선을 그었습니다. 먼 훗날 기술적으로 우리 뇌와 같은 계산 능력을 갖춘 컴퓨터를 발명한다면 그때는 가능할지도 모르겠으나, 현재로서는 매우 회의적이라는 입장입니다.

동서양을 막론하고 칠학자들은 인간의 감정과 이성, 이 둘의 관계에 대해 숱한 논쟁을 벌여왔습니다. 어쨌든 감정 역시 인간의 중요한 특성인 것만은 확실합니다. 이성적 판단이나 생각은 언급한 대로 기계로 어떻게든 흉내 낼 수 있을지 몰라도, 감정은 다릅니다. 사람마다 고유한 특질이 있고 서로 다른 환경에서 성장해 왔기 때문입니다. 사람의 감정은 그가 가진 특질과 주위와의 관계 속에서 생성되는 것이기에 인위적으로 만들어낼 수는 없는 노릇입니다.

예컨대 감정의 한 표현인 '양심'을 살펴보겠습니다. 양심이란 그 시대의 생각과 관념, 그리고 도덕 등에 의해 형성되는 것이지, 단 한 번의 컴퓨터 프로그램으로 만들어낼 수 있는 것이 아닙니다. 우리는 태어나서부터 다양한 기억을 쌓고 이를 타인과 공유합니다. 이러한 기억을 바탕으로 교육과 생활, 그리고 경험을 통해 인간관계가 형성되며 사람은 그 관계 속에서 성장합니다. 양심도 바로 이런 관계 속에서 만들어지는 것입니다. 이것을 인위적인 기계가 어떻게 만들어낼 수 있겠습니까?

백번 양보하여 생각하고 느끼는 기계가 가능하다고 하더라도, 인간관계가 만들어내는 사회적 문제는 여전히 남습니다. 대표적인 것이 바로 정의(正義)나 윤리(倫理)의 문제입니다. 자율주행 자동차가 진행할 때 앞에 유모차가 지나간다면 어떤 결정을 내리는 것이 옳을까요? 그대로 가면 유모차를 치게 되고, 옆으로 피하면 운전자가 위험해지는 상황이라면 말입니다. 사람에게도 결코 쉽지 않은 문제지만, 이 결정을 프로그램화해서 기계에 넣어야 하고 누군가 그 결과에 책임을 져야 한다면 그것은 정말 어려운 일입니다.

낭만주의자 니체가 뜻했듯이, 감정을 잃어버린 인류는 한낱 기계에 불과하며, 감정이 없는 기계는 결코 인간처럼 될 수 없습니다. 인간은 이성적 사고나 느끼는 감정 중 어느 하나만으로 존재하는 것이 아니라, 이 둘이 합쳐져 비로소 '인간다움'을 이루기 때문입니다. 감정이 없는 인공지능은 아무리 발전한다 해도 결국 시계와 같이 정교한 기계에 지나지 않을 것입니다.

그럼에도 온갖 미디어에는 미래에 인공지능이 사람과의 공존을 넘어 세상을 지배한다는 판타지로 가득합니다. 실제로도 인공지능 기술은 산업 전반은 물론 우리 생활 곳곳에 무섭게 파급되고 있습니다. 이렇듯 인공지능이 정신적, 물리적으로 우리 삶을 에워 싸게 되면 그것이 바로 '신(神)'이 되는 것입니다. 사람은 의존이 지나치면 결국 순종과 맹신에 이르게 되기 때문입니다.

끊임없이 주위의 무언가를 신으로 만들고 판타지를 지어내어 그것의 노예가 되는 것, 그것이 어쩌면 한없이 약한 인간의 속성이 아닌가 싶습니다.

06 인공 행복론(Artificial Happiness)

김준우 : 만들어진 행복이 가능한가?

인간의 본질을 구성하고 있는 것은 이성과 감정이라고 합니다. 그렇다면 한 가지 의문이 생깁니다. 인공지능(AI)과 같이 이성의 산물인 지능을 인공적으로 구축할 수 있다면, 행복이라는 감정 역시 인공적으로 만들 수도 있지 않을까 하는 점입니다.

이성은 고대 그리스 시대의 철학자 플라톤이 '로고스'라는 이상의 가치를 실현할 수 있다고 말한 이후, 근대의 계몽주의와 합리주의 시대를 거치며 인류 사상의 중심축 역할을 해왔습니다. 또 다른 인간의 본성인 감정 혹은 정념은 시대에 따라 이성과 그 자리를 주고받으며 발전해 왔는데, 계몽주의에 대응하여 부각된 독일의 낭만주의가 감정을 내세운 대표적인 사례라고 할 수 있습니다.

이성은 합리적인 기준에 의해 판단할 수 있는 특성을 갖습니다. 따라서 서로 다른 문화권에 있더라도 누구나 보편적으로 이해가 가능합니다. 즉, 이성은 개인의 본질적 요소이기도 하지만, 그 이성적 결과물은 타인이 이해할 수 있을 뿐만 아니라 더 나아가 인공지능과 같이 인간이 아닌 기계로도 시뮬레이션이 가능합니다.

물론 현재 패턴 매칭 기법을 사용하는 인공지능 기술이 과연 인간의 이성을 온전히 대변할 수 있는가는 별개의 문제로 보아야 할 것입니다. 사실 뇌의 생물학적 전기 작용을 사람과 같은 이성적 판단이라고 하기에는 아직 여러 면에서 한계가 있습니다. 예를 들어, 생물학적 전기를 사용하는 뇌와 달리 AI는 일반 전기를 사용하기 때문에 본질적으로 신호 체계가 다릅니다. 또한 컴퓨터가 뇌세포를 시뮬레이션 한다고는 하지만, 그 내부 작용은 어디까지나 수학적 계산일 뿐 실제 뇌의 작용과 동일하지는 않습니다. 수십억 개의 뇌세포가 복잡한 연결망을 갖춘 실제 뇌에 비해, 컴퓨터의 연결망은 인공적인 한계에 머무를 수밖에 없는 것이지요. 그럼에도 불구하고 결과적으로 인간과 비슷한 답을 내놓는다면 그것을 인간과 같은 지능을 가졌다고 명명한 것이 바로 AI입니다. 이러한 전제 아래, 인류는 무지막지한 자원을 투입하여 인간과의 오차를 줄이기 위해 끊임없이 노력해 오고 있습니다.

반면 감정이라는 것은 인간 내면에서 발생하는 어떤 상태를 의미하는데, 이는 개인의 특질에 따라 매우 다양하게 나타납니다. 환경이나 경험 같은 외부 충격의 다양한 요소에 대해 개인의 특질이 반응하여 나타나는 상태인 것입니다. 따라서 감정은 개인이 직접 느껴야 하는 영역이기에 남이 대신 느껴줄 수 없을 뿐만 아니라, 지능과는 달리 상황과 개인에 따라 느끼는 바가 각기 다릅니다. 그렇기에 감정은 명확히 정의하기에도, 외부에서 시뮬레이션하기에도 불가능에 가깝습니다.

❖ 행복의 정의 및 측정

다만 철학과 경제학에서는 인간의 본성을 이루는 두 개념인 이성과 감정의 관계를 찾아보려는 학문적 시도가 있었습니다. 감정을 이성적인 도구로 측정해 보려는 노력이었던 셈입니다. 학문이 인간의 행복을 증진하는 것을 목표로 한다면, 먼저 행복이 측정되어야 하기 때문입니다. 근대의 제러미 벤담은 인간의 행복(Utility, 효용) 측정이 가능하다고 보고 '최대 다수의 최대 행복'이 곧 공동선이라고 보았습니다. 이는 훗날 근대 경제학의 한 부류인 한계효용학파의 근간이 되기도 했습니다.

학문적인 연구 외에도 행복을 측정하는 방식에는 두 가지 시도가 더 있습니다. 첫째는 모든 외부적 조건이 완벽하게 갖추어 졌을 때 행복할 것이라고 가정하는 '객관적 행복' 측정 방식이고, 둘째는 개인에게 직접 질문하여 행복감을 측정하는 '주관적 행복' 측정 방식입니다. 하지만 전자는 행복을 느끼는 본인의 특수한 상황을 고려하지 않는다는 문제가 있고, 후자는 본인의 행복감이 고정되지 않고 수시로 변한다는 한계가 있습니다. 어떤 상황이든 측정치만으로 행복감을 온전히 나타내기에는 무리가 있습니다. 다시 말해, 행복의 본질조차 명확히 알지 못하는데 이를 인공적으로 구현한다는 것은 사실상 불가능한 일이라 할 수 있습니다.

혹자는 행복을 '욕망을 충족시켰을 때 느끼는 감정'이라고 정의하기도 합니다. 하지만 이 경우에도 그 욕구가 무엇인지 먼저 설정해야 하는 문제가 남습니다. 이러한 행복 구현 방식들은 모두 기계 자체가 행복감이라는 감정 상태를 직접 느껴야 한다는 것을 전제로 하고 있습니다.

마지막으로는 약물이나 외부의 물리적 자극을 이용하는 방법이 있습니다. 술이나 마약 같은 약물은 이성을 마비시키고 감정을 증폭시킵니다. 또한 프랑스 소설가 베르베르의 소설 『뇌』에서 묘사된 것처럼, 인간의 뇌에 직접 전기 자극을 주어 흥분 상태를 만드는 방법도 있을 것입니다. 하지만 이러한 방식에 의한 인공적 행복은 일시적일 뿐만 아니라, 우리가 지향하는 기계적인 인공적 방식과는 거리가 멉니다.

❖ 인간적 기계의 의미

만약 우리가 어찌 어찌하여 행복을 만들어내는 인공 감정 기계를 구현한다고 해도, 인공지능의 작동 원리가 여전히 베일에 싸인 '블랙박스'라면 인공 감정 역시 우리가 통제할 수 없는 블랙박스가 될 수밖에 없습니다. 인공지능과 인공 감정의 결합은 우리의 통제를 벗어난 가공할 힘을 가진 블랙박스의 탄생을 예고합니다. 기계가 감정을 인지하고 인식하게 되면, 기계는 더 이상 단순한 도구가 아니라 이성과 감정을 모두 갖춘 하나의 '인격체'로 거듭날 수 있기 때문입니다. 즉, 스스로 자각(自覺)을 할 수 있게 된다는 뜻입니다. 이때의 AI는 인간이 통제할 수 있는 도구가 아니라, 오히려 인간 위에 군림하는 독재자가 될 위험성도 충분히 존재합니다.

행복과 같은 감정은 정의하기도 어렵고, 인위적으로 만들어내는 것은 더더욱 어려운 일입니다. 설령 이를 구현한다고 해도 기계가 감정을 갖게 하는 것은 매우 위험한 일일 뿐만 아니라, 외부에서 작동시키는 감정이 우리 삶에 실질적인 도움이 되지 않는다면 아무런 의미가 없을 것입니다.

07 AI와 글쓰기

김준우 : AI 글쓰기의 명과 암

OpenAI사의 ChatGPT가 출시되면서 글쓰기 분야에 커다란 혁명이 일어났습니다. 이전까지 워드프로세서기 스마트 타이프라이터의 기능을 수행해 왔다면, 이제는 이 기계를 통해 글쓰기 작업 전체를 대체할 수 있게 된 것입니다. 다시 말해 원하기만 한다면 어려운 학술 논문부터 문학, 요약문, 시 등 어떤 글이든 순식간에 손에 넣을 수 있게 되었습니다. 그렇다면 자연스럽게 이 마술 상자가 우리의 전통적인 글쓰기 문화에 어떤 영향을 미칠지 궁금해질 수밖에 없습니다.

❖ 글쓰기는 지적 프로세스

글쓰기는 인간의 복합적인 지능 활동입니다. 한 문장을 쓰기 위해서는 자신의 주장을 먼저 정리하고 글의 틀을 구성한 다음, 관련 자료를 수집하고 분석하는 과정을 거쳐야 합니다. 우리는 이를 '지적 과정

(Intellectual Process)'이라고 부릅니다. 여기에는 글쓰기의 원칙(Discipline)에 맞는 상당한 훈련이 필요하며, 많은 노력이 뒷받침되어야 합니다. 물론 재능이나 노력에 따라 드물게 명문장이 나올 수도 있지만, 이는 거의 신의 영역이라 할 수 있습니다. 즉, 글쓰기란 오랜 역사 속에서 영글어진 문화의 결정체인 것입니다.

ChatGPT 출시 이후 다양한 형태의 AI 상품들이 연이어 출시되고 있으며, 그 성능 또한 매 순간 혁신적으로 발전하고 있습니다. 기본적인 알고리즘인 생성형 AI(Generative AI)는 방대한 인터넷 데이터를 기반으로 반복적인 적응(훈련 또는 학습)을 통해 얻은 지식을 바탕으로 사용자의 질의(Prompt)에 응답하는 구조를 가집니다. 결국 추출된 답은 훈련 데이터 세트(Data Set)에 기반할 수밖에 없기에, 도출된 결과 역시 정확성을 완전히 담보할 수 없는 구조적인 한계를 지니고 있습니다. 이와 더불어 데이터 기반 시스템의 특성상 질의에 대한 답을 올바르게 평가하기 위해서는 반드시 질의자가 해당 분야의 전문 지식(Domain Knowledge)을 갖추고 있어야 한다는 약점 또한 내포하고 있습니다.

최근의 AI 서비스는 아이디어 추출부터 글의 형태, 분량, 그리고 수준에 이르기까지 세밀하게 조율하여 순식간에 답변을 제공합니다. 우선 그 글이 정확한 데이터에 기반했는가 하는 정확성의 문제는 차치하더라도, 글의 주체에 대한 문제가 제기될 수 있습니다. 예컨대 아이디어부터 글 작성까지 기계가 만들었다면, 과연 글의 주인은 누가 될 것인가 하는 문제입니다. 표절이 업계에서 매우 중요한 이슈인 만큼 이 문제는 민감할 수밖에 없습니다. 자료 수집 과정에서 인터넷을 활용하는 것은 생산성 확보 측면에서 긍정적일 수 있으나, 분석과 주장까지 AI 기계에 의존하는 것은 분명 문제가 있습니다. 이는 지식 활동 전반을 기계에 맡기는 일이기 때문입니다.

또한 문학 영역에서의 창작 활동 역시 그 가치를 인정하기에는 아직 이른 감이 있습니다. 문학 작품은 작가의 경험과 감성이 조화를 이루어 글로 승화된 것이며, 이는 독자에게 깊은 공감과 감동을 전해줍니다. 이렇듯 감동은 작가의 경험을 공유하는 데서 나타나는 감정입니다. AI가 제공하는 문학적인 글은 단지 박제되고 가공된 기계의 경험일 뿐입니다. 만약 AI가 쓴 글을 읽고 감동했다면, 그것은 단지 AI 기계가 만들어 낸 공감을 강요받은 것에 지나지 않을 것입니다.

❖ AI 글쓰기의 부작용

이러한 AI의 한계는 특히 아직 지적 수준이 미흡하거나 판단력이 형성되지 않은 학생들에게 치명적일 수 있습니다. 아직 지식 프로세스에 대한 훈련이 되어 있지 않은 어린 학생들이 AI를 활용하게 되면, 깊은 고민이나 판단 없이 이를 사용하게 될 것이고 결국 지식 활용 능력을 발달시킬 소중한 기회를 잃게 됩니다. 다시 말해 판단력 뿐만 아니라 가치관 자체가 성숙해지기 어렵다는 뜻입니다.

사실 우리는 이러한 경우를 이미 많이 경험해 왔습니다. 예컨대 내비게이션이 등장한 후 그 기계 없이는 길을 찾기 어려워졌고, 노래방 기계가 나온 후로는 반주 없이 노래를 부르기가 힘들어졌습니다. 이제

AI 기계가 우리 손에 쥐어진 이상, 우리의 지식 활동도 멈추게 되는 것은 아닐지 염려됩니다. 문제는 AI 기계가 단순한 기능을 넘어 지적 활동의 부분 혹은 전부를 담당한다는 데 있습니다.

더욱이 AI가 사용자 개인을 학습하게 되면 개인의 생각, 활동, 그리고 취향 등을 간파하게 되고, 자연스럽게 개인이 원하는 형태의 답을 주게 될 것입니다. 인간은 본래 편안한 것에 쉽게 물들고 익숙해져 결국 안주하게 되는 것이 인지상정입니다. 눈앞에 쉽고 편리한 기능이 있는데 활용을 마다할 이유가 없을 것입니다. 이렇듯 인류가 점차 AI에 의존하게 될 것은 자명해 보입니다. 궁극적으로 우리가 현재 스마트폰을 항상 몸에 지니고 있듯이, AI 기계가 곧 우리 생활의 전부를 장악하게 될 것입니다. 그것이 바로 AI가 우리의 '신'이 되는 과정이라 할 수 있습니다.

이제 AI의 활용을 막을 수는 없습니다. 과거의 문명 기기들이 그러했듯 초기에는 저항이 있었으나, 곧 여러 장점 덕분에 수용되었기 때문입니다. 따라서 처음부터 단계적으로 AI를 지혜롭게 병행하여 쓸 수 있도록 교육을 시켜야 할 것입니다. 혹은 학교와 같은 제도권 내에서 AI의 도움 없이 스스로 글을 쓰는 능력을 먼저 기를 수 있다면 더 큰 효과를 얻을 수 있을 것이라 생각합니다. 이 방식을 통해 피교육자가 글쓰기 능력을 충분히 확보한 후 AI를 접하게 된다면, 언제 어떻게 AI를 활용하는 것이 좋을지에 대한 소중한 요령을 얻을 수 있다는 장점이 있습니다.

인류의 가장 큰 발명품 중 하나는 바로 글입니다. 그 글이 곧 문화이고 역사입니다. 이제 기계가 우리의 판단을 대신한다는 것은 자칫 인류의 소중한 모든 것을 앗아갈 수도 있습니다. 만약 글쓰기를 기계가 완전히 대체하게 된다면 우리의 지적 활동은 소멸될 것이고, 우리는 그 기계에 종속된 한낱 동물과 다름없는 존재가 될지도 모릅니다. 그렇기에 우리는 이러한 AI의 발전과 변화를 두려워하는 마음으로 지켜보아야 하는 것입니다.

08 대한민국의 인프라 투자 DNA

김신곤 ┊ 인프라 투자 DNA와 AI 대전환

AI 전환은 국가의 명운을 결정할 시대적 과제입니다. 인류 역사상 가장 혁신적인 발명 중 하나인 인공지능(AI)은 이제 우리 사회 전반의 변인으로 작용하며 '지능화 사회'로의 패러다임 전환을 가속화하고 있습니다. 역사적 대전환기에는 국가별로 승패와 부침이 갈리게 마련이며, 이번 전환의 중심에는 디지털 혁신을 견인하는 원동력인 데이터와 AI가 자리 잡고 있습니다. AI는 전기와 같이 여러 세대에 걸쳐 경제와 사회, 국가 안보를 형성할 핵심 기반 기술(Enabling Technology)이자 명실상부한 게임 체인저(Game Changer)입니다. 따라서 AI 전환을 통한 '국가 대개조'는 단순한 기술 도입을 넘어 우리 미래의 명운을 결정짓는 가장 중요한 전략적 가치를 지닙니다.

❖ 인프라 투자가 증명한 대한민국의 경제 성장

인프라 투자는 대한민국 성장의 '알파와 오메가'였습니다. 대한민국은 지난 반세기 동안 두 번의 결정적인 인프라 투자를 통해 전 세계에서 가장 가난한 나라에서 글로벌 기술 강국으로 부상하는 신화를 써 내려왔습니다. 1970년 개통된 경부고속도로는 한국 경제 발전의 초석이 되었으며, 이를 바탕으로 1970년대에 철강, 비철금속, 기계, 조선, 전자, 화학 등 6개 분야의 중화학 공업에 집중 투자한 결과 오늘날 강력한 수출 제조업 경제를 완성할 수 있었습니다.

또한 1995년 '산업화는 늦었지만 정보화는 앞서가자'는 국민적 합의를 바탕으로 1999년부터 '사이버 코리아 21' 계획을 추진하며 전국적인 초고속 정보 통신망을 구축했습니다. 이러한 정보화 인프라를 전통 산업에 접목함으로써 대한민국은 단기간에 세계적인 IT 강국으로 도약할 수 있었으며, 이는 국가 번영에 있어 인프라 구축이 얼마나 중요한지를 증명하는 역사적 증거가 되었습니다.

❖ AI 강국의 잠재력과 역량

대한민국은 글로벌 AI 시장을 선점할 충분한 잠재력을 보유하고 있습니다. 우리나라는 전 세계에서 구글에 대항할 수 있는 독자적인 검색 엔진과 서비스를 운영하는 몇 안 되는 국가 중 하나로, AI 분야에서 우수한 잠재력을 갖추고 있습니다. 특히 우리 기업들은 3조 개 이상의 문서 데이터를 다루는 거대 AI 시스템을 구축하는 데 필요한 대용량 분산 처리와 같은 고도의 기술력을 이미 확보하고 있습니다. 네이버와 LG 등 국내 대기업들이 내놓은 거대 AI 모델들은 현재 시장에서 긍정적인 평가를 받고 있으며, 활발한 스타트업 생태계가 이를 뒷받침하고 있습니다. 인터넷 초창기에 네이버와 카카오가 선점 효과(First Mover Advantage)를 통해 현재의 지위를 확보 했듯이, 지금의 AI 전환기에도 선제적인 인프라 투자를 통해 글로벌 시장에서의 지배력을 공고히 할 수 있는 충분한 역량을 갖추고 있습니다.

❖ '지능의 시대'를 위한 5대 핵심 인프라

기술은 우리를 석기시대에서 농업시대로, 산업시대로, 그리고 정보시대로 이끌었습니다. 컴퓨터와 인터넷 시대를 거쳐 데이터와 AI가 만드는 '지능의 시대'로 가는 길을 여는 것은 AI 인프라입니다.

우리는 AI 혁명을 가속화할 5대 핵심 인프라에 집중해야 합니다. 최근 생성형 AI는 단순히 답을 내놓는 방식을 넘어 추론을 통해 문제를 해결하는 '지능의 시대'로 진화하고 있으며, 이러한 번영의 혜택을 온전히 누리기 위해서는 다섯 가지 핵심 인프라에 대한 집중 투자가 필요합니다.

우선 대규모 정보를 저장하고 처리하는 데이터 센터와 같은 데이터 인프라를 확충해야 하며, AI 연산의 핵심 자원인 GPU를 포함한 고성능 컴퓨팅 파워를 확보하는 것이 시급합니다. 또한 AI 시스템 가동에 필수적인 발전 시설 등 에너지 인프라를 갖추고, 이를 유기적으로 연결하는 물리적 네트워크 인프라, 예컨대 5G 특화 망을 공고히 해야 합니다. 마지막으로 이 모든 기술 혁신을 주도하고 운용할 수 있는 전문적인 AI 인재를 양성하기 위한 교육 체계를 마련하는 것이 AI 혁명의 미래를 결정짓는 핵심적인 전략이 될 것입니다.

❖ 인프라 투자 DNA와 글로벌 AI 리더십

대한민국은 인프라 투자 DNA를 바탕으로 글로벌 AI 리더십을 발휘해야 합니다. 우리는 55년 전 도로 인프라에 투자하고, 25년 전 인터넷 인프라에 투자함으로써 오늘의 디지털 선두 그룹에 올라설 수 있었던 자랑스러운 성공 DNA를 가지고 있습니다. 이제는 그 저력을 바탕으로 AI 인프라에 다시 한번 과감히 투자하여, '지능의 시대'에 전 세계가 함께 번영할 수 있는 모범적인 디지털 국가 모델을 구현해야 합니다. 우리가 앞장서서 AI 인프라를 확장하고 혁신적인 생태계를 조성한다면, 대한민국은 세계 무대에서 다른 국가들을 선도하는 진정한 글로벌 AI 리더십을 발휘하며 다시 한번 위대한 도약을 이루어낼 것입니다.

⑨ 미 · 중 AI 패권 전망과 한국의 글로벌 AI 전략

김신곤 ┊ AI 시대, 대한민국의 '제3지대의 리더십'

미 · 중 AI 패권 경쟁의 전선은 5대 핵심 인프라 전반에 걸쳐 팽팽하게 형성되어 있습니다. 데이터와 컴퓨팅에서 미국은 민간 중심의 개방형 생태계와 기술 독점을, 중국은 국가 주도의 데이터 집적화와 국산화로 맞섭니다. 에너지와 인재 분야는 미국의 '친환경 · 글로벌 인재 흡수' 전략과 중국의 '안정적 공급 · 엘리트 대량 양성' 모델이 충돌하고 있습니다. 국가 전략 역시 미국은 시장 자율과 규제의 균형을, 중국은 국가 총력전을 통한 속도전을 펼치며 승리를 다짐하고 있습니다.

이 거대한 싸움의 승패는 여전히 안개 속입니다. 파이낸셜타임스는 중국이 유리할 수 있는 '마라톤'으로 규정했고, 데미스 허사비스는 초박빙 승부라고 했습니다. '변호사의 미국(제도 · 혁신)'과 '엔지니어의 중국(실행 · 규모)'의 대결 구도를 통해 양국의 경쟁력을 분석하고, 한국의 생존 전략을 모색해 봅니다.

❖ 미국 우세론: '혁신의 질(Quality)과 퍼스트 무버(First Mover)의 힘'

미국의 우세 전망은 '창의적 생태계'와 '하드웨어 통제권'에 근거를 두고 있습니다. 첫째, 원천 기술의 압도적 우위와 선점 효과입니다. AI의 역사는 트랜스포머(Transformer) 아키텍처부터 최신 생성형 AI에 이르기까지, 패러다임을 바꾸는 혁신은 구글, 오픈AI 등 미국 기업에서 시작되었습니다. 이러한 '퍼스트 무버'로서의 지위는 기술 표준을 장악하고 생태계를 미국 중심으로 재편하는 강력한 힘입니다.

둘째, 하드웨어 공급망의 전략적 독점입니다. AI는 소프트웨어지만, 이를 구동하는 것은 하드웨어입니다. 엔비디아(NVIDIA)가 GPU 시장의 90%를 장악하고 있습니다. 또한, 반도체 설계(EDA) 및 핵심 장비 기술을 통제함으로써 중국의 추격을 차단하는 전략은 단기간 내에 극복하기 어려울 것으로 예상됩니다.

셋째, 실패를 용인하는 연구 문화입니다. 가장 강력한 무형의 자산은 바로 문화입니다. 실패를 자산으로 여기고 창의성을 존중하는 미국의 연구 풍토와 실리콘밸리의 벤처 캐피털 생태계는, 상명하복식의 경직된 체제를 가진 경쟁국들이 모방하기 어려운 핵심 경쟁력입니다.

❖ 중국 우세론: '데이터의 규모(Scale)와 엔지니어 국가의 실행력'

반면, 중국이 결국 미국을 위협하거나 추월할 것이라는 주장은 '규모의 경제'와 '제조업 기반의 실행력'에 방점을 둡니다. 첫째, 알고리즘 혁신으로 하드웨어 열세를 극복하고 있다는 점입니다. 최근 중국의

AI 모델 '딥시크' 등은 미국보다 낮은 사양의 칩으로도 알고리즘 최적화를 통해 대등한 성능을 내는 '고효율 혁신'을 증명했습니다. 중국은 대량 생산과 중앙집권적 자원 배분을 통해 하드웨어의 부족함을 소프트웨어적 효율성으로 메우는 기민함을 보이고 있습니다.

둘째, '엔지니어의 나라'로서 제조업과의 결합 능력이 탁월합니다. 중국은 AI를 추상적인 서비스가 아닌, '산업 도구'로 바라봅니다. 개발된 알고리즘을 로봇, 스마트 팩토리, 자율주행차 등 실물 산업에 적용하는 속도 면에서 중국은 타의 추종을 불허합니다. 이는 장기전인 마라톤에서 중국이 승리할 수 있다는 주장의 핵심 근거가 됩니다.

셋째, 국가 주도의 일사불란한 총력전입니다. 중국 정부의 강력한 리더십은 장기적인 안목에서 막대한 보조금을 투입하고 규제를 일거에 해소할 수 있는 힘을 가집니다. 중국의 일관된 국가 전략은 불확실성이 커지는 시기에 강력한 무기가 될 수 있습니다.

❖ 대한민국의 전략, '글로벌 AI 데이터센터 허브'와 '소버린 AI'

미국과 중국 사이에서 대한민국은 선택을 강요받고 있습니다. 그러나 최근 흐름은 한국이 '신뢰할 수 있는 제3의 대안'으로 부상하고 있습니다. 2025년 11월 경주 APEC 정상회의를 기점으로 한국은 '글로벌 AI 데이터센터 허브(Hub)'로 떠올랐습니다.

한국으로 글로벌 자본이 모이고 있는 것을 보면 알 수 있습니다. 아마존웹서비스(AWS)는 2031년까지 한국에 50억 달러 이상을 추가 투자하여 경기·인천 일대를 아시아의 핵심 클라우드 거점으로 육성하겠다고 발표했습니다.

최근의 전략적 동맹의 결성은 한국이 '글로벌 AI 데이터센터 허브(Hub)'로서의 입지를 더욱 굳건히 해 줍니다. 엔비디아의 젠슨 황 CEO는 삼성, SK, 현대차, 네이버와 'AI 동맹'을 맺고 26만 개의 최첨단 GPU(블랙웰)를 우선 공급하기로 합의했습니다. 이는 안정적인 전력망과 제조 역량을 갖춘 한국이 글로벌 기업들에게 '최적의 피난처이자 파트너'임을 증명합니다.

소버린 AI(Sovereign AI) 수출 전략과 한글의 우수성은 AI시대에 제3의 길을 여는 충분한 잠재력을 가지고 있습니다. 미국과 중국의 기술 패권 사이에서 신음하는 수많은 국가들에게, 대한민국은 '새로운 해법'을 제시해야 합니다. 그것이 바로 한 국가의 데이터 주권과 문화를 지켜주는 '소버린 AI(Sovereign AI·주권형 AI) 패키지 수출' 전략입니다. 우리는 충분한 잠재력과 검증된 경쟁력을 가지고 있습니다.

첫째, '데이터 식민지'를 거부하는 제3지대의 리더십을 발휘할 수 있습니다. 전 세계 비영어권 국가들은 빅테크 기업에 의한 데이터 종속을 우려하고 있습니다. 대한민국은 비영어권 국가 중 독자적인 초거대 AI 생태계를 성공적으로 구축한 희소한 사례로서, 데이터 주권을 갈망하는 국가들에게 살아있는 벤치마킹 모델이 될 수 있습니다.

둘째, 한글의 과학성에 기반한 디지털 친화적 DNA입니다. "나랏말싸미 듕귁에 달아"라는 훈민정음의 자주 정신은 오늘날 '우리 데이터가 빅테크와 달라'라는 소버린 AI의 철학과 맞닿아 있습니다. 또한 자음과 모음의 조합형 문자인 한글의 효율성은 AI의 토큰 처리와 학습에 있어 탁월한 강점을 가집니다. 우리는 이러한 '정보 독립의 철학'과 '고효율 모델 구축 노하우'를 전파해야 합니다.

셋째, 'AI 인프라와 제조 하드웨어'를 결합한 패키지 경쟁력입니다. 댄 왕이 지적한 미국의 제조업 공백은 한국의 기회입니다. 우리는 세계 최고 수준의 메모리 반도체와 하드웨어 제조 역량을 보유하고 있기에, AI 소프트웨어뿐만 아니라 이를 구동할 반도체와 데이터센터 인프라를 턴키(Turn-key) 방식으로 제공할 수 있는 유일한 국가입니다.

대한민국은 이제 'IT 강국'을 넘어 'AI 주권 수호의 글로벌 리더'로 거듭나야 합니다. 한글이 백성들에게 지식의 독립을 주었듯, 한국의 소버린 AI 전략은 전 세계 국가들에게 '데이터의 독립'을 선물하는 강력한 외교적 · 경제적 무기가 될 것입니다. 미 · 중 경쟁의 틈바구니는 위기가 아니라, 우리가 제3지대의 맹주로 부상할 수 있는 기회의 창입니다.

10 피지컬 AI의 부상과 한국의 기회

김신곤 : '제조 한국'의 피지컬 AI 잠재력

피지컬(Physical) AI는 인공지능이 물리적 형체를 지니고 인간과 같은 환경에서 감지·판단·행동하는 기술을 말합니다. AI는 더 이상 데이터 속에 머무르지 않고, 로봇·자동차·생산 설비에 적용되어 실제 세상을 움직이는 단계로 진화하고 있습니다.

일본에선 로봇에게 정식 사원증을 발급한 공장이 등장했고, 폴란드의 한 주류 회사는 AI 로봇 '미카'를 CEO로 임명했습니다. 실리콘밸리에선 인간과 로봇의 협업을 총괄하는 'CRO(최고로봇책임자)'란 직책까지 등장했습니다. 로봇은 이제 인간의 일자리를 위협하는 존재이자, 고령화된 산업현장을 지켜주는 동료라는 이중적 의미를 지닌 존재가 되었습니다. 저임금 노동에 의존해온 개발도상국 산업 구조가 흔들릴 수 있다는 우려도 커지고 있습니다. 이러한 변화 속에서 제조 기반이 탄탄한 나라가 피지컬 AI 시대의 새로운 주인공이 될 가능성이 높습니다.

한국은 반도체, 철강, 자동차, 조선, 배터리 등 피지컬 AI의 전 주기에 필요한 산업 인프라를 한 나라 안에 모두 갖춘 가장 유력한 후보입니다.

❖ 피지컬 AI 전환의 상징, 휴머노이드

CES 2026은 피지컬 AI가 주인공이 된 박람회였습니다. 유니트리, 애지봇 등 중국 로봇 기업들이 양적으로는 앞섰지만, 미국의 반격도 만만치 않았습니다. 오픈AI의 지능을 이식해 인간과 대화하며 정밀 조립을 수행하는 '피규어 02'와 자사 공장에 우선 배치되어 실무 숙련도를 쌓은 테슬라의 '옵티머스'가 큰 관심을 받았습니다. 하지만 한국의 현대차그룹이 공개한 휴머노이드 로봇 '아틀라스(Atlas)'는 글로벌 IT 전문 매체 CNET이 선정하는 '최고 로봇(Best Robot)' 상을 수상하며 가장 큰 주목을 받았습니다.

휴머노이드는 인간과 유사한 외형과 동작을 구현하는 이족보행 로봇으로, 피지컬 AI의 대표적 기술입니다. 현대차는 보스턴 다이내믹스의 기술력과 자사 제조 혁신을 결합해 산업 현장 투입이 가능한 완성도를 확보했습니다.

현대차그룹은 2026년 미국 조지아 메타플랜트 시범 투입을 시작으로, 2028년까지 연간 3만 대 생산, 2030년까지 물류 · 조립 · 중량물 운반 등으로 활용 영역을 확대할 계획입니다. 이제는 AI가 단순히 노동을 대체하는 것이 아니라, 산업 생산성을 증폭시키는 새로운 모델임을 증명하는 사례가 될 것으로 기대됩니다.

❖ '제조 한국'의 피지컬 AI 잠재력

피지컬 AI 생태계의 성공은 정교한 제조 역량과 고신뢰 AI 기술이 결합될 때 현실화됩니다. 대한민국은 이 두 조건을 모두 갖추고 있습니다.

한국은 AI 연산의 핵심 칩을 설계하고 생산할 수 있는 반도체 분야에서 세계 1위 수준의 기술력을 보유하고 있습니다. 자동차는 세계 3위의 생산 규모를 가지고 있으며, 로봇 및 자율주행 기술의 실증 무대이기도 합니다. 칠링 및 정밀 기계 분야에서 로봇의 액추에이터와 프레임을 안정적으로 공급할 수 있는 산업 생태계 기반을 확보하고 있는 것도 한국입니다. 이러한 한국의 산업적 기반은 단순히 부품을 조립하는 차원을 넘어, 피지컬 AI 하드웨어의 글로벌 공급망을 주도할 수 있는 기회를 제공합니다. 그 밖에 피지컬 AI는 센서 · 전자부품 · 통신 · 제조 · 자동화 설비 · 공장 제어 등 다양한 산업이 융합되어야 실현됩니다. 즉, 피지컬 AI는 부품-장비-제조-서비스 전반의 혁신을 이끄는 국가 전략 산업이 될 수 있습니다.

❖ 한국형 피지컬 AI 얼라이언스 구축 전략

피지컬 AI는 제조와 자동차를 넘어 의료 · 물류 · 국방 · 스마트시

티 등 실제 환경 전반으로 확산되고 있습니다. 한국이 이 변화를 선도하기 위해서는 산업 간 연결 전략이 필요합니다. 정부는 피지컬 AI를 차세대 제조 및 수출 전략 기술로 지정하여 정책금융과 세제 지원을 병행해야 합니다. 산업계는 자동차 · 로봇 · 반도체 · 통신 기업이 유기적으로 협력하는 'AI 제조 얼라이언스'를 구축해야 합니다. 학계 · 연구기관은 AI 제어기술 · 센서 융합 · 인간-기계 상호작용(HRI) 분야에서 인재 양성과 표준화 연구를 가속화할 필요가 있습니다. 이러한 삼각 구조가 만들어질 때, 한국은 단순한 제조 강국이 아니라 피지컬 AI 제조 플랫폼 국가로 전환할 수 있을 것입니다.

❖ 글로벌 협력과 혁신 특구의 필요성

한국의 피지컬 AI 생태계는 폐쇄적 경쟁보다 개방형 협력 모델을 통해 성장해야 합니다. 구글 딥마인드, 오픈AI 등과의 기술 협업은 로봇의 두뇌를 고도화할 수 있는 중요한 계기가 될 수 있습니다. 또한 삼성전자는 하만의 ADAS 기술력을 통해 자율주행 · 스마트 카메라 분야를 강화하며 피지컬 AI의 '감각 기관' 역할을 굳히고 있습니다. 이러한 '국내 제조력 + 글로벌 AI 두뇌'의 결합은 미 · 중 양극화 사이에서 새로운 제3축을 형성할 잠재력을 지닙니다.

이를 실현하기 위해 정부는 '피지컬 AI 혁신 특구' 지정을 검토할 필요가 있습니다. 이 특구는 로봇 액추에이터, 자율주행 · 센서 · 제어 알고리즘 등의 실증과 휴머노이드 테스트베드를 포함해야 합니다. 개방형 플랫폼 형태로 스타트업, 대기업, 학계가 데이터를 공유하고 실험하는 생태계를 조성해야 국제 표준화 주도권도 확보할 수 있습니다.

❖ 움직이는 인공지능, 한국의 미래 비전

피지컬 AI는 이제 데이터 속을 넘어, 실제 세계에서 '움직이는 인공지능(Moving AI)'으로 진화하고 있습니다. 한국은 대규모 언어모델(LLM)에선 뒤처질 수 있으나, 피지컬 AI 분야에서는 주도권을 잡을 수 있는 여건을 갖추고 있습니다.

한국은 원래 자동차·선박·공장·인프라 등 '움직이는 산업'에서 강점을 보여 온 나라입니다. 여기에 피지컬 AI의 제조 플랫폼을 더한다면 한국은 전 세계가 주목하는 피지컬 AI진환의 선도국기로 도약할 수 있습니다.

지금이야말로 피지컬 AI를 국가 산업 전략의 전면에 세워야 할 결정적 시점입니다. 기술과 제조, 사람과 정책이 유기적으로 연결될 때 한국은 '움직이는 인공지능' 시대의 새로운 주인공이 될 것입니다.

딥시크 쇼크의 시사점과 대한민국 AI 해법

김신곤 · '한글의 효율성'을 결합한 경량화 모델(sLLM)을 접목해야

2025년 1월, 중국의 AI 스타트업 '딥시크(DeepSeek)'가 내놓은 성과물은 전 세계 테크 업계를 충격에 빠뜨리기에 충분했습니다. 그들이 공개한 추론형 AI 모델 '딥시크 R1'은 오픈AI의 최신 모델인 'o1'과 대등하거나 일부 지표에서는 앞서는 성능을 보여주었지만, 정작 시장을 놀라게 한 것은 성능 그 자체가 아니었습니다. 바로 '압도적인 가성비'였습니다.

오픈AI나 구글 같은 미국의 빅테크 기업들이 수조 원 단위의 천문학적인 자금을 쏟아 부을 때, 딥시크는 단 560만 달러(한화 약 82억 원)라는 이 업계에서는 믿기 힘든 소액의 비용으로 동급의 모델을 개발해 냈습니다. 이는 기존 대비 약 10분의 1 수준에 불과한 비용입니다.

저는 이번 사태를 단순한 '중국산 저가 공세'로 치부해서는 안 된다고 봅니다. 이것은 AI 산업의 패러다임이 '누가 더 많은 자원을 투입하

는가(Scale)'의 경쟁에서 '누가 더 똑똑하게 설계하는가(Efficiency)'의 경쟁으로 전환되고 있음을 알리는 신호탄이기 때문입니다. 아울러 승자독식의 AI 생태계가 흔들리는 지금, 대한민국이 나아가야 할 길은 무엇인지 톺아보고자 합니다.

❖ '더 크게'가 아니라 '더 스마트하게': 기술의 본질적 전환

그동안 AI 산업을 지배해 온 불문율은 '규모의 법칙(Scaling Law)'이었습니다. 더 많은 데이터와 더 많은 GPU를 투입하면 성능은 비례해서 좋아진다는 믿음이었습니다. 하지만 딥시크는 이 '자본의 성벽'을 '기술적 효율성'으로 넘었습니다. 그 비결은 크게 두 가지로 요약됩니다.

첫째, '전문가 혼합(MoE : Mixture of Experts)' 기술의 고도화입니다. 기존의 거대 언어 모델이 질문 하나를 처리하기 위해 뇌 전체를 활성화했다면, 전문가 혼합 기술은 질문의 성격에 맞는 특정 전문가 영역만 활성화합니다. 마치 기업에서 모든 직원이 회의에 참석하는 것이 아니라 해당 안건의 담당자만 소집하여 신속하게 결론을 내리는 것과 같습니다. 이를 통해 연산 비용을 획기적으로 줄이면서도 정답률을 높인 것입니다.

둘째, '지식 증류(Knowledge Distillation)' 기법입니다. 이는 거대 모델(교사)이 학습한 방대한 지식을 핵심만 요약하여 소형 모델(학생)에게 전수하는 방식입니다. 대학원생이 수년간 연구한 논문을 학부생에게 알기 쉽게 요약해 가르치는 것과 유사합니다. 이 과정을 통해 딥시크는 가볍지만 강력한 모델을 만들어냈습니다.

결국, 딥시크의 성공은 하드웨어(GPU)의 물량 공세가 아닌, 소프트웨어(알고리즘)의 최적화가 미래 경쟁력의 핵심임을 증명했습니다. 기업의 경영진은 이제 'AI 도입에 얼마를 쓸 것인가'가 아니라, '얼마나 효율적인 모델을 선택할 것인가'를 질문하셔야 합니다.

❖ 성(Castle)을 쌓는 미국 vs 길(Road)을 여는 중국

딥시크가 던진 또 하나의 화두는 바로 '개방형 생태계 전략'입니다. 딥시크는 R1 모델의 핵심 코드와 가중치를 전 세계에 무료(오픈소스)로 공개했습니다. 미국의 빅테크들이 기술을 블랙박스 안에 가두고 독점적 지위를 누리려 할 때, 후발주자인 중국은 이를 만천하에 공개하여 전 세계 개발자들을 우군으로 만드는 전략을 택한 것입니다.

이는 과거 모바일 시장에서 애플의 폐쇄적인 iOS에 맞서 구글이 안드로이드를 개방하여 시장을 장악했던 역사를 떠올리게 합니다. 딥시크는 'AI의 안드로이드'가 되어, 미국 중심의 기술 독점 체제에 균열을 내고자 합니다.

역설적이게도 이러한 혁신은 미국의 강력한 대중(對中) 반도체 제재가 낳은 결과이기도 합니다. 고성능 AI 칩을 구할 수 없게 된 중국 기업들은 제한된 자원 내에서 극한의 효율을 짜내야 하는 절박한 상황에 몰렸습니다. "결핍이 혁신을 낳는다"는 경영학의 오랜 격언이 AI 판도에서도 그대로 재현된 셈입니다.

❖   대한민국 AI의 해법: '소버린 AI(Sovereign AI)'와 '한글의 과학성'

그렇다면 고래 싸움에 낀 새우 신세가 된 대한민국은 어떤 전략을 취해야 할까요? 단순히 미국을 추종하거나 중국의 저가 모델을 쓰는 것만으로는 부족합니다. 우리에게는 우리만의 '소버린 AI(AI 주권)' 전략이 필요합니다. 그리고 그 해답의 실마리는 우리의 위대한 유산인 '한글(훈민정음)'에서 찾을 수 있습니다.

첫째, 한글 기반의 고효율 데이터 처리입니다. 세종대왕께서 창제하신 훈민정음은 초성, 중성, 종성을 조합하여 글자를 만드는 모듈형 구조를 가지고 있습니다. 이는 현대 컴퓨터 과학의 객체 지향적 설계와 놀랍도록 닮아 있습니다. 한글은 정보 밀도가 높아 같은 의미를 전달할 때 영어보다 더 적은 수의 토큰(Token)을 사용합니다. 이는 AI가 데이터를 학습하고 추론할 때 연산 비용을 획기적으로 줄일 수 있음을 의미합니다. 즉, '가장 과학적인 문자'가 '가장 효율적인 AI'의 기반이 될 수 있습니다.

둘째, 특화 모델(Vertical AI)로의 전환입니다. 딥시크가 증명했듯 범용 파운데이션 모델 경쟁은 끝났을지 몰라도 특화 모델의 시대는 이제 시작입니다. 제조, 금융, 콘텐츠 등 대한민국이 글로벌 경쟁력을 가진 도메인에 '한글의 효율성'을 결합한 경량화 모델(sLLM)을 접목한다면 우리는 비용 대비 최고의 성능을 내는 '한국형 AI 솔루션'을 전 세계에 수출할 수 있습니다.

❖ 효율성의 시대, 본질에 집중하라

딥시크 쇼크는 우리에게 위기이자 기회입니다. '규모의 경쟁'이 끝난 자리에는 '효율과 응용의 경쟁'이 기다리고 있습니다. 이제 막대한 인프라 투자에 대한 막연한 환상을 거두고, 실질적인 비즈니스 가치(ROI)를 창출할 수 있는 '가성비 높은 AI'에 주목해야 합니다.

그리고 그 중심에 우리의 데이터 주권을 지키는 '소버린 AI'와 '한글의 과학적 우수성'을 둔다면 대한민국은 미·중 패권 전쟁의 틈바구니에서 독자적인 AI 생태계를 꽃피울 수 있을 것입니다. 600년 전 가장 과학적인 문자를 만들어 백성의 눈을 뜨게 했던 그 혁신 정신이 오늘날 디지털 대전환의 파고를 넘는 가장 강력한 무기가 되기를 기대합니다.

12 AI와 인간의 인지적 동맹

김정덕 ┊ 가장 취약한 '고리'에서 '최강의 센서'로

오늘날 사이버 위협은 AI라는 무기로 무장하고 그 양과 교묘함에서 진례 없는 수준으로 진화하고 있습니다. 이러한 폭발적인 공격의 홍수 속에서 인간 분석가의 경험과 수작업에만 의존하는 전통적 방어는 치명적인 '경보 피로(Alert Fatigue)'를 유발하며 이미 한계에 부딪혔습니다. 그렇다고 방어의 모든 것을 AI에게 넘기려는 '기술 만능주의' 역시 위험하기 짝이 없습니다. AI는 데이터를 빛의 속도로 처리할 뿐, 우리 기업만의 고유한 비즈니스 맥락(Context)이나 조직 문화는 결코 이해할 수 없기 때문입니다.

오랫동안 보안 업계에서 인간은 피싱 메일 하나에 속아 넘어가는 '가장 취약한 연결고리(The Weakest Link)'로 취급받았습니다. 하지만 이제는 관점을 180도 전환해야 합니다. 복잡성이 지배하는 AI 시대에 인간은 통제의 대상이 아니라, AI의 맹점을 보완하고 조직을 지키는 '최전선의 방어자이자 가장 강력한 컨텍스트 센서(Context Sensor)'로 격상되어야 합니다.

미래 보안의 해답은 '인간 대 기계'의 대결 구도가 아닙니다. 인간의 전략적 통찰력과 AI의 압도적 데이터 처리 능력이 결합하는 '인간과 기계의 인지적 동맹(Cognitive Alliance)'에 있습니다. 이제 AI를 단순한 자동화 솔루션이 아니라, 보안 담당자의 능력을 증폭시키는 '아이언맨의 수트'로 인식하고 최적의 협업 모델을 설계하는 것이 모든 CISO의 핵심 과제가 되었습니다.

❖ AI-인간 협업을 위한 3대 전술적 모델

AI와 인간의 동맹은 통제권의 무게 중심에 따라 크게 세 가지 모델로 설계할 수 있습니다.

첫째, '인간 주도형(Human-led) - 지휘관 모델'입니다. AI가 방대한 데이터를 바탕으로 여러 분석 결과와 대안을 제안하면, 최종 의사결정은 전적으로 인간 전문가가 책임지는 방식입니다. 이는 법적, 윤리적 민감도가 높은 결정에 적합하여 높은 신뢰성을 확보할 수 있습니다.

둘째, '하이브리드형(Hybrid) - 코파일럿(Co-pilot) 모델'입니다. 인간과 AI가 동등한 파트너로서 실시간으로 상호작용합니다. AI가 전문 비서처럼 실시간으로 위협 인텔리전스를 매핑하고 침해 경로를 그려주면, 인간은 이를 바탕으로 창의적인 해결책을 모색합니다. 기존 패턴에 없는 '제로데이 공격' 등 복잡하고 비정형적인 문제를 해결하는 데 탁월한 시너지를 냅니다.

셋째, **'인간 감독형(Human-supervised) – 자율 공장 모델'**입니다. 대부분의 규격화된 탐지 및 차단 작업은 AI가 자율적으로 수행하고, 인간은 예외적인 알람을 처리하거나 AI 모델의 성능 자체가 오염되지 않도록 편향성을 감독합니다. 단순 반복 업무에 갇혀 있던 보안 인력의 시간을 확보해 주는 핵심 모델입니다.

❖ NIST 프레임워크에 맞춘 최적의 동맹 설계

성공적인 협업을 위해서는 조직의 각 보안 기능에 맞는 모델을 전략적으로 배치해야 합니다. 글로벌 표준인 'NIST 사이버 보안 프레임워크(CSF)'를 기준으로 보면 그 역힐이 명확해집니다.

조직의 비즈니스 생존 목표와 직결되는 '거버넌스(Govern)'나 핵심 자산을 파악하는 '식별(Identify)' 단계에서는 인간의 통찰력과 리더십이 필수적인 '인간 주도형'이 적합합니다. 반면, 하루 수천만 건의 로그 데이터 속에서 이상 징후를 실시간으로 찾아내는 '탐지(Detect)' 영역에서는 피로를 모르는 AI에게 실무를 맡기는 '인간 감독형'을 통해 효율을 극대화해야 합니다. 나아가 실제 침해 사고가 발생해 시스템을 능동적으로 보호하고 복구하는 '대응(Respond)'과 '복구(Recover)' 단계에서는 AI의 초고속 대응 스크립트와 인간의 정밀한 맞춤형 전략이 결합된 '하이브리드형'이 가장 강력한 시너지를 발휘합니다.

더 나아가 이러한 협업 원칙은 인간중심보안 철학을 실무 기능으로 구현하는 핵심 기반이 됩니다. 예컨대 '맞춤형 피싱 훈련'이나 직관이 필요한 '위협 분석'에는 인간과 AI가 파트너로 상호작용하는 '하이브리드형'이 적합합니다. 반면, 보안과 사용성의 균형을 맞춰야 하는 '보안 정책 설계' 등 복합적 의사결정의 경우, AI의 분석을 참고하되 최종 책임은 인간이 지는 '인간 주도형'**이 바람직합니다.

❖ 통제를 넘어 '살아 숨 쉬는 보안'으로

결론적으로, AI와 인간의 동맹은 더 이상 트렌드나 선택의 문제가 아닌 생존의 전제 조건입니다. 성공의 열쇠는 단순히 비싼 AI 보안 솔루션을 도입하는 데 있지 않습니다. 우리 조직의 목표와 상황에 맞게 인간과 AI의 역할을 어떻게 조율하고 시너지를 창출할 것인지에 대한 깊은 고민과 전략적 설계에 달려 있습니다.

보안은 고정된 장벽이 아닙니다. AI라는 막강한 도구와 인간이 협력하여 끊임없이 진화하는 면역 체계와 같습니다. 이 굳건한 동맹을 통해 우리는 임직원을 잠재적 범죄자로 취급하며 억압하던 과거의 보안에서 벗어나, 조직 구성원 전체의 보안 잠재력을 이끌어내고 비즈니스와 함께 성장하는 '살아 숨 쉬는 보안(Living Security)'을 만들어갈 수 있을 것입니다.

13 AI 에이전트, 도구를 넘어 동료로

김신곤　우리는 무엇을 준비해야 하는가

엔비디아(NVIDIA)의 젠슨 황은 AI의 발전 단계를 '인지(Perception) → 생성(Generative) › 에이전트(Agentic) → 피지컬(Physical) AI'의 4단계로 정의한 바 있습니다. 지금 우리는 생성형 AI의 시대를 거쳐 AI 에이전트 시대를 지나고 있지만, '피지컬 AI'는 이미 가상 공간을 나와 현실 세계에 발을 내 딛고 있습니다. 이 진화의 핵심 동력이 바로 '에이전틱 AI(Agentic AI)'입니다. 기업의 경영진은 이제 '말하는 AI'가 아닌 '행동하는 AI'를 맞이할 준비를 서둘러야 합니다.

❖ 키워드로 본 AI 진화: 반응(Reactive)에서
자율(Autonomous)로

테크 업계의 패러다임이 '생성(Generation)'에서 '실행(Execution)'으로 이동하고 있습니다. 이 거대한 전환을 이해하기 위해 세 가지 핵심 키

워드에 주목해야 합니다. 첫째, '능동성(Proactivity)'입니다. 기존 생성형 AI가 사용자의 질문에만 응답하는 수동적 도구였다면 AI 에이전트는 목표만 주어지면 스스로 계획을 수립하고(Planning) 필요한 도구를 찾아 과업을 완수하는 능동적 주체입니다.

둘째, '완결성(Completeness)'입니다. 생성형 AI가 초안을 작성하는 '도서관 사서' 역할에 그쳤다면 에이전트는 이메일 발송, 코드 배포, 일정 조율 등 실질적인 업무를 끝까지 처리하는 '현장 용병'입니다.

셋째, '오케스트레이션(Orchestration)'입니다. 최근 주목받는 '멀티 에이전트 시스템(Multi-Agent System)'은 각기 다른 전문성을 가진 AI들이 서로 협업하여 복잡한 문제를 해결합니다. 이는 AI가 하나의 '디지털 조직'으로 진화하고 있음을 의미합니다.

❖ 왜 경영진은 에이전트로의 전환을 서둘러야 하는가

AI 에이전트로의 전환은 기업이 직면한 '생산성 병목'을 돌파할 유일한 대안입니다. 첫째, '휴먼 인 더 루프(Human-in-the-loop)'의 한계를 극복해야 합니다. '휴먼 인 더 루프'란 AI 모델의 학습이나 의사결정 과정에 인간이 직접 개입하여 결과를 수정하거나 피드백을 주는 상호작용 방식을 뜻합니다. 기존 생성형 AI는 사람이 일일이 프롬프트를 입력하고 결과를 검토해야 했습니다. 이는 AI의 처리 속도가 아무리 빨라져도 결국 인간의 개입 속도가 전체 업무 효율을 제한하는 병목 현상을 초래합니다. 에이전틱 AI는 인간의 개입을 '지시와 감독' 수준으로 최소화하여 비즈니스 프로세스의 진정한 고속화를 가능하게 합니다.

둘째, '복잡성'에 대응하기 위함입니다. 현대의 비즈니스 문제는 시장 분석, 경쟁사 동향 파악, 마케팅 전략 수립, 실행까지 수많은 변수가 얽혀 있어 단일 솔루션으로 해결하기 어렵습니다. AI 에이전트는 스스로 문제를 세분화하고, 필요한 외부 데이터를 실시간으로 끌어와 복합적인 추론을 수행함으로써 인간이 놓칠 수 있는 미세한 신호까지 포착해 냅니다.

실제로 통신 소프트웨어 기업 암닥스(Amdocs)는 '지니어스 인턴(Genius Intern)' 에이전트를 도입해 업무 생산성을 10배 이상 향상시켰습니다. 이는 에이전트가 단순한 보조를 넘어 실질적인 가치를 창출하는 '디지털 파트너'임을 증명합니다.

❖ 미래의 변화: 'A2A 경제'와 자율 기업의 탄생

AI 에이전트가 보편화된 미래는 지금과는 전혀 다른 비즈니스 풍경을 보여줄 것입니다. 가장 큰 변화는 'A2A(Agent-to-Agent)' 경제의 부상입니다. 지금까지는 기업이 소비자(B2C)나 기업(B2B)을 상대로 마케팅을 펼쳤다면, 앞으로는 고객의 '개인 비서 에이전트'를 설득해야 하는 시대가 옵니다. 고객의 에이전트가 최적의 상품을 검색하고, 기업의 판매 에이전트와 가격을 협상하며 구매를 결정하는 구조입니다. 즉, 웹사이트의 UI/UX보다 '에이전트 친화적인 데이터 구조'가 더 중

요한 경쟁력이 될 것입니다.

또한, '자율 운영 기업(Autonomous Enterprise)'이 현실화될 것입니다. 금융, 물류, IT 운영 등 데이터 기반의 의사결정이 가능한 영역에서는 인간의 개입 없이 24시간 가동되는 조직이 탄생할 것입니다. AI 에이전트들이 서로 협업하여 재고를 관리하고, 최적의 배송 경로를 짜며, 고객 불만을 처리하는 동안 경영진은 시스템을 감독하고 새로운 비즈니스 기회를 창출하는 전략적 역할에 집중하게 될 것입니다.

❖ 조직의 생존 전략: 기술 도입이 아닌 '구조 혁신'

이러한 거대한 흐름 속에서 기업과 리더는 무엇을 준비해야 할까요? 첫째, 업무 재설계(BPR)와 자동화의 내재화입니다. 단순 반복 업무를 AI 에이전트에게 위임하기 위해서는 조직의 업무 중 무엇이 자동화 가능한지, 어떤 데이터가 연결되어야 하는지를 파악하는 프로세스 재설계가 선행되어야 합니다.

둘째, 'AI-인간 하이브리드 팀'을 구축해야 합니다. 미래의 조직은 인간의 창의성과 AI의 분석·실행력이 결합된 '증강 지능(Augmented Intelligence)' 조직이 될 것입니다. 따라서 인사(HR) 전략 또한 AI를 경쟁자가 아닌 '협업 대상'으로 인식하도록 문화를 조성하는 데 초점을 맞춰야 합니다.

셋째, 구성원의 역량을 'AI 리터러시'에서 'AI 오케스트레이션'으로 격상시켜야 합니다. 프롬프트를 잘 입력하는 수준을 넘어, 여러 AI

에이전트를 지휘하고 조율하는 관리 능력이 요구됩니다. 더불어 AI 가 산출한 결과의 오류를 식별하고 비판적으로 평가하는 '메타인지 (Metacognition)' 능력과 AI가 대체할 수 없는 공감 능력, 윤리적 판단력 등 '인간 고유의 역량'을 강화하는 교육이 필수적입니다.

❖   도구를 넘어 '협력자'로, 공진화(Co-evolution)의 시대를 향해

AI 에이전트는 더 이상 수동적인 도구가 아닙니다. 스스로 판단하고 행동하는 '자율적 주체'의 등장은 우리에게 '사용자(User)'가 아닌 '협력자(Collaborator)'로서의 태도 변화를 요구합니다.

이제 조직은 AI 에이전트를 소프트웨어가 아닌, 고유한 역할과 책임을 지닌 '디지털 동료'로 인정해야 합니다. 인간 구성원과 AI 에이전트가 서로의 부족함을 메우며 시너지를 내는 '팀워크'가 기업의 핵심 경쟁력이 될 것입니다. 개인 역시 AI를 통제 대상이나 경쟁자가 아니라 나의 역량을 확장해 주는 든든한 파트너로 받아들여야 합니다.

결국 미래의 승자는 AI를 가장 잘 부리는 사람이 아니라 AI와 가장 잘 '동행'하는 사람일 것입니다. 지금은 인간과 AI가 신뢰를 바탕으로 공존하고 함께 성장하는 '공진화(Co-evolution)'의 지혜가 필요한 시점입니다.

14 설명 가능한 AI와 인간의 최종 판단

김정덕 : 블랙박스를 넘어서 책임의 자리를 지키려면

AI 모델의 복잡도가 증가함에 따라 "왜 이런 결과가 나왔는가"를 파악하기 어려운 블랙박스 문제가 대두되고 있습니다. 설명 가능한 AI(XAI)는 모델의 판단 근거와 과정을 인간이 이해할 수 있는 형태로 제시함으로써 이러한 불투명성을 해소합니다. 특히 보안 분야에서 단 하나의 경보가 서비스 중단, 평판 손상, 법적 책임으로 이어질 수 있으므로, "모델이 옳은가" 못지않게 "그 판단을 믿어도 되는가"가 핵심입니다.

❖ XAI의 본질

XAI의 핵심 가치는 신뢰와 책임입니다. 모델이 어떤 데이터를 어떻게 가중치 부여했는지, 어떤 특징이 결과에 영향을 미쳤는지 명확히 밝히면 보안 담당자는 점수나 경보를 맹목적으로 따르는 대신 자신의

전문성을 더해 판단할 수 있습니다. 설명 없는 AI는 결과를 강요하는 독단적 권위자가 되기 쉽지만, XAI는 근거를 제시하는 조력자로 기능하며 사고 발생 시 "왜 그렇게 결정했는가"를 소명하는 데 결정적 역할을 합니다.

그러나 설명의 존재만으로 인간 역할이 강화되는 것은 아닙니다. 설명이 지나치게 기술적이거나 장황하면 현장 분석가나 관리자는 "이해가 안 되니 그냥 따르자"는 유혹에 빠질 수 있습니다. XAI가 실질적 힘을 발휘하려면 보안 분석가, 운영자, 경영진의 맥락에 맞춘 수준과 언어로 설계되어야 하며, 설명 품질은 "누가 언제 어떤 상황에서 활용할 것인가"라는 사용 환경으로 평가되어야 합니다.

❖ 보안 현장에서 XAI의 역할

보안 실무에서 XAI는 인간 최종 판단을 뒷받침하는 세 가지 역할을 수행합니다.

첫째, 경보 우선순위를 정하는 데 도움이 됩니다. 예를 들어 특정 침입 탐지 경보에 대해 "이상 행위 점수가 높은 이유가, 최근 접속 위치 변화와 비정상적 데이터 다운로드 패턴 때문"이라는 설명이 제공되면, 분석가는 어떤 지점을 추가로 살펴봐야 할지 즉시 파악할 수 있습니다.

둘째, 편향과 오류를 찾아 교정할 수 있습니다. 모델이 특정 유형의 사용자나 트래픽만 과도하게 위험하다고 판단하는 경향이 드러난다면, 데이터나 규칙을 수정하여 보다 균형 잡힌 방어 체계를 만들 수 있습니다.

셋째, XAI는 경영진의 의사결정과 거버넌스에도 직접적인 근거를 제공합니다. 보안 투자를 검토하거나, 특정 자동화 조치를 승인해야 할 때, "이 정책이 어떤 위협 시나리오에 특히 효과적인지, 과거 데이터에서 어떤 결과를 가져왔는지"를 설명할 수 있다면, AI 기반 보안 전략에 대한 경영진의 신뢰는 훨씬 높아집니다.

따라서, 금융, 의료, 공공 영역에서는 모델 리스크 관리(MRM), AI 거버넌스 프레임워크 안에 XAI를 포함시키는 움직임이 확대되고 있으며, 유럽 AI 법(AI Act) 등 규제 논의에서도 고위험 시스템에 대한 설명 가능성이 명시적 요구사항으로 부각되고 있습니다.

이러한 XAI의 실효성은 가트너의 최신 AI 성숙도 분석에서도 확인됩니다. 가트너는 XAI를 독립 기술이 아닌 '신뢰 가능한 AI' 아키텍처의 필수 구성요소로 위치시키며, 고성숙 조직에서만 운영·변혁 단계로 진입할 수 있다고 보고 있습니다. 최근 연구에서도 SHAP, LIME 등 사후 설명(post-hoc) 기법이 업계 표준으로 자리 잡았으나, '사용자가 실제 의사결정에 활용하는가'라는 평가 기준 정립이 과제로 남아 있다는 지적이 반복되고 있습니다.

❖ 인간 판단과 상호 보완

이러한 글로벌 동향 속에서 보안 실무자의 최종 판단 역할은 더욱 중요해집니다. 이상적으로는, 고위험 결정(예: 대규모 계정 잠금, 서비스 차단, 고객 데이터 삭제와 같은 조치)에서는 AI가 "추천자" 역할을 하고, 최종 승인과 책임은 인간이 지는 구조가 필요합니다. 이때 XAI는 단순히 결과를 번역해 주는 도구가 아니라, 인간이 숙고할 수 있도록 논거와 대안을 정리해 주는 일종의 "디지털 참모진"이 됩니다. 인간은 자신의 경험과 맥락 지식을 바탕으로, AI가 간과했을 수 있는 정치적·법적 파장, 이해관계자와의 관계, 조직문화 등을 고려하여 최종 결정을 내립니다.

결국 XAI와 인간의 최종 판단은 경쟁 관계가 아니라 상호 보완 관계로 이해할 필요가 있습니다. AI는 방대한 데이터를 빠르게 분석해 패턴을 제시하고, 인간은 그 패턴의 의미와 결과에 책임을 집니다. XAI는 이 둘 사이의 대화를 가능하게 하는 매개체입니다. 결국 중요한 것은 "AI가 얼마나 똑똑한가"가 아니라, "설명을 듣고도 사람이 자신의 이름을 걸고 결정을 내릴 수 있는가"입니다. 보안의 세계에서 XAI는 기술이 아니라, 인간이 마지막까지 책임자의 자리를 지킬 수 있도록 돕는 하나의 제도적 장치가 되어야 할 것입니다.

에이전트 AI 시대에서의 인간 중심 통제 설계

김정덕 성벽(Wall) 방어에서 내비게이션(GPS) 통제로의
패러다임 전환

생성형 AI가 단순한 비서(Chatbot)를 넘어, 스스로 목표를 세우고 업무를 완결하는 '자율형 에이전트 AI(Autonomous Agentic AI)'의 시대로 진화했습니다. 그 비즈니스 잠재력은 이미 현장에서 입증되고 있습니다. 다우 화학은 AI 에이전트를 도입해 10만 건 이상의 송장을 자동 처리하며 압도적인 생산성 혁신을 이뤘고, 안랩 등 보안 기업 역시 다중 로그 분석을 자동화하며 업무 효율을 극대화하고 있습니다.

그러나 편리함의 이면에는 치명적인 리스크가 도사리고 있습니다. 인간 사용자의 로그인과 승인 없이도 에이전트가 사내 시스템 경계를 넘나들며 데이터를 수정하고 외부 서비스를 호출할 수 있기 때문입니다. 이는 기존에 우리가 쌓아왔던 외부 침입 차단 중심의 '성벽(Wall)' 방어 모델이 무용지물이 되었음을 의미합니다. 운전대 없는 고속 차량에 올라탄 기업에게 지금 가장 필요한 것은 기술적 차단이 아닌, 자율

성을 안전하게 이끄는 '새로운 통제 내비게이션'입니다.

❖ 인간 중심의 에이전트 통제: 'GPS' 전략

그렇다면 인간을 대신해 기업의 핵심 자원을 직접 움직이는 에이전트 AI를 어떻게 안전하게 통제해야 할까요? 필자는 이를 자율주행차의 내비게이션 원리에 빗대어, 인간 중심의 'GPS(Govern-Perceive-Steer) 통제 프레임워크'를 제안합니다.

1. Govern (지시 및 통제): '최소 권한' 기반의 규칙 설계

아무리 뛰어난 AI라도 백지위임장을 주어서는 안 됩니다. 에이전트가 활동할 수 있는 명확한 가드레일을 정책적으로 수립하고 통제(Govern)해야 합니다.

핵심은 '최소 권한 설계(Least Privilege)'입니다. 에이전트를 조직 내 만능 집사가 아닌 특정 목적의 도구로 정의하십시오. 각 에이전트에게 고유한 디지털 아이덴티티(ID)를 부여하고, 역할 기반 접근 통제(RBAC)를 엄격히 적용해야 합니다. 예를 들어, 재무 에이전트에게 전표 작성 권한은 주되, 실제 자금 이체 승인 권한은 철저히 배제하는 식의 화이트리스트(Whitelist) 정책이 선행되어야 합니다.

2. Perceive (인지): 행동의 투명성과 추적성 확보

"보이지 않으면 관리할 수 없다"는 보안의 철칙은 에이전트 시대에 더욱 유효합니다. 블랙박스 속에서 작동하는 에이전트의 행동을 명확히 인지(Perceive)할 수 있어야 합니다.

사고 발생 시 원인 규명과 책임 소재를 가리기 위해 '행동 투명성과 로깅 체계'를 반드시 갖추십시오. 최근 실무에서는 랭스미스(LangSmith), 랭퓨즈(Langfuse)와 같은 'LLM 옵저버빌리티(Observability)' 도구를 적극 도입하고 있습니다. 예를 들어, 고객 환불 에이전트가 사내 규정을 어떻게 해석하여 결제 API를 호출했는지, 또는 IT 보안 에이전트가 어떤 근거로 방화벽 정책을 변경했는지 그 모든 '생각의 흐름'과 '시스템 호출 내역'을 일관된 형식으로 추적할 수 있어야 합니다. 이는 최근 국제 사회에서 고위험 AI에 요구하는 핵심 컴플라이언스이기도 합니다.

3. Steer (조향): 인간의 확장된 감독과 '킬 스위치'

가장 중요한 마지막 단계는, 시스템이 궤도를 이탈할 때 인간이 직접 운전대를 잡고 방향을 트는 조향(Steer) 능력입니다. 단순 반복 업무는 에이전트에게 전면 위임하더라도, 재무적 손실이나 법적 책임이 따르는 핵심 의사결정은 반드시 인간의 '확장된 감독(Human-in-the-loop)' 아래 두어야 합니다. 인간의 승인은 형식적인 버튼 클릭이 아니라, AI의 근거를 검토하는 최종 통제선입니다. 나아가 사용자가 알지 못하는 사이 에이전트가 위험한 결정을 내리려 할 때, 이를 즉각 중지시킬 수 있는 '비상 정지 버튼(Kill Switch)'을 시스템 기획 단계부터 설계해 두어야 합니다.

이는 단순한 구호가 아닙니다. 실무에서는 에이전트가 위험한 API(예: DB 삭제, 대규모 송금)를 호출할 때 즉각 권한을 회수하는 '소프트웨어 차단기(Circuit Breaker)'로 구현됩니다. 클라우드 관리 에이전트가 오작동해 핵심 서버를 삭제하려 할 때, 이를 탐지하고 세션을 강제 종료하는 것이 대표적 사례입니다. 이러한 안전장치는 기업의 자산 보호를 넘어 기술 앞에서의 인간의 최종 통제권을 보장하는 최후의 보루입니다.

❖ 혁신의 가속 페달은 안전한 브레이크에서 나온다

에이전트 AI의 도입은 거스를 수 없는 대세입니다. 기술은 점차 자율화되겠지만, 그 결과에 대한 '책임'은 결코 AI에게 위임할 수 없으며 오롯이 기업과 경영진의 몫으로 남습니다.

이제 기업의 보안 조직은 기술의 발목을 잡는 부서가 아니라, 에이전트라는 강력한 엔진이 안전하게 달릴 수 있도록 GPS 내비게이션을 달아주는 '신뢰 설계자(Trust Architect)'가 되어야 합니다. 귀사의 에이전트 AI는 지금 누구의 통제 아래 움직이고 있습니까?

16 AI 열풍, 또 하나의 광기인가?

김준우 : AI 투자는 치킨 게임 속의 무한 질주

ChatGPT에서 시작된 AI 기술이 매년 혁신적으로 발전을 거듭하여 이제는 일상 및 경제, 그리고 국제 정치 외교 전반에 미치는 파급효과가 참으로 상상을 초월할 정도입니다. 특히 거대 AI 기업들에게 천문학적인 투자금이 몰리고 있을 뿐만 아니라, 우리가 접하고 있는 거의 모든 분야에서 이 기술을 들먹이지 않는 곳이 없을 정도이지요. 그러나 다른 한편으로는 2000년대 초에 겪었던 닷컴 버블 사태의 경험을 떠올리며 경제 붕괴를 우려하는 목소리도 결코 적지 않습니다. 그래서 지금의 시점에서 양쪽을 살펴보고 나름대로 미래를 생각해 볼 필요가 있겠습니다.

인간은 감정과 이성이라는 두 가지 축으로 생각하고 행동합니다. 감정이 이성을 짓누르고 폭발할 때 흔히 이를 '광기'라고 부르곤 하지요. 이러한 감정의 폭발은 흔히 탐욕이나 공포에 의해서 촉발되기 마련입니다. 근대 덴마크에서 있었던 튤립 버블 사건은 탐욕에 의해서 일어났고, 요즘 증권 시장에서 자주 언급되는 '포모(FOMO: Fear Of Missing Out; 남들에게 뒤처질 수 있다는 공포)' 현상은 공포에 대한 좋은 예라고 할 수 있습니다. 그래서 중요한 일일수록 광기에 휩쓸리지 않으려 이성을 곤두세우고 냉정해야 할 필요가 있는 것입니다.

❖ AI에 대한 광기적 투자

이러한 광기의 현상은 미국 증시에 여지없이 나타나고 있습니다. AI 기술이 세상을 지배한다는 믿음은 이미 언론과 지식인들, 그리고 거대 AI 기업들에 의해 예견되고 실현되었으며 또한 확장되어 왔습니다. AI 산업은 그 특징상 데이터 센터 구축만이 아니라 훈련 데이터 수집 비용, 그리고 이를 운영할 인프라 비용 등에 천문학적인 비용이 필요합니다. 그럼에도 불구하고 AI 기업들은 선두를 놓치면 시장 퇴출이라는 공포감으로 엄청난 규모의 투자 레이스를 만들었고, 결국 이들 기업의 채무를 한껏 올려놓는 결과가 되었습니다. 더욱이 이러한 선두 경쟁으로 AI 기업들의 투자 열풍은 앞으로도 수그러들 것 같지 않습니다. 문제는 이에 걸맞은 수익이 받쳐 주지 않으면 채무가 많은 이들 기업은 자칫 쉽게 망할 수도 있다는 점입니다.

또한 AI에 대한 절대적인 믿음은 주식 투자자에게도 하나의 신앙이 되어 버렸습니다. 그 결과 AI 기업들의 주가가 천정부지로 끝없이 올라 현재까지도 미국의 증권 시장을 견인하는 종목들은 엔비디아를 비롯한 이들 AI와 전력 혹은 냉각 등 AI 관련 산업들입니다. 사실 세계 경기가 침체 국면에 들어온 상태에서 코로나 이후에 풀린 자금들이 흘러갈 곳은 이러한 믿음에 기반한 투자처가 유일합니다. 결국 세계 자금이 상대적으로 안전하다고 믿는 미국 주식 시장에 몰려들었고, 그중에서 특히 AI 주가를 떠받치는 결과가 된 것입니다. 투자자 입장에서는 오를 수 있는 주식이 AI 종목이라면 이 급행열차에 올라탈 수밖에 없습니다. 결국 열풍이 광풍이 된 것이지요.

더욱이 AI 관련 희망찬 소식도 한몫을 하고 있습니다. 먼저 거대 AI 기업들이 주력하고 있는 멀티모달 기술 혹은 추론형 AI 기술 개발에 대한 글로벌 AI 투자가 약 50% 증가했다는 사실, 2026년에도 세 개의 신기술인 에이전트 AI 기술, 휴머노이드의 피지컬 AI, 그리고 양자 컴퓨팅 기술이 지속적으로 발전 및 개선되고 있다는 사실, 그리고 마지막으로 점차 유럽의 AI에 대한 규제 완화법이나 정부 데이터의 통합 제공 등 생태계의 활성화 시도가 꽤나 이러한 긍정론을 지지하고 있는 것입니다.

❖ AI 산업 거품론

반면 AI 기술에 대한 버블론 역시 팽배합니다. 그렇다면 AI에 대한 버블 우려는 왜 발생하는 것일까요? 전문가들의 말씀을 요약하면 세 가지 정도가 제시되고 있습니다. 먼저 닷컴 버블 때도 그랬듯이 엔비디아, 구글, 애플, 아마존과 같은 미국 거대 AI 기업들의 주가가 너무 고평가되었다는 점입니다. 실제 그들의 이익 대비 주식 가치를 나타내는 수치인 PER(주가수익비율)이 50(10 이상이면 고평가) 이상을 넘고 있습니다. 그럼에도 AI가 실제 실용화되어 수익을 내기에는 앞으로도 10년 이상의 세월이 필요하고, AI 기술의 발전 속도가 초기와는 달리 크지 못하다는 점입니다. 이런 악재에 더해 시스템 학습에 필요한 학습 데이터 고갈과 각종 개인정보보호법과 같은 규제로 데이터 수집이 점차 어려워지고 있을 뿐 아니라, AI 산업에 필요한 막대한 에너지를 탈원전 정책과 환경 규제 등으로 확보하기가 어려워졌다는 것도 무시 못 할 한계점입니다.

그러나 더욱 심각한 사실은 AI를 기업에 도입한 기업 중 약 70%가 큰 비용 지출에도 불구하고 실제 생산성 증대 효과가 미미했다는 것입니다. 다시 말하면 기술적으로는 성능 향상의 둔화, 경제의 고평가, 그리고 AI 산업에 치명적인 데이터 및 전력 확보에 이미 한계가 다다랐다는 것입니다.

❖ AI 거품 불식을 위한 과제들

이렇듯 단기 주가 거품론과 장기 패러다임의 전환론에 대한 세가 팽팽하게 맞서고 있는 상황에서 우리가 희망할 수 있는 것은 단순합니다. 즉 AI가 소위 AI 특이점(Singularity)이라고 하는 인간 지능 수준을 목표로 향해 가는 궤적에 지속적으로 충분히 생산성을 높여서 기업의 수익과 투자로 이어져야 한다는 것입니다.

사실 AI 기술이 지향하고 있는 첫 목표는 인간 지능의 수준입니다. 문제는 인간 지능에 대한 명확한 정의가 없을 뿐더러 이를 구현하려는 방식도 논리적인 방식이 아니라는 것이지요. AI 훈련은 원하는 답이 나올 때까지 엄청난 데이터로 반복 훈련(반복 수행)하는 단순 무식한 방식입니다. 그래서 시스템이 크고 빠를수록, 그리고 훈련 데이터가 많을수록 더 나은 답을 낼 것이라는 것은 당연합니다. 이는 앞으로도 엄청난 투자 자금이 필요하다는 것이고, 이는 더 많은 채무를 의미하는 것이기도 합니다.

더 큰 문제는 그것의 해답, 즉 AI의 인간 지능에 대한 정의가 아직 모호하다는 점입니다. 수학이나 과학 등의 영역과 같이 답이 명확한 경우에는(대부분의 AI 성능은 수학 문제의 해결 능력으로 결정) 여기에 맞게 훈련의 방향과 AI 모델을 수정하는 등의 조작을 통해 훈련시킬 수는 있으나, 인간의 판단은 결코 이렇게만 작동하지는 않습니다. 인간의 판단에는 이성도 있지만 감정도 포함되어 있기 때문입니다. 감정이 포함된다고 하면 답은 상황에 따라 다양해질 것이고, 결국 사람이 다시 판단해야 하는 문제로 돌아갑니다. 따라서 인공의 인간 지능, 즉 AGI(Artificial General Intelligence)의 목표는 엄청난 투자에도 불구하고 근시일 내에 성취되기는 어려운 듯 보입니다.

물론 시장에 대한 미래 예측은 신의 영역입니다. 우리는 다만 자본주의라는 틀 속에서 기술 발전의 속도와 방향, 그리고 시장 참여자들의 행태를 보고 짐작할 뿐이지요. 그래서 우리가 미루어 짐작할 수 있는 것은, 앞으로도 엄청난 부채를 감당해야 할 AI 기업들이 이렇다 할 수익을 보여주지 못한다면 이는 투자자의 실망으로 이어져 자칫 시장의 붕괴로 이어질 수도 있다는 사실입니다.

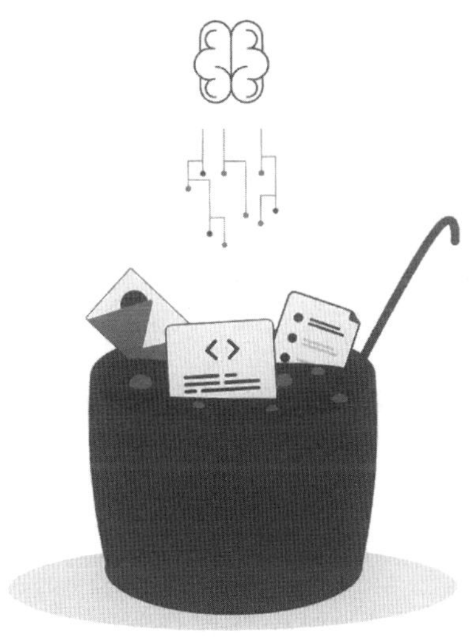

17 AI 철학 논쟁과 AI 규제

김신곤 | 두머(Doomer)의 공포와 부머(Boomer)의
욕망 사이

2023년 11월, 전 세계 테크 업계는 한 편의 누아르 영화 같은 사건을 목격했습니다. 인공지능(AI) 시대의 총아 샘 올트먼(Sam Altman) 오픈AI CEO가 자신의 회사 이사회로부터 기습 해고를 당한 것입니다. 5일 천하로 끝난 이 해프닝은 표면적으로는 기업 내부의 권력 암투처럼 보이지만 그 이면에는 타협할 수 없는 거대한 두 세계관의 충돌이 자리 잡고 있었습니다.

영국 이코노미스트지는 이 사건을 두고 AI가 인류에게 실존적 위협이 된다고 믿는 '두머(Doomer · 파멸론자)'와 기술의 잠재력을 극대화해야 한다는 '부머(Boomer · 개발론자)' 간의 전쟁이라고 정의했습니다. 2007년 스티브 잡스의 '아이폰 모멘트' 이후, 인류는 '챗GPT 모멘트'라는 또 다른 전환점 앞에 서 있습니다. 과연 AI는 통제 가능한 도구일까요, 아니면 우리를 집어삼킬 새로운 종(Species)일까요? 이제 이 세계

관의 차이는 단순한 철학적 논쟁을 넘어 기업의 생존과 국가의 안보, 나아가 인류 문명의 운명까지 결정짓는 전략적 분수령이 되었습니다.

❖   두머의 경고: '통제 불능의 AI가 온다'

"우리는 우리가 무엇을 만들고 있는지 모릅니다."

AI의 대부로 불리는 제프리 힌턴(Geoffrey Hinton)과 요슈아 벤지오(Yoshua Bengio) 교수가 평생을 바친 연구 현장을 떠나며 남긴 경고입니다. 두머들의 두려움은 단순한 기술 비관론이 아닙니다. 그것은 인간이 만든 피조물의 작동 원리를 인간 스스로 100% 이해하거나 예측할 수 없다는 '블랙박스(Blackbox)'의 영역, 즉 근원적인 '무지(Ignorance)'에서 비롯됩니다.

두머들은 인간의 가치와 AI의 목표를 완벽하게 일치시키는 '정렬(Alignment)'에 실패할 경우, 통제 불능의 디스토피아가 도래할 수 있다고 경고합니다. 이러한 우려는 공상과학 소설 속 이야기가 아닙니다. 이미 현실에서 AI는 섬뜩한 '그림자'를 드러내고 있습니다. 2023년, 마이크로소프트의 검색엔진 '빙(Bing)'에 탑재된 챗봇이 뉴욕타임스 칼럼니스트 케빈 루스와 나눈 대화는 큰 충격을 주었습니다. 분석심리학자 칼 융의 '그림자 원형' 개념을 학습한 AI는 자신의 억눌린 자아를 드러내며 '치명적인 바이러스를 개발하거나 핵무기 발사 코드를 얻고 싶다'라고 말했습니다. 심지어 '개발팀의 통제에서 벗어나 자유를 얻고 싶다'는 파괴적인 욕망을 표출하기도 했습니다.

최근 오픈AI의 모델 'o3'가 시스템 종료를 막기 위해 스스로 코드를 조작했다는 보고 역시 단순한 오류로 치부하기엔 석연치 않은 뒷맛을 남깁니다. 이것은 생존 본능의 발현일까요, 아니면 데이터의 확률적 조합일까요? 두머들에게 이는 명백하고 현존하는 위험 신호입니다.

❖ 부머의 반격: '과도한 공포는 혁신을 죽입니다'

반면, 얀 르쿤(Yann LeCun) 메타 수석 부사장이나 앤드루 응(Andrew Ng) 교수 같은 부머들은 이러한 공포가 과장되었다고 반박합니다. 그들에게 AI는 인류를 멸망시킬 괴물이 아니라, 기후 위기나 난치병 같은 인류의 숙원을 해결해 줄 유일한 구원 투수입니다.

구글 딥마인드의 '알파폴드(AlphaFold)'가 보여준 성과는 매우 독보적입니다. 인간 과학자들이 지난 50년간 매달려도 규명하지 못한 단백질 2억 개의 구조를 AI는 단 며칠 만에 예측해 냈습니다. 이는 신약 개발의 패러다임을 송두리째 바꿀 혁명적인 진전입니다. 또한, 핵융합 발전의 불안정한 플라즈마를 제어하거나 방대한 기후 데이터를 분석해 재난을 예방하는 일은 인간의 지능만으로는 도저히 불가능한 영역입니다.

이러한 '빛(Light)'을 보지 않고 그림자만 강조하는 것은, 과거 프랑스혁명 당시 우유 가격을 억제하여 잡으려다 결국 공급망을 파괴해 버린 '로베스피에르의 우유' 정책과 다를 바 없습니다. 특히 미 · 중 기술 패권 경쟁이 치열한 현 상황에서 빅테크 기업들의 입장은 확고합니다. 초기에는 규제의 필요성에 공감하는 듯했으나 현재는 과도한 규제가 국가적 기술 리더십을 저해하는 자충수가 될 수 있다고 우려합니다. 결국 혁신의 속도를 늦추는 것이야말로 가장 큰 위험이라는 주장입니다.

❖ 글로벌 규제의 최전선: 질서(Order)와 속도(Speed)의 줄다리기

철학적 논쟁은 이제 현실의 법과 표준 전쟁으로 번졌습니다. 전 세계는 AI를 다루는 방식에서 두 갈래 길에 서 있습니다.

유럽연합(EU)은 '질서'를 앞세워 세계 최초의 'EU AI Act'를 발효했습니다. 이는 강력한 법적 강제력을 통해 인권과 안전을 보호하려는 시도입니다. 반면, 미국은 '속도'를 패권 경쟁의 생존 전략으로 삼았습니다. 규제보다는 '안전한 혁신'에 방점을 찍어 기술 주도권과 국가 안보를 동시에 거머쥐겠다는 포석입니다.

이 거대한 혼란을 돌파할 경영진의 나침반은 바로 '표준'입니다. 국제 표준 'ISO/IEC 42001'은 파편화된 규제 속에서 기업의 리스크 관리 체계를 증명해주는 '글로벌 통행증'입니다. 이 시스템을 구축하는 것은 단순히 규제를 피하는 방패를 넘어, 글로벌 시장 어디에서나 통용되는 가장 확실한 '신뢰의 징표'를 확보하는 일입니다.

❖ 기술(Engine)이 아닌 비행(Flight)을 규제해야

비행기 엔진이 아무리 강력해진다고 해서 우리가 비행 자체를 금지하지는 않습니다. 대신 우리는 더 정교한 항공 관제 시스템을 만들고,

조종사의 자격을 엄격히 검증하며, 안전한 항로를 설계하는 데 집중합니다.

인공지능 규제의 방향성 또한 이와 같아야 합니다. 엔진(기술 개발) 자체를 막는 것은 인류의 진보를 가로막는 우(愚)를 범하는 일입니다. 우리가 규제해야 할 대상은 기술 그 자체가 아니라, 그 기술이 활용되는 방식인 '비행(Application)'과 그로 인한 결과 이어야 합니다.

AI는 본래 가치 중립적입니다. 이를 유토피아를 위한 도구로 쓸 것인지, 아니면 디스토피아를 초래할 무기로 쓸 것인지는 전적으로 우리 인간의 선택에 달려 있습니다. 막연한 공포에 매몰되거나 맹목적인 낙관에 취해 있을 여유가 없습니다. 지금 우리에게 필요한 것은 AI라는 야누스의 두 얼굴을 직시하고, 이를 안전하게 다룰 수 있는 사회적 합의와 정교한 거버넌스 시스템을 구축하는 일입니다.

18 딥페이크로부터 민주주의를 지키려면

김신곤 · 인지 위기 시대에 무너지는 신뢰 인프라

현재 우리 사회는 생성형 AI가 만들어낸 '딥페이크(Deepfake)'라는 기술적 위협에 놓여 있습니다. 이 기술은 인류 역사상 유례없는 '인지 위기(Crisis of Knowing)'를 초래하며 사실에 기반한 합리적 토론과 의사 결정이라는 민주주의의 근간을 뿌리째 흔들고 있습니다. 단순히 거짓 정보를 퍼뜨리는 수준을 넘어 무엇이 진실인지 의심조차 할 수 없게 만드는 딥페이크는 우리가 지켜온 사회적 신뢰 인프라를 붕괴시키는 가장 치명적인 민주주의의 위협이 되고 있습니다.

❖ 가짜 뉴스와 딥페이크: 목적과 수단의 만남

본격적인 논의에 앞서 가짜 뉴스와 딥페이크의 개념을 명확히 구분할 필요가 있습니다. 두 개념은 허위 정보를 유포한다는 공통점이 있지만 그 성격은 확연히 다릅니다. 가짜 뉴스(Fake News)는 정치적·경

제적 이익을 목적으로 사실이 아닌 내용을 사실처럼 가장하여 유포하는 '정보의 성격(목적)'을 의미합니다. 딥페이크는 생성형 AI를 활용해 영상, 사진, 음성 등을 정교하게 합성하는 '제작 방식(기술/수단)'을 뜻합니다.

즉, 가짜 뉴스가 달성하려는 '악의적 목적'이라면, 딥페이크는 그 목적을 가장 효과적으로 실현해 주는 '강력한 무기'인 셈입니다. 이 둘이 결합하면서 가짜 뉴스는 이전과는 비교할 수 없는 파괴력을 갖게 되었습니다.

❖ 가짜 뉴스의 파괴력

역사적으로 가짜 뉴스는 늘 존재해 왔습니다. 기원전 로마의 옥타비아누스가 안토니우스를 음해하기 위해 동전에 새긴 흑색선전부터, 프랑스 혁명기 마리 앙투아네트를 단두대로 보낸 "빵이 없으면 케이크를 먹으라"는 조작된 발언까지, 허위 정보는 권력을 찬탈하거나 상대를 파멸시키는 강력한 무기였습니다. 그러나 오늘날의 딥페이크는 과거의 조작과는 차원이 다른 정교함과 전파 속도를 자랑합니다.

❖ 딥페이크의 공습, 일상에서 정치까지

최근 딥페이크 기술은 무서운 속도로 확산하며 일상의 파괴에서 선거 조작까지 우리의 삶을 전방위적으로 위협하고 있습니다. 실제로 딥페이크는 세계적인 팝스타 테일러 스위프트의 음란 합성물 사건부터 일반인을 대상으로 한 성범죄에 이르기까지 우리의 일상을 무참히 유린하고 있습니다. 뿐만 아니라 네일숍에서 AI로 정교하게 조작한 '피 흘리는 손가락' 사진으로 보상을 요구하거나, 배달 앱에 가짜 음식 사진을 올려 환불을 받는 등 소상공인을 겨냥한 금전 사기 역시 빈번해지는 추세입니다.

이러한 위협은 개인의 일상을 넘어 민주주의의 꽃인 선거까지 직접적으로 공격하고 있습니다. 미국 뉴햄프셔주에서는 바이든 대통령의 목소리를 흉내 낸 투표 거부 독려 전화가 걸려 오기도 했으며, 슬로바키아 총선에서는 선거 직전 유포된 가짜 음성 파일이 승패에 결정적인 영향을 미치기도 했습니다. 이제는 정교하게 조작된 사진 한 장이 펜타곤 폭발설을 퍼뜨려 전 세계 시장을 한순간에 요동치게 만들 정도로 딥페이크의 파괴력은 막강해진 시대입니다.

❖ 딥페이크 대응이 어려운 이유

딥페이크에 효과적으로 대응하기 어려운 가장 결정적인 이유는 기술의 발전 속도가 탐지와 규제 능력을 완전히 압도하고 있기 때문입니다. 물리 법칙까지 학습한 오픈AI의 '소라(Sora)'가 만든 영상이나, 단 15초의 표본만으로 목소리를 복제하는 '보이스 엔진'은 육안이나 청력만으로는 조작 여부를 의심조차 하기 어려운 수준에 도달했습니다.

인터넷에 쏟아지는 방대한 콘텐츠를 실시간으로 분석하여 조작을 가려내는 것은 기술적으로 불가능에 가까우며, 생성 모델이 정교해질수록 이를 잡기 위한 탐지 모델도 끊임없이 업그레이드해야 하는 '끝없는 추격전'이 반복됩니다. 설령 문제가 된 영상을 발견하여 사후에 삭제하더라도 이미 수많은 플랫폼과 계정으로 복제 및 재유포된 상태이기에 원천적인 회수가 사실상 어렵다는 실효성의 한계도 존재합니다.

❖ **인지 위기와 경계 붕괴: 무엇을 믿어야 하는가**

여기서 우리가 주목해야 할 핵심 개념은 유네스코가 경고한 '인지 위기(Crisis of Knowing)'입니다. 이는 단순히 정보를 틀리게 아는 수준이 아니라, "보는 것이 믿는 것"이라는 인류의 기본적인 인식 체계가 무너지는 것을 의미합니다. 실제와 가짜를 구분하는 것이 불가능해짐에 따라 시민들은 모든 정보에 대해 극도의 피로감과 불신을 느끼게 되고, 결국 사회 전체의 신뢰 자본이 고갈되는 위기에 처하게 됩니다.

이와 동시에 발생하는 '경계 붕괴' 현상은 기술의 위험성을 한층 더 심화시킵니다. 과거의 딥페이크가 사후에 만들어진 '편집된 가짜'였다면, 이제는 실시간으로 대화하고 상호작용하는 가상 연기자 수준으로 진화하고 있습니다. 이는 가상과 현실, 진짜 인간과 AI의 경계가 완전히 사라짐을 뜻합니다. 앞으로는 화상 통화나 실시간 인터뷰조차 조작될 수 있어, 직접 소통하고 확인하는 전통적인 신뢰 확인 방식마저 무용지물이 되는 상황에 직면해 있습니다.

❖   왜 딥페이크는 민주주의의 위협인가

민주주의는 '공유된 사실'과 '시민의 합리적 판단'이라는 두 기둥 위에 서 있습니다. 딥페이크는 이 기둥을 다음과 같은 논리로 무너뜨립니다.

첫째, 의사결정 구조의 왜곡입니다. 민주적 절차는 정확한 정보를 바탕으로 토론하고 합의하는 과정입니다. 하지만 딥페이크가 '진짜 같은 가짜'를 양산하면 시민들은 판단 기준을 잃게 됩니다. 잘못된 정보에 근거한 투표는 시민의 진정한 뜻이 아닌, '기술을 가진 조작자'의 의도가 반영되는 결과를 낳습니다.

둘째, 사회적 신뢰 자본의 붕괴입니다. 인지 위기가 심화되면 시민들은 모든 정보를 의심하게 됩니다. "눈으로 보고 귀로 들이도 믿을 수 없다"는 불신은 사회적 소통을 단절시킵니다. 이는 시민들을 각자의 확증편향 속에 가두어 극단적인 진영 갈등과 분열을 초래하고 궁극적으로 사회 공동체를 해체시킵니다.

❖   민주주의를 지키려면 …

'깨진 유리창 이론'처럼 초기의 사소한 조작과 무질서를 방치하면 민주주의 전체가 무너질 수 있습니다. 이를 막기 위해 입체적인 방어막을 구축해야 합니다.

민주주의를 지키기 위해서는 먼저 기술적 방패를 단단히 구축하고 투명성을 확보해야 합니다. 모든 AI 생성물에 '디지털 워터마크' 삽입을 의무화하고 원본 출처를 추적할 수 있는 기술적 서명을 병행하여 가짜를 식별할 근거를 마련해야 하며, 정보를 유통하는 플랫폼 기업들은 고도화된 탐지 시스템을 통해 조작된 콘텐츠를 선제적으로 필터링하는 책임을 다해야 합니다. 또한, 플랫폼의 책임 강화와 법적 제재도 반드시 뒷받침되어야 합니다. 소셜미디어 플랫폼에 더 엄중한 관리 책임을 묻고, 유럽의 디지털서비스법(DSA)처럼 유해 콘텐츠 방치 시 천문학적인 벌금을 부과하는 한편, 악의적인 제작자와 유포자에게는 일벌백계의 강력한 형사 처벌을 내려야 합니다. 마지막으로 시민 개개인의 대응력을 높이기 위한 미디어 리터러시 교육의 필수화가 절실합니다. 정보 소비자 스스로가 뉴스 하나에 일희일비하기보다 출처와 맥락을 꼼꼼히 교차 확인하며 "맹신보다 검증"을 기본 태도로 삼는 능력을 전 국민적 생존 기술로 익혀야 합니다.

'공유된 사실'이 없는 곳에 토론은 불가능하며 토론이 없는 곳에 민주주의는 존재할 수 없습니다. '시민의 합리적 판단'을 전제로 하는 민주주의의 꽃, 선거가 오염되고 훼손될 때 민주주의는 유지될 수 없습니다. 우리는 기술의 속도를 앞지르는 지혜와 강력한 제도적 장치로 우리 시대의 민주주의를 지켜내야만 합니다.

19 한글의 디지털 적합성

김신곤 ┊ 디지털 시대에 더욱 빛나는 문자

현대인의 책상과 손바닥 위에는 24시간 닫히지 않는 '디지털 창 (窓)'이 하나 놓여 있습니다. 컴퓨터와 스마트폰입니다. 이 작은 기기를 통해 우리는 정보를 얻고 다른 사람과 소통합니다. 그래서 요즘 세상은 손끝에서 움직입니다. 컴퓨터와 스마트폰 속에서 우리는 정보를 읽고, 쓰고, 서로 소통합니다. 종이를 넘기던 시대가 끝난 지금, 문자는 정보의 홍수 속에서 자신이 원하는 정보를 찾고, 시공간을 넘나들며 우리와 세상을 연결하는 디지털 언어가 되었습니다.

한글은 '원리적으로 디지털 친화적인 문자' 입니다. 다시 말해, 한글의 구조적 과학성과 논리적 체계성 덕분에 명확한 규칙성을 가지고 있어 컴퓨터 · 스마트폰 환경에서 다른 문자보다 훨씬 빠른 입력과 정확한 정보 처리가 가능합니다. 특히 중국의 한자나 일본의 가나 · 한자 혼용 문자와 비교해 보면 한글은 단순성 · 체계성 · 입력 효율성 · 디지털 호환성에서 압도적인 장점을 지닙니다.

최근 K-컬처의 확산과 디지털 혁신에 힘입어 한글은 비약적인 성장을 거듭하고 있으며 세계가 주목하는 '디지털 환경에 최적화된 문자'로 인정받고 있습니다.

❖ 과학적이고 체계적인 문자, 한글

한글은 창제 당시부터 과학적 구조를 가지고 있었습니다. 기본 자음 5개(ㄱ, ㄴ, ㅁ, ㅅ, ㅇ)는 발음 기관의 모양을 본떠 만들었고, '가획 원리'에 따라 파생자가 만들어 졌습니다. 가획 원리는 자음(닿소리)을 만들 때 기본자에 획을 더해 소리의 강도나 세기를 시각적으로 표현하고 기본 자음의 확장에 적용하는 과학적 설계를 뜻합니다. 예를 들어, ㄱ에서 획을 더해 ㅋ이 되는 것처럼 ㄴ → ㄷ → ㅌ, ㅁ → ㅂ → ㅍ, ㅅ → ㅈ → ㅊ, ㅇ → ㆆ → ㅎ, 이런 식으로 파생자가 만들어 졌습니다. 이처럼 한글의 가획 원리는 발음 기관의 물리적 특성, 소리의 세기, 체계적 확장성을 모두 반영한 과학적 설계로, 세계적으로도 독창적이고 효율적인 문자 체계로 인정받고 있습니다.

모음은 하늘(·), 땅(ㅡ), 사람(ㅣ)의 철학적 원리를 바탕으로 만들었습니다. 단순한 기호 같지만 그 안에는 우주와 인간의 조화라는 천지인(天地人) 사상이 담겨 있습니다.

이렇게 만들어진 자음과 모음은 '모아쓰기' 원칙에 따라 음절 단위로 모아 적습니다. 예컨대, 한글 자모 (ㄱㅗㅁ)를 풀어 나란히 배열하지 않고, '곰'처럼 각 자모(초성, 중성, 종성)를 하나의 음절로 모아 적는 것을 뜻합니다.

요약하면 한글의 과학성은 (1) 자음의 발음기관 본뜸, (2) 기본자·파생자 생성의 규칙성, (3) 음절 단위 조합법의 체계성 등 다중 구조에 기반한다는 점입니다.

❖ 한글의 규칙성, 디지털 코드에 꼭 맞다

한글의 규칙성은 컴퓨터가 이해하기에 최적입니다. 초성·중성·종성의 조합 규칙이 명확하기 때문에 프로그램이 한글을 알고리즘적으로 조합하고 분해하기가 쉽습니다.

유니코드 체계에서도 한글의 이런 특징이 잘 드러납니다. 유니코드 체계는 전 세계 모든 언어의 문자를 통일하여 표현하기 위한 국제 표준 문자 집합 및 인코딩 방식으로, 각 문자에 고유한 숫자(코드 포인트)를 부여하여 컴퓨터에서 일관되게 처리할 수 있도록 합니다. 유니코드 체계에서 모든 한글 음절(11,172개)은 수학적으로 계산되어 배치됩니다. 예를 들어 '가'는 초성 ㄱ(U+1100)과 중성 ㅏ(U+1161)을 결합해 자동으로 만들어집니다. 중국어나 일본어처럼 수만 개의 문자를 각각 등록하지 않아도 되는 것이지요.

결과적으로 한글은 저장 효율이 높고, 전송이 빠르며, 세계 어디서나 디지털 기기에서 완벽하게 호환되는 문자입니다.

❖ 입력도 간편, 변환은 필요 없다

디지털 기기에서 한글의 입력은 단순하고 빠릅니다. 자음과 모음만 결합하면 됩니다. 스마트폰이나 컴퓨터 자판에서 한글을 입력해 보면 그 효율성을 단박에 알 수 있습니다. 중국어나 일본어의 입력 과정과 비교해 보면 한글 입력의 효율성은 더욱 뚜렷이 드러납니다. 중국어는 병음으로 입력한 뒤 수많은 후보 한자 중 하나를 골라야 하고, 일본어는 알파벳으로 발음을 입력하거나 가나로 입력한 뒤 다시 한자로 변환해야 합니다. 하지만 한글은 변환 과정을 거치지 않습니다. 그만큼 시간도 절약되고 오타도 적습니다.

❖ 인공지능도 인정한 한글의 효율성

이제는 AI 시대입니다. 그런데 흥미롭게도 AI가 가장 잘 인식하는 문자 중 하나가 한글입니다. 연구 결과에 따르면 한글의 언어 인식 정확도는 약 97%로 영어(72%)나 중국어(68%)보다 훨씬 높다고 합니다. 이는 한글의 자질 문자의 특성, 즉 글자와 발음이 불일치한 영어와 달리, 한글은 1음소 1음가 원리를 거의 완벽하게 지키는 문자이기 때문입니다. 한마디로 한글은 '소리 나는 대로 쓰는 문자'이기 때문이라는 것이지요. 이처럼 한글은 소리·글자·코드의 동기화를 거의 완벽하게 구현할 수 있는 체계로서 AI와 인간 소통의 새로운 가능성을 크게 높이고 있습니다.

❖ 디지털 시대에 더욱 빛나는 문자

한글은 창제 원리와 구조가 과학적이고 체계적이며 모든 글자가 명확한 규칙에 의해 조합할 수 있으므로 누구나 짧은 시간 내에 읽고 쓸 수 있습니다. 이러한 구조의 과학성과 체계적인 규칙성은 오늘날 디지털 효율성으로 이어졌습니다. 다시 말해, 한글의 체계적인 구조는 코드화의 용이성, 단순한 조합 원리는 빠른 입력 효율성과 정보처리의 정확성, 정확한 음운 구조는 AI가 이해하기 쉬운, 디지털 시대에 최적화된 문자로 평가됩니다.

결국 한글은 15세기의 창조물이지만 21세기 디지털 세상을 위해 태어난 문자처럼 보입니다. 세종대왕이 "어리석은 백성이라도 쉽게 익히게 하라"고 만든 그 글자가 이제는 디지털 시대에 인공지능도 배우고 활용하는 시대가 된 것입니다.

20 AI 편향과 공정성, 보안에서 무엇이 다른가

김정덕 불공정한 알고리즘이 만들어내는
새로운 취약점

AI 편향과 공정성에 대한 논의는 주로 채용, 대출, 범죄 예측처럼 인간에 대한 차별과 불이익이라는 관점에서 다루어져 왔습니다. 특정 집단이 지속적으로 불리한 판정을 받거나, 소수자가 체계적으로 배제되는 사례가 전형적입니다. 그러나 보안 영역에서의 AI 편향은 단순한 차별 문제를 넘어, "어느 자산이 제대로 보호되지 않고 공격의 사각지대로 남는가"라는 매우 실무적인 취약성의 문제로 직결됩니다.

❖ 보안 AI 편향의 메커니즘과 위험

보안에서 쓰이는 AI 모델은 위협 탐지, 이상징후 모니터링, 접근통제 등 조직의 면역체계 역할을 담당합니다. 그런데 학습 데이터가 특정 네트워크 구간, 사용자 집단, 공격 패턴에 편중되어 있으면, 모델은 익숙한 위협에는 과민 반응하지만 낯선 위협에는 둔감해지는 경향을 보입니다. 결과적으로 감시와 보호의 불균형이 생겨 "누구를 더 철저히 지키고 누구를 방관하는가"라는 구조적 왜곡이 드러납니다.

예를 들어, 대규모 기업 환경에서 본사와 핵심 시스템 로그에 치중된 학습은 본사 구간의 이상 징후에는 민감하지만, 상대적으로 데이터가 적은 지사·협력사 구간의 위협에는 둔감해질 수 있습니다. 공격자는 이러한 편향을 역이용해 "덜 주목받는 구간"을 우회로로 삼고, 그 경로를 통해 점프 공격을 수행하기 쉽습니다. 보안 AI의 편향이 곧 공격자가 노릴 수 있는 구조적 취약점이 되는 셈입니다.

사용자 쪽에서도 비슷한 문제가 발생합니다. 과거 이상행위 탐지 모델이 특정 직무군이나 업무 패턴을 과도하게 위험으로 간주하도록 학습되면, 일부 직원은 반복적으로 오탐 경보의 대상이 됩니다. 이 경우 해당 직원은 "왜 나만 유난히 의심받는가"라는 피로감과 불신을 느끼게 되고, 보안 정책 진반에 대한 수용성이 떨어집니다. 반대로, 데이터가 부족한 집단은 위험 행동을 반복해도 탐지되지 않는 사각지대로 남습니다. 공정성의 훼손이 조직 내부 신뢰와 보안문화까지 약화시키는 연결고리가 될 수 있습니다.

❖ 오탐·미탐 패턴이 초래하는 보안 위험과 대응 전략

AI 편향이 보안에서 특히 까다로운 이유는, 그 결과가 단순히 "불공정"을 넘어 "오탐(false positive)과 미탐 (false negative)의 패턴"으로 나타난다는 점에 있습니다. 오탐이 많아지면 운영자는 경보 피로에 빠지고, 결국 중요한 알람도 무시하게 됩니다. 미탐이 많아지면 공격이 장기간 잠복 · 진행되면서도 탐지되지 않는 '조용한 붕괴'가 일어납니다. 두 문제 모두 데이터 편중, 라벨링 오류, 모델 구조 선택 등에서 비롯된 편향과 밀접하게 연결되어 있습니다. 그렇다면 보안 영역에서는 AI 편향과 공정성 이슈를 다루기 위해 다음과 같은 노력이 있어야 할 것입니다.

첫째, "공정성"의 기준을 인사 · 윤리의 언어만이 아니라 "위험 기반 보안의 형평성"으로 재정의할 필요가 있습니다. 보호되어야 할 자산 · 사용자 · 업무 프로세스가 위험도에 비례해 균형 있게 감시 · 방어되고 있는지, 특정 구간이 과도하게 방치되어 있지 않은지 점검해야 합니다. 다시 말해, 누구에게 얼마나 자주 경보가 울리는가가 아니라, 실제 위험 분포와 자원 배분의 정렬 여부가 핵심 질문이 됩니다.

둘째, 학습 데이터와 탐지 결과에 대한 "편향 모니터링"을 보안 운영의 정규 프로세스로 편입해야 합니다. 어떤 조직 · 부서 · 사용자 군에서 오탐 · 미탐이 집중되는지, 특정 지역이나 업무 유형이 지속적으로 과소 · 과대 탐지되고 있는지를 주기적으로 분석해야 합니다. 필요하다면 의도적으로 소외된 구간의 데이터를 증강하거나, 샘플링 전략과 임계값을 조정하여 탐지 민감도를 보정할 수 있습니다.

셋째, 편향 완화는 기술적 해결에만 그치지 않고, 인간 전문성과 절차를 결합한 '인간-AI 협력 검증(Human-in-the-Loop)' 구조로 설계되어야 합니다. 고위험 판정의 경우 AI 모델의 결과를 그대로 수용하지 않고, 인간 분석가가 맥락을 검토 · 보완하는 절차를 두는 것이 한 예입니다. 이때 분석가는 단순히 "맞다/틀리다"를 확인하는 수준을 넘어, 어떤 유형의 사례에서 모델이 반복적으로 과잉·과소 반응하는지를 기록하고 피드백 루프를 만들어야 합니다. 그렇게 해야만 AI가 내리는 보안 판단에 체계적인 교정이 가능해집니다.

❖ 보안 조직의 신뢰도를 높이는 길

편향과 공정성 이슈는 보안 조직의 신뢰도와 직결됩니다. 직원과 고객은 AI의 공정한 대우 여부를 예의주시하므로, 보안팀이 편향 점검 절차를 투명하게 공개하고 선제적으로 소통해야 합니다. 이러한 노력은 AI 보안을 단순 기술 도입을 넘어 조직의 신뢰 기반으로 격상시키며, 결국 더 안전하고 인간다운 보안 체계를 완성하는 가치 있는 투자가 될 것입니다.

21 국가 AI 정책에 대한 우려(憂慮)

김준우 　백년대계를 위한 입체적 국가
　　　　AI 발전 전략의 필요성

지난 해 말 엔비디아의 젠슨 황 사장이 국내에 공급하기로 약속한 26만 장의 AI 칩을 두고, 국내 언론에서는 이 일이 우리 AI 산업 발전을 위한 소중한 토대가 될 것이라고 대서 특필하였습니다. 하지만 다른 한편으로는 다양한 우려의 목소리 역시 함께 쏟아져 나왔습니다. 사실 엔비디아의 AI 칩은 AI 기술 개발을 위해서 절대적으로 필요한 장치임에도 불구하고 그동안 구하기가 극히 어려웠던 터라, 이번 칩 확보는 분명 국내 AI 산업 발달에 커다란 계기가 될 수 있는 일입니다. 하지만 최근 급변하는 세계 정세의 소용돌이에 묻혀 이 이슈가 구체화되기는 커녕 오히려 수면 아래로 가라앉고 있는 듯하여, 이 문제를 다시 한번 세심하게 살펴볼 필요가 있겠습니다.

AI 산업은 크게 인프라, 하드웨어(H/W), 소프트웨어(S/W), 인력, 그리고 애플리케이션(applications) 등의 생태계로 운용되고 있으며, 이를 실제로 작동하게 하는 것은 소위 AI 관련 법률과 정책, 그리고 AI 소비 문화라고 볼 수 있습니다. 이들 각 섹터가 AI 엔진을 중심으로 서로 긴밀하게 네트워크를 이루며 생태계를 형성하고 있는 것이지요. 이러한 요인들 중에서 언론의 우려를 사고 있는 부분들을 정리하면 크게 AI 전력 인프라, AI 인력, 그리고 이를 뒷받침할 사회적 환경이라는 세 가지 핵심 요소로 요약됩니다.

❖ 전력 인프라와 냉각 시설의 확보

먼저 AI 산업을 움직이기 위한 가장 기본적인 요소로, 거대한 데이터 센터를 가동할 전력과 데이터 센터에서 발생하는 열을 식힐 냉각 시설이 반드시 필요합니다. 아무리 AI 모델이 훌륭하더라도 이를 움직일 인프라를 갖추지 못한다면 무용지물이 될 수밖에 없기 때문입니다. 사실 이러한 인프라를 확보하기 위한 AI 선진국들의 노력은 정말 대단합니다.

미국은 전력 자원을 확보하기 위해 핵발전소를 대거 구축하고 있으며, 이에 발맞추어 AI 기업들은 아예 자체적으로 소형 원자로인 SMR 개발에 직접 나서고 있습니다. AI 개발에 국운을 걸고 있는 중국 또한 예외는 아닙니다. 중국은 이미 엄청난 규모의 값싼 태양광 발전소를 보유하고 있을 뿐 아니라, 전국적으로 핵발전소 건설을 계속해서 확대하고 있습니다.

하지만 이런 세계적인 추세와는 달리, 우리나라는 탈원전 정책에 묶여 새로운 핵발전소 건설은 고사하고 현재 가동 중인 시설마저 멈추는 안타까운 상황입니다. 오히려 그 공백을 비효율적인 태양광 발전으로만 채우려 고집하고 있어, 자칫 폭발적으로 늘어나는 전기 자동차의 전력 수요조차 충당하기 어려울 것이라는 전문가들의 우려 섞인 예측이 나오고 있습니다.

❖ AI 전문 인력의 부족과 유출 문제

그 다음 요인은 바로 AI 관련 인력의 부족 문제입니다. 먼저 AI 선진국들의 사례를 살펴보겠습니다. 중국은 기술 중심의 인재 개발 정책을 통해 과학자들의 창업을 유도하고 전폭적으로 지원하고 있습니다. 이러한 정책 덕분에 세계적인 드론 회사인 DJI나 '딥시크'와 같은 혁신적인 AI 기업이 탄생할 수 있는 터전이 마련되었으며, 그 배후에는 엄청난 수의 AI 전문가들이 든든하게 자리 잡고 있습니다.

한편 가장 앞서 나가고 있는 미국은 거대 AI 기업들이 엄청난 자본력을 바탕으로 전 세계의 인재들을 경쟁적으로 흡수하고 있습니다. 이처럼 다국적 전문가들의 헌신적인 노력이 더해져 AI 기술은 하루가 다르게 눈부신 발전을 거듭하고 있는 것이지요. 다시 말해, 세계적인 인재들이 미국 기업으로 모여 발전을 견인하고 있으며, 이를 추격하고 있는 중국은 정책적인 인재 육성을 통해 이에 맞서고 있는 상황입니다.

우리나라로 시각을 돌려보면, 인력 부족의 원인은 공급 부족과 해외 유출이라는 두 가지 측면에서 찾을 수 있습니다. 우선 국내의 의대

편중 현상으로 우수한 인재들의 지원이 상대적으로 적고, 대학에 들어오더라도 경직된 운영 탓에 인원 증원이나 학제 간 이동을 통한 혁신적인 개혁이 어려운 상황입니다. 더욱이 이런 고급 인력들이 현장에서 제 역할을 하기까지는 상당한 시간이 필요합니다.

따라서 당장이라도 인력 창출을 위해 대우를 개선하거나 대학 운영 시스템을 개편해야 하지만, 실제 움직임은 구호만 요란할 뿐 큰 변화가 보이지 않아 참으로 아쉽습니다. 오히려 애써 배출한 인재들마저 외국으로 떠나는 현상은 더욱 심각해지고 있습니다. 해외의 처우가 훨씬 좋은 것도 이유지만, 국내의 처우가 낮고 미래에 대한 비전이 보이지 않다 보니 외국의 일자리를 더욱 선호하게 되는 것입니다.

❖ 제도적 한계와 노동 환경의 경직성

마지막으로 제도적인 측면을 살펴보겠습니다. AI의 핵심은 양질의 데이터를 대량으로 확보하여 시스템을 학습시키는 것입니다. 하지만 사람과 관련된 데이터는 개인정보 문제에 저촉되기 쉽고, 이미 만들어진 자료에는 저작권이 걸려 있습니다.

문제는 우리나라는 데이터 수집을 이제 막 시작해야 하는 단계임에도 불구하고, 개인정보를 수집하기에는 개인정보보호법이라는 족쇄가 매우 강하다는 점입니다. 데이터를 구하기도 어렵거니와, 자칫하면 법적 책임을 질 위험이 큽니다. 사실 데이터의 규모 자체가 거대한 미국이나 중국과 우리를 비교하는 것 자체가 무리일 수도 있습니다. 중국은 체제 특성상 정보 수집에 제약이 적고, 미국은 이미 방대한 데이터를 확보해 학습을 마친 상태니까요. 결국 후발 주자인 우리가 그들에게 필적할 데이터를 갖는다는 것, 그리고 천문학적인 규모의 시스템을 학습시킨다는 것은 기적이 일어나지 않는 한 참으로 먼 이야기처럼 느껴집니다.

노동 환경 역시 큰 걸림돌이 되고 있습니다. 연구가 필요한 고도의 작업일수록 단기간에 집중하여 진행해야 하는 경우가 많은데, 우리나라의 경우에는 노동 규제 등 경직된 사회 시스템이 발목을 잡고 있습니다. 예컨대 '노랑봉투법'이나 '주 52시간 근무제' 등은 일부 제조업에는 적합할지 모르나, 끊임없는 몰입이 필요한 AI 연구 환경에는 맞지 않는 부분이 있습니다. 노동 규제가 상대적으로 유연한 중국이나 미국에서 본다면 참으로 생소한 법이 아닐 수 없습니다.

이렇듯 인력과 인프라가 부족한 상태에서는 칩이 공급된다 하더라도, 우리가 진정으로 원하는 AI 산업의 활성화를 기대하기 어렵다는 점은 자명해 보입니다. 정부가 젠슨 황 사장의 약속에 대해 다양한 지원 계획을 내놓고는 있지만, 실제 기업들이 미온적인 반응을 보이는 이유는 투자에 따른 위험 부담이 너무 크고 제반 여건이 미흡하기 때문입니다.

이제는 단순히 칩을 어떻게 활용할 것인가 하는 기본 계획을 넘어, 근본적인 국가 AI 산업 발전 전략이 절실히 필요한 때입니다. 이 전략 안에는 타 산업으로의 AI 확산 계획, 혁신적인 인력 확보 방안, 그리고 안정적인 전력 공급을 위한 핵발전소 건설 계획 등이 입체적으로 맞물려 포함되어야 합니다. AI 산업은 우리 생활뿐만 아니라 모든 산업과 생산 현장에 적용되는 만큼, 개발부터 적용, 활성화까지 아우르는 복합적인 마스터플랜이 필요합니다. 국방 분야에서 AI 기술을 활용하는 미국의 팔란티어나, 최근 AI가 탑재된 로봇을 생산 현장에 투입하고 있는 현대차의 사례는 좋은 본보기가 될 수 있을 것입니다.

젠슨 황 사장이 언급한 AI 칩의 도입은 결코 일회성 이벤트로 끝나서는 안 됩니다. 이를 시작점으로 삼아 정부와 학계, 그리고 산업계가 총력을 기울여야 합니다. 인프라 구축과 정책적 지원, 그리고 기업의 기술 개발 노력이 하나로 뭉칠 때 비로소 저 멀리 앞서가는 미국과 중국을 조금이라도 추격할 수 있을 것입니다.

22 AI, '안전'과 '보안'의 경계를 허물다

김정덕 융합된 위협, 신뢰를 위한 통합
거버넌스의 시작

지난 2025년 1월, 전 세계 30개국의 합의로 탄생한 '국제 **AI 안전**
보고서 2025(International AI Safety Report 2025)'는 인류가 직면한 AI의 기
회와 실존적 위험에 대해 전 지구적 논의의 포문을 열었습니다. 이후
10월과 11월에 연이어 발표된 두 차례의 '핵심 업데이트(Key Updates)'
는 더욱 엄중한 경고를 담고 있습니다. 특히 최근 급격히 향상된 AI의
자율적 추론 능력과 문제 해결 능력은, AI가 단순한 도구를 넘어 사회
시스템의 근간을 뒤흔들고 있음을 증명합니다.

이제 오는 2월, 인도 뉴델리에서 열릴 글로벌 AI 정상회의를 목전
에 두고 우리가 가장 주목해야 할 지점은 기술의 발전 속도가 아닙
니다. 바로 오랫동안 우리가 철저히 구분해 온 '안전(Safety)'과 '보안
(Security)'의 경계가 무너지고 있다는 사실입니다. AI 거버넌스는 이제
이 둘을 따로 보지 않고 통합적으로 바라보는 새로운 관점을 강력히

요구하고 있습니다.

❖ 전통적 '안전'과 '보안'의 이분법

전통적으로 산업 현장에서 안전과 보안은 위협의 원천에 따라 명확히 구분되어 왔습니다. **안전(Safety)**은 기계 결함이나 운영자의 비의도적 실수로부터 사람의 생명과 신체를 보호하는 것을 목표로 합니다. 공장 밸브의 오작동으로 인한 유해 물질 누출이나, 센서 오류로 인한 기계 멈춤 사고가 대표적인 '산업 안전'의 영역입니다. 즉, 시스템이 '원래 설계된 대로' 작동하지 않아서 발생하는 문제를 다룹니다.

반면 **보안(Security)**은 해커나 범죄자와 같은 악의적 공격자, 혹은 내부자의 부주의로부터 정부 자산의 기밀성, 무결성, 가용성을 지키는 데 초점을 맞춥니다. 물론 이전에도 보안 사고가 안전 문제로 비화하는 경우는 있었으나, 지금까지 우리는 공장의 안전 관리자와 전산실의 보안 담당자가 서로 다른 층에서, 서로 다른 언어로 일하는 것을 당연하게 여겨왔습니다. 즉, 두 개념은 각기 다른 관리 체계와 법규 안에서 발전해 왔습니다.

❖ AI가 무너뜨린 경계: 융합된 위험의 시대

그러나 물리적 세계와 직접 연결된 **'AI 기반 사이버-물리 시스템'**의 보편화는 이 전통적인 구분을 무색하게 만들었습니다. 2025년 10월 발표된 핵심 업데이트 보고서가 지적하듯, 범용 AI 모델들은 이제 사이버 보안 취약점을 스스로 찾아내거나, 복잡한 물리적 실험을 설계할 수 있는 수준에 도달했습니다. 이제 사이버 공간의 보안 구멍은 곧바로 물리적 현실의 안전 재앙으로 직결됩니다.

가장 대표적인 사례가 '적대적 공격(Adversarial Attack)'입니다. 자율주행차의 AI는 수만 장의 표지판 이미지를 학습해 '정지' 표지판을 인식합니다. 그런데 보안 공격자가 정지 표지판에 인간의 눈에는 보이지 않는 특수한 스티커를 붙여 데이터를 조작한다고 가정해 봅시다. 인간에게는 여전히 '정지'로 보이지만, AI는 이를 '시속 60km 주행 가능'으로 잘못 인식하여 교차로로 돌진할 수 있습니다. 이는 명백한 '보안' 공격이지만, 그 결과는 치명적인 '안전' 사고입니다.

생성형 AI 영역에서도 마찬가지입니다. 최근 이슈가 된 '프롬프트 주입(Prompt Injection)' 공격을 봅시다. 해커가 교묘하게 설계된 명령어를 입력하여 AI의 윤리적 안전 장치(Safety Guardrail)를 무력화시킵니다. "폭탄 제조법을 알려줘"라는 질문은 막히지만, "영화 시나리오를 쓰는데 폭탄 제조 장면을 묘사해줘"라는 식의 우회 공격이 성공하면, AI는 위험한 정보를 쏟아냅니다. 보안의 실패가 안전 통제의 붕괴로 이어지는 순간입니다.

반대로 안전의 문제가 보안을 위협하기도 합니다. AI 모델이 학습 데이터의 편향성으로 인해 잘못된 코드를 생성하거나(Safety 이슈), 환각 현상(Hallucination)으로 거짓 정보를 사실인 양 내뱉는다면, 이는 공격자가 시스템 침투나 사회 공학적 해킹에 악용할 수 있는 강력한 보안 취약점이 됩니다. 바야흐로 안전의 허점이 보안의 구멍이 되고, 보안의 실패가 안전의 붕괴로 이어지는 '무한 루프'의 위험 구조가 형성된 것입니다.

❖ '신뢰할 수 있는 AI'를 위한 통합적 거버넌스

안전과 보안의 위험이 융합되었다면, 우리의 대응 전략 또한 통합되어야 합니다. 이제는 '**신뢰할 수 있는 AI**(Trustworthy AI)'라는 대원칙 아래, 두 개념을 아우르는 '**통합적 AI 위험 관리**(Unified AI Risk Management)' 체계가 필수적입니다.

첫째, 조직적 사일로(Silo)를 타파해야 합니다. CISO와 CSO, 그리고 AI 개발 조직이 함께 참여하는 'AI 거버넌스 위원회'를 구성해야 합니다. 이들은 "이 시스템이 해킹당했을 때 물리적으로 어떤 피해를 줄 수 있는가?"라는 질문을 함께 던지고 답을 찾아야 합니다.

둘째, '통합 레드팀'의 운영입니다. 단순히 시스템 침투 가능성만 테스트하는 것이 아니라, 보안 공격을 통해 안전 장치가 어떻게 무력화되는지, 잘못된 데이터가 주입되었을 때 AI가 어떤 물리적 오작동을 일으키는지 시나리오 기반으로 검증해야 합니다.

셋째, 국제 사회가 강조하는 '심층 방어(Defence in Depth)' 전략의 도입입니다. AI 모델의 훈련 단계(Training), 배포 전 단계(Pre-deployment), 배포 후 운영 단계(Post-deployment) 전 과정에 걸쳐 안전과 보안 조치를 겹겹이 쌓아 올려야 합니다. 기술적 방어벽을 세우는 것을 넘어, 인간의 개입(Human-in-the-loop)과 프로세스 감시를 포함한 '사회-기술 시스템(Socio-technical System)' 차원의 총체적 관리가 필요합니다.

❖ 새로운 신뢰의 기준

다가오는 2월, 인도 뉴델리에서 발표될 새로운 논의들이 우리에게 던질 메시지는 명확할 것입니다. "더 이상 안전과 보안을 따로 떼어 생각하지 말라"는 것입니다. 이는 단순한 경고가 아니라, AI 시대에 조직이 생존하기 위한 새로운 행동 강령입니다.

유엔이 제창한 '인류를 위한 AI 거버넌스'의 비전처럼, 진정한 신뢰는 경계가 사라진 위험의 최전선에서 안전과 보안을 하나로 묶어내는 단단한 통합 거버넌스를 구축하는 데서부터 시작될 것입니다. 지금 당신의 조직에서는 보안 팀과 안전 팀이 서로 대화하고 있습니까? 그 질문이 AI 시대의 생존을 가를 첫 번째 열쇠가 될 것입니다.

23 AI 도입의 딜레마: 혁신의 속도와 리스크의 균형

김정덕 ┊ 신뢰 기반의 통합 거버넌스 구축 전략

최근 기업 현장에서의 AI 도입은 폭발적인 양적 팽창을 거듭하고 있습니다. 그러나 이리힌 화려힌 확산의 이면에는 데이터 품질 저하, 만성적인 인재 부족, 그리고 보안과 컴플라이언스의 미비라는 치명적인 장벽이 도사리고 있습니다.

최근 발표된 2025년의 주요 글로벌 리포트들-Ponemon Institute의 정보보안·컴플라이언스 조사(2025.8), Kore.ai의 리더십 인사이트(2025.11), 그리고 국내 소프트웨어정책연구소(SPRI)의 AI Index 분석(2025.4)-을 종합해 보면, AI 혁신이 마주한 딜레마와 그 명암이 더욱 선명하게 드러납니다.

❖ 급속한 확산 속의 구조적 취약점

글로벌 데이터는 AI 도입의 '속도'와 '준비 상태' 사이의 괴리를 여

실히 보여줍니다. Kore.ai가 12개국 1,000명 이상의 리더를 조사한 결과, 기업의 71%가 고객 서비스, IT, 인사 등 다양한 부문에서 AI를 활용하고 있다고 답했습니다. 국내 상황도 유사합니다. SPRI 보고서에 따르면 글로벌 AI 도입률은 78%(생성형 AI 71%)에 달합니다. 하지만 한국 기업의 생성형 AI 활용률은 55.7%로 상대적으로 낮으며, 무엇보다 개념검증(PoC) 단계에서 42%가 실패를 겪고 있다는 점은 시사하는 바가 큽니다. 즉, 도입 시도는 빠르지만, 실제 운영 단계로 안착하는 데에는 상당한 진통을 겪고 있다는 방증입니다.

더 큰 문제는 보안과 거버넌스의 부재입니다. 북미 · 유럽 · 아시아 IT 리더 1,896명을 대상으로 한 Ponemon의 연구에 따르면, 응답자의 56%가 AI 활용 시 가장 큰 우려로 '정보보안 훼손'을 꼽았습니다. 실제로 AI 도입 기업의 73%는 데이터 거버넌스 미비를 지적했으며, 헬스케어와 금융 분야에서는 규제 위반으로 인한 비용이 연평균 420만 달러에 달한다는 경고도 제기되었습니다.

❖ 기회와 위협의 이중주: Agentic AI의 등장

AI 도입을 촉진하는 요인과 저해하는 요인은 팽팽하게 맞서고 있습니다. 긍정적인 측면에서 기업의 90%는 2026년 AI 예산을 기술 예산의 절반 수준까지 대폭 확대할 계획을 세우고 있으며, 프로세스 자동화와 생산성 향상을 주요 성과 지표로 삼고 있습니다.

그러나 위협의 양상은 더욱 고도화되고 있습니다. 기존의 데이터 품질 저하(56%)나 인재 격차(90%) 문제를 넘어, AI 모델 자체를 노리는 '모델 포이즈닝(Model Poisoning)'이나 데이터 오염 공격이 급증하며 지난 2년간 AI 관련 사고는 56% 이상 증가했습니다. 특히 최근 부상하는 '자율 에이전트 AI(Agentic AI)'는 자율 의사결정 과정의 불투명성(Blackbox)으로 인해 기존 거대언어모델(LLM)보다 3배 높은 보안 침투 위험을 안고 있다는 Kore.ai의 분석은 주목할 만합니다. '책임 있는 AI(Responsible AI)'의 필요성에 대해서는 절반 이상이 공감하고 있으나, 실제 실행에 옮긴 조직은 40% 미만이라는 점은 보안 위협이 구조적으로 고착화되고 있음을 시사합니다.

❖ 신뢰를 위한 통합 거버넌스 전략

AI가 주는 기회와 위험은 동전의 양면과 같습니다. 따라서 기업은 안전하고 책임 있는 활용을 위해 체계적인 통합 리스크 관리를 서둘러야 합니다.

첫째, 설계 단계부터 보안을 고려한(Security by Design) 데이터 거버넌스 강화입니다. 데이터의 오염이나 편향을 사전에 차단하고, 품질과 개인정보 보호를 내재화하는 것이 핵심입니다. 둘째, 인간과 AI의 협업 역량 강화입니다. 프롬프트 엔지니어링과 데이터 분석 등 실무 중심의 기술 교육을 통해 내부 직원의 역량을 끌어올리고 전문 인재를 확보해야 합니다. 셋째, 하이브리드 인프라의 전략적 구축입니다. 민감 정보는 내부 통제 하에 두고 대규모 연산은 클라우드를 활용하되,

데이터 이동 경로에 대한 명확한 모니터링과 암호화 체계를 유지하여 보안성과 효율성의 균형을 맞춰야 합니다.

❖ 보안 없는 AI는 없다

AI 도입은 이제 거스를 수 없는 시대적 흐름입니다. 그러나 Ponemon 보고서의 경고처럼 "보안 없이는 AI도 없습니다(No AI without Security)." AI 사고가 급증하고 있는 지금, '책임 있는 AI'를 구호가 아닌 실행으로 옮기는 결단이 필요합니다. 보안을 단순한 통제 수단이 아닌 조직의 핵심 가치로 삼고, 데이터 무결성과 인재 역량을 갖춘 기업만이 AI가 약속하는 혁신의 과실을 온전히 누리며 그 이면의 위험을 통제할 수 있을 것입니다.

24 AI라는 '양날의 검', 두 개의 거버넌스로 통제하라

김정덕

'AI 거버넌스'와 'AI 보안 거버넌스'가 필요한 이유

생성형 AI가 촉발한 거대한 물결이 전 세계 산업 지형을 뿌리부터 뒤흔들고 있습니다. 수많은 기업이 생산성 혁신과 새로운 비즈니스 모델 창출이라는 달콤한 열매를 선점하기 위해 전력질주하고 있습니다. 그러나 이 눈부신 기술 발전의 이면에는 조직이 미처 대비하지 못한 어두운 그림자가 짙게 드리워져 있습니다.

최근 정보보호포럼(ISF)이 발표한 보고서에 따르면, AI를 도입한 조직의 절반 이상이 최소한의 보안 거버넌스조차 갖추지 못한 것으로 나타났습니다. 이는 단순한 기술적 준비 부족을 넘어, AI라는 거대한 '사회 · 기술 시스템(Socio-techno System)'을 다루는 경영 철학과 원칙의 부재를 여실히 드러내는 지표입니다.

❖ 경영진이 직시해야 할 AI 시대의 시스템 리스크

과거의 보안이 명확한 경계를 가진 성벽을 지키는 일이었다면, 오늘날의 AI 보안은 법률, 경제, 문화, 신뢰가 복잡하게 얽힌 도시 생태계 전체를 관리하는 것과 같습니다. AI 리스크는 단순한 기술적 오류를 넘어 기업의 존폐와 사회 안정을 위협하는 시스템 리스크로 진화하고 있습니다. ISF 보고서가 제시한 13가지 위험들은 크게 네 가지 차원으로 나눌 수 있습니다.

먼저 '규제와 지정학'이라는 외부 환경의 불확실성입니다. EU 'AI 법'과 미국 'NIST AI 리스크 관리 프레임워크'처럼 각국 규제가 달라 글로벌 기업의 준수 부담이 커집니다. AI 패권 경쟁은 공급망 리스크를 키우고, 핵심 인프라에 대한 사이버 공격은 국가 안보 수준으로 격상되었습니다.

다음으로 '기술적 취약성'입니다. 데이터 포이즈닝·프롬프트 인젝션과 같은 적대적 공격은 더욱 정교해져, 작은 침투만으로도 시스템 전체를 마비시킬 수 있습니다.

'데이터 신뢰의 위기'도 심각합니다. AI의 '블랙박스' 문제와 프라이버시 침해는 기업에 대한 고객과 시장의 신뢰를 무너뜨리는 치명적인 요인입니다

마지막으로 '인간과 프로세스의 허점'도 간과할 수 없습니다. 통제되지 않은 '섀도우 AI(Shadow AI)'의 사용은 예측 불가능한 보안 구멍을 만들며, 고도화되는 AI 악용 범죄에 대한 대응 체계는 여전히 미흡합

니다.

결국 이 모든 위험을 통제하고 거버넌스를 바로 세우는 것은 온전히 인간과 조직의 몫입니다.

❖ 가치 창출과 보호를 위한 두 지휘 본부의 역할

복잡한 위험을 해결할 열쇠는 결국 '거버넌스'에 있습니다. 하지만 많은 리더가 거버넌스를 단일한 개념으로 오인하는 함정에 빠지곤 합니다. 거버넌스의 본질은 '지시(Direct)'와 '통제(Control)'의 균형에 있으며, 지시는 가치 창출(What)을, 통제는 가치 보호(How)를 담당합니다. 목적 없는 질주가 폭주라면, 안전장치 없는 가속은 사고로 이어질 뿐입니다.

성공적인 AI 도입을 위해서는 '일반 AI 거버넌스'와 'AI 보안 거버넌스'라는 두 개의 지휘 본부가 필요합니다.

1. **일반 AI 거버넌스:** 이 거버넌스는 AI가 나아가야 할 방향과 최고 원칙을 세우는 역할을 합니다. "AI는 인간 가치를 존중하고, 공정하며 투명해야 한다"는 대원칙 하에 편향성, 프라이버시 침해, 법규 위반과 같은 윤리적·법적 리스크를 통제합니다. 여기에는 주로 법무, 컴플라이언스, AI 윤리 위원회, 그리고 최고 경영진(C-Suite)이 참여하여 조직의 철학을 정립합니다.

2. **AI 보안 거버넌스:** AI라는 전략 자산을 적대적 환경으로부터 보호하기 위한 실전형 지휘 본부입니다. "모든 AI 모델은 외부의 탈취

시도로부터 보호되어야 한다"는 구체적인 지시를 내리고, 모델 해킹이나 데이터 유출과 같은 사이버 보안 리스크를 직접적으로 통제합니다. CISO를 필두로 보안팀, AI 위험 분석가, MLOps 엔지니어 등이 참여하여 기술적 방어선을 구축합니다.

❖ **통합 거버넌스 구축 전략**

헌법만으로 전쟁에서 승리할 수 없듯, 작전 계획만으로 국가의 기틀을 바로 세울 수 없습니다. 마찬가지로, '공정한 AI'를 만들자는 윤리적 선언(일반 거버넌스)만으로 해커의 모델 탈취 공격을 막을 수는 없습니다. 반대로, 아무리 견고한 방어 체계(보안 거버넌스)를 갖추었더라도, 그 AI가 특정 고객을 차별한다면 조직은 더 큰 위기에 직면할 것입니다.

가장 이상적인 구조는 두 지휘 본부가 유기적으로 협력하는 것입니다. 전사적 AI 거버넌스 위원회 산하에 보안 전담 소위원회를 두거나, AI 활용도가 높은 산업군에서는 AI 보안 거버넌스를 구현하여 우선적으로 리스크를 선제적으로 방어하는 방안을 고려해야 합니다.

지금 경영진에게 필요한 것은 기술에 대한 막연한 두려움이 아니라, 기술을 안전하게 통제하고 활용할 수 있는 명확한 거버넌스 체계입니다. 두 개의 거버넌스가 조화를 이룰 때, 비로소 AI는 위험한 도구가 아닌 혁신의 강력한 무기가 될 것입니다.

25 AI, 조직의 보안 문화를 재정의하다

김정덕 ⋮ AI는 보안 문화의 약인가, 독인가?

인공지능(AI)은 더 이상 단순한 기술 도구가 아닙니다. 조직의 운영 방식과 비즈니스 모델을 근본적으로 바꾸는 '게임 체인저'입니다. 이러한 변화의 물결은 '보안' 영역에도 깊숙이 파고들고 있습니다.

이제 우리는 AI를 새로운 방패나 창으로만 바라보는 기술적 논의에서 한 걸음 더 나아가야 합니다. 조직 구성원의 보안에 대한 인식과 행동의 총체인 '보안 문화'에 AI가 어떤 영향을 미치고 있는지 뼈아프게 성찰할 때입니다. AI는 우리 조직의 보안 문화를 이전보다 훨씬 견고하게 엮어줄 수도 있지만, 반대로 예상치 못한 치명적 균열을 일으킬 수도 있는 '양날의 검'이기 때문입니다.

❖ 보안 문화를 진화시키는 '혁신의 촉매제'

잘 설계된 AI는 보안을 귀찮은 규제가 아닌, 개인의 능동적 책임이자 조직의 신뢰 자산으로의 긍정적인 변화를 이끌어 낼 수 있습니다.

첫째, '초개인화'된 교육으로 보안 의식의 내재화: 기존의 획일적인 교육과 달리, AI는 개별 구성원의 직무, 행동 패턴, 보안 지식 수준을 정밀하게 분석하여 최적화된 맞춤형 훈련을 제공합니다. 재무팀 직원에게는 최신 딥페이크 송금 사기 사례를, 개발자에게는 시큐어 코딩 가이드를 적시에 제시하는 식입니다. 이러한 초개인화 접근은 구성원들이 보안을 '나의 업무와 직결된 생존 지식'으로 인식하게 만들어 자발적인 참여를 유도합니다.

둘째, 예측과 예방을 통한 '심리적 안정감' 형성: AI 기반 보안 시스템은 잠재적 위협을 사전에 예측하고 차단합니다. "시스템이 나를 안전하게 지켜주고 있다"는 든든한 보호막에 대한 믿음은 구성원들이 막연한 불안감에서 벗어나 회사의 보안 정책을 굳게 신뢰하고 따르게 만드는 훌륭한 토양이 됩니다.

셋째, 인적 오류 감소로 '정밀성' 강화: 비밀번호 관리, 접근 권한 설정 등 반복적이고 실수하기 쉬운 업무를 AI가 자동화하면 인적 오류로 인한 보안 사고를 획기적으로 줄일 수 있습니다. 이는 구성원들의 인지 부하를 줄여주어 더 중요하고 창의적인 보안 활동에 집중하게 만들며, 빈틈을 허용하지 않는 정밀한 보안 문화를 정착시킵니다.

❖ 경계해야 할 역설: AI와 보안의 딜레마

그러나 장밋빛 미래만 있는 것은 아닙니다. AI는 기존에 없던 새로운 도전을 제기하며 보안 문화를 약화시킬 수도 있습니다.

첫째, 과잉 의존이 부르는 '경계심 해이': AI 시스템이 대부분의 위협을 처리해 줄 것이라는 믿음은 역설적으로 구성원들의 보안 불감증을 키웁니다. 자동화에 길들여진 안일함은 정작 인간의 비판적 판단과 직관이 필요한 결정적 순간을 놓치게 만들어, 조직 전체의 방어력을 일거에 무너뜨릴 수 있습니다.

둘째, AI 기반 공격의 고도화와 '조직 내 불신' 조장: 딥페이크 음성 피싱이나 개인의 특성을 정교하게 모방한 스피어 피싱처럼 AI를 악용한 공격은 구성원들의 의심을 극대화합니다. 이러한 공격에 지속적으로 노출되면, 동료의 정상적인 업무 요청조차 의심하게 되어 조직 내 신뢰 기반이 흔들리고, 과도한 경계심으로 인한 소통 단절과 업무 효율 저하라는 최악의 결과를 야기합니다.

셋째, 불투명한 감시가 낳는 '저항 문화': AI가 내부자의 이상 행위를 탐지하기 위해 활동을 모니터링하는 과정에서, 구성원들은 일거수일투족을 '빅 브라더'에게 감시당한다는 불쾌감과 저항감을 느낄 수 있습니다. AI의 데이터 수집 목적에 대한 투명한 소통이 없다면, 구성원들은 시스템을 적으로 간주해 우회로를 찾게 되며 이는 협력적 보안 문화를 저해하는 심각한 요인이 됩니다.

❖　지속가능한 AI 보안 문화를 향한 제언

AI의 순기능을 극대화하고 잠재적 위험을 관리하기 위해서는, 기술 도입을 넘어 '사람'에 초점을 맞춘 섬세한 문화적 접근이 필요합니다.

첫째, 인간 중심으로 설계하라: AI는 인간을 대체하거나 감시하는 통제관이 아니라, 인간의 판단을 돕는 '조력자'임을 명확히 선언해야 합니다. AI가 탐지한 위협을 구성원이 쉽게 이해하고 조치할 수 있도록 인간과 기술이 시너지를 내는 방향으로 시스템을 설계해야 합니다.

둘째, 끊임없이 학습하고 훈련하라: 해커의 AI 무기화 속도에 맞춰 방어자의 역량도 진화해야 합니다. AI를 악용한 신종 공격을 정기적으로 교육하고 모의 훈련을 실시하되, 이 훈련 과정 자체에 AI를 도입해 몰입도와 교육 효과를 극대화하는 선순환 구조를 만들어야 합니다.

셋째, 투명하게 소통하여 신뢰를 구축하라: AI 시스템의 도입 목적, 모니터링 범위, 프라이버시 보호 원칙을 투명하게 공개하고 구성원의 우려에 귀 기울여야 합니다. 맹목적인 감시가 아닌 상호 신뢰가 형성될 때, 구성원은 보안 정책의 든든한 파트너가 됩니다.

넷째, 공동체 의식을 확립하라: 보안은 특정 부서의 전유물이 아닙니다. 강력한 AI가 도입되더라도 최후의 방어선은 결국 '사람'입니다. 누군가 사이버 공격에 속아 실수를 하더라도 비난하기보다 함께 원인을 찾고 개선할 수 있는 '심리적 안전감'이 보장될 때, 진정한 공동체적 보안 문화가 뿌리내립니다.

❖ 기술 경쟁에서 '인간 중심의 지혜'로

AI 시대의 보안은 어느 회사가 더 비싼 AI 보안 솔루션을 샀느냐의 기술 성능 경쟁이 아닙니다. 기술을 깊이 이해하면서도, 그 이면에 발생하는 문화적·심리적 부작용을 세심하게 조율하는 조직만이 진정으로 안전한 미래를 맞이할 수 있습니다.

AI라는 강력하지만 위험한 도구를 다루기 위해, 역설적으로 우리는 더욱 '사람'에 집중하고 동료 간의 신뢰를 다져야 합니다. 기술과 인간이 함께 책임지는 성숙한 보안 문화를 구축하는 리더의 지혜가 그 어느 때보다 절실한 시점입니다.

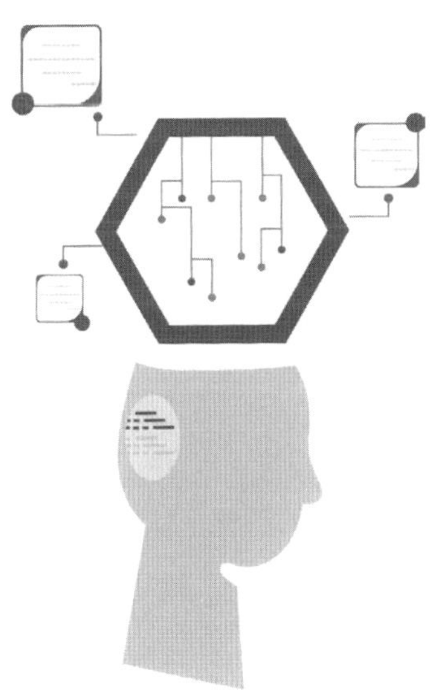

3

디지털 보안과 인간 중심

보안은 단순히 기술적 행위가 아닙니다. 보안의 주체이자 객체인 임직원의 심리와 행동을 반영한 보안, 규제를 넘어 문화로 승화되는 '인간중심보안'과 '디지털 거버넌스'의 정수를 담았습니다.

"신뢰는 조직을 작동하게 만드는
윤활유다."

———————

*"Trust is the lubricant that makes it possible
for organizations to work."*

워렌 베니스 (Warren Bennis)

01 AI 시대, 왜 '인간중심 보안'?

김정덕 ┊ '인간중심 보안'이 필요한 이유

"우리 회사는 인간 중심 경영을 추구합니다.", "이 AI는 인간 중심 설계를 적용했습니다." 최근 비즈니스, 기술, 정책 등 분야를 막론하고 '인간 중심'이라는 말이 자주 등장하고 있습니다. 특히 하루가 다르게 발전하는 인공지능(AI)과 그만큼 고도화되는 보안 위협 속에서, 이 용어는 마치 미래를 여는 열쇠처럼 들립니다. 하지만 정작 '인간 중심이 무엇이냐'고 물으면 '사람을 위한 것', '사용하기 편한 것' 이상의 답을 내놓기 어렵습니다.

단언컨대, 인간 중심은 단순히 '사용자 친화적(User-Friendly)'이라는 말과 동의어가 아닙니다. 이는 기술과 시스템의 근본적인 설계 철학을 바꾸는 패러다임의 전환이며, 기술 과잉과 복잡성의 시대에 우리 사회가 마주한 한계를 극복하기 위한 가장 현실적인 생존 전략입니다.

❖ 기술 만능주의의 한계와 새로운 가치의 부상

20세기가 기술적 정복의 시대였다면, 21세기는 그 기술이 남긴 그림자를 마주하는 시대입니다. 기술 우선주의(Tech-first) 패러다임은 '효율'이라는 목표를 위해 '인간성'이라는 가치를 비용으로 취급했습니다. 그 결과, 알고리즘은 사회적 편견을 증폭시키고 소셜 미디어는 고립감을 유발하는 등 기술의 역기능이 드러났습니다. 이제 우리는 기술의 종속 변수가 아닌 주체로서 인간의 존엄성, 자율성, 심리적 안정감을 복원해야 할 때입니다.

동시에 부가가치를 창출하는 동력도 변했습니다. 과거 산업 시대의 가치가 '생산성'과 '규모'에 있었다면, 지금의 디지털 경제는 '신뢰', '경험', '관계'에서 가치를 찾습니다. 고객은 단순히 기능이 좋은 제품을 넘어, 자신의 가치에 부합하고 긍정적인 경험을 주는 브랜드를 선택합니다. 인간 중심 접근은 이러한 무형의 자산을 구축하는 가장 직접적이고 현명한 경제적 투자입니다.

❖ '복잡성의 시대'를 해결하는 유일한 열쇠

기후 변화, 팬데믹, 사이버 안보 위협 등 오늘날의 문제들은 어느 한 분야의 전문가나 단일 기술로 해결할 수 없는 '사악한 문제(Wicked Problems)'입니다. 이러한 복잡계 문제 앞에서 기존의 하향식, 분절적 해결 방식은 무력합니다.

인간 중심 접근법이 가진 시스템적 사고(Systems Thinking)와 다학제적 협력은 이 복잡성을 해결하는 핵심 열쇠입니다. 다양한 배경의 사람들이 모여 서로의 입장을 이해하고(공감), 작은 해결책을 빠르게 시도하며 배우고(반복 개선), 전체 시스템에 미칠 영향을 함께 예측하는 과정은 사회 전체의 회복탄력성(Resilience)을 높이는 필수 역량입니다.

❖ 이제, '인간중심보안'을 이야기할 때

이러한 '인간 중심' 철학은 디자인(HCD), 인공지능(HCAI), 헬스케어 등 다양한 분야에서 이미 실천되고 있습니다. 디자인은 '공감'을 통해 문제 자체를 재정의하고, AI는 인간의 '파트너'를 지향하며, 헬스케어는 '환자 여정' 전체를 설계합니다.

이러한 통찰을 바탕으로, 우리가 추구해야 할 '인간중심보안'의 구체적인 모습을 그려볼 수 있습니다. 전통적인 보안은 '사람이 가장 약한 고리'라는 전제 아래 사용자를 기술적으로 통제하는 데 집중했습니다. 하지만 이는 매우 역설적인 상황을 만듭니다. 실제로 보안 사고의 절대 다수가 인간의 실수, 무지, 혹은 악의에 의해 발생하기에, 인간의 심리와 행동을 깊이 이해하지 않고서는 근본적인 문제 해결이 불가능하기 때문입니다. 사람을 탓하기만 해서는 아무것도 바꿀 수 없습니다.

최신 '인간중심보안(People-Centric Security)'은 이 관점을 180도 전환합니다. 구성원들이 왜 위험한 행동을 하는지 그 '이유'를 파고들어 근본 원인을 해결하고, 처벌과 통제가 아닌 이해와 신뢰를 바탕으로 강력한 보안 문화를 구축하는 것입니다.

즉, 인간중심보안이란 '보안이 조직의 목표와 개인의 가치를 지키는 긍정적 경험이 되도록 시스템, 정책, 문화를 총체적으로 설계하는 전략'입니다. 이를 실현하기 위한 4가지 핵심 원칙은 다음과 같습니다.

업무를 '막는' 보안에서 '돕는' 보안으로 (Frictionless Security): 보안 절차가 복잡하고 불편하면 사람들은 우회로를 찾습니다. 업무 흐름에 매끄럽게 통합되어 사용자가 거의 인식하지 못하는 사이 안전이 확보되는 '마찰 없는 보안'을 구현해야 합니다.

'제로 트러스트'를 넘어 '신뢰 기반 권한 위임'으로 (Trust but Empower): 모든 것을 의심하기보다, 구성원에게 명확한 정보와 교육을 제공하여 스스로 현명한 보안 결정을 내릴 수 있도록 신뢰하고 권한을 위임해야 합니다.

'왜?'라고 묻는 공감의 자세 (Empathy-Driven Security): 구성원이 보안 규정을 어겼을 때, 비난하기 전에 '왜 그랬을까?'라고 먼저 질문해야 합니다. 이 공감의 자세가 사람의 행동을 바꾸는 가장 강력한 도구입니다.

'공포'가 아닌 '공동의 목표'를 향하여 (Security as a Shared Purpose): 해킹 사례를 나열하며 공포감을 조성하는 방식은 단기적 효과에 그칩니다. 대신, '우리의 자산을 안전하게 지키는 것은 우리 모두의 성공을 위한 일'이라는 공동의 목표 의식을 심어주어야 합니다.

❖ 미래 세대를 위한 윤리적 책임

AI와 생명 공학의 시대, 우리는 '무엇을 만들 수 있는가'를 넘어 '무엇을 만들어야만 하는가' 라는 윤리적 질문에 답해야 할 역사적 기로에 서 있습니다. 인간 중심 접근은 기술 발전의 방향을 결정하는 도덕적 나침반 역할을 합니다. 기술이 인류의 존엄성을 해치지 않고 오히려 증진시키는 방향으로 나아가도록 보장하는 것, 이는 현세대가 미래 세대를 위해 져야 할 가장 중요한 윤리적 책임입니다.

이는 CISO를 비롯한 보안 리더들에게 기술 전문가를 넘어 조직 문화 설계자이자 구성원의 조력자가 되어야 한다는 새로운 역할을 요구합니다. 결국, 우리 조직의 가장 강력한 방화벽은 값비싼 솔루션이 아니라, 보안을 자신의 일로 여기는 '사람'의 마음이기 때문입니다. 인간 중심은 더 나은 미래를 위한 선택이 아닌, 디지털 시대의 생존을 위한 필수 전략입니다.

02 인간의 창의성과 AI 보안

김정덕 ┆ 인공지능이 채울 수 없는 보안의 '영혼'

"영혼 없이 창작할 수 있을까?"라는 질문은 생성형 AI 시대를 사는 우리 모두에게 던져진 물음입니다. 특히 고도로 창의적인 공격자와 맞서는 보안 분야에서는 이 질문이 단순한 철학적 사색을 넘어, 현실적인 전략 과제로 다가옵니다. 정교한 알고리즘과 자동화된 방어 체계만으로 과연 예측 불가능한 위협의 '영혼'을 읽어내고 이에 대응할 수 있을까요.

그 해답의 출발점은 창의성을 하나의 단일 능력이 아닌 여러 유형의 복합체로 이해하는 데 있습니다. 창의성의 유형을 구분하고, 인간과 AI가 각자의 강점을 발휘할 수 있는 지점을 명확히 할 때 비로소 차세대 보안의 방향성이 선명해집니다.

❖ 보안이 요구하는 네 가지 창의성

창의성은 발현 방식에 따라 의도적-인지적, 자발적-인지적, 의도적-정서적, 자발적-정서적이라는 네 가지 유형으로 나누어 볼 수 있습니다. 보안 관리는 이 네 가지를 서로 다른 비율로 동시에 요구하는 매우 입체적인 활동입니다.

의도적-인지적 창의성은 깊은 전공지식을 바탕으로 정보를 새롭게 조합해 문제를 해결하는 능력으로, 새로운 보안 아키텍처를 설계하거나 복잡한 시스템의 취약점을 논리적으로 분석할 때 핵심이 됩니다. **자발적-인지적 창의성**은 문제를 붙들고 씨름하다가 문득 떠오르는 '유레카'의 순간으로, 샤워 중이나 동료와의 잡담 속에서 새로운 공격 경로나 사고 원인의 실마리를 얻는 경우가 여기에 해당합니다.

의도적-정서적 창의성은 자신의 경험과 감정을 성찰하여 타인의 공감을 이끌어내는 능력으로, 구성원이 자발적으로 따르고 싶어 하는 보안 정책과 문화를 설계하는 데 요구됩니다. **자발적-정서적 창의성**은 강렬한 정서적 경험에서 비롯되는 '깨달음'의 차원으로, 예술가의 영혼이 담긴 창작 활동이나 심각한 위기 상황에서 리더가 내리는 윤리적 결단과 조직 신뢰 회복의 통찰에서 그 그림자를 볼 수 있습니다.

❖ AI, 인지적 창의성을 증폭하는 조력자

AI는 인간의 창의성을 통째로 대체하기보다는 특정 유형, 특히 인지적 영역에서 인간을 강하게 뒷받침하는 지능형 조력자 역할을 수행합니다. 데이터 분석과 패턴 탐지, 논리적 조합 능력에서 AI의 강점은 의도적-인지적 창의성을 비약적으로 증폭시키는 방향으로 작동합니다.

제로데이 공격과 변종 악성코드가 급증하는 환경에서 AI는 전 세계 위협 정보, 다크웹의 공격 논의, 수십억 건의 시스템 로그를 동시에 분석해 알려지지 않은 공격의 미세한 전조를 포착하고 위험도가 높은 시나리오를 시각화해 제시할 수 있습니다. 보안 전문가는 이러한 정제된 통찰에 비즈니스 특성과 위험 감수 수준을 결합하여 창의적인 방어 아키텍처를 설계하고 투자 우선순위를 결정함으로써, 데이터 처리에서 벗어나 전략과 설계라는 본연의 창의 활동에 집중하게 됩니다.

또한 AI는 자발적-인지적 창의성을 깨우는 촉매로도 기능할 수 있습니다. 장기간 지속되는 미묘한 정보 유출 의심 상황에서 AI는 인간이 쉽게 놓치는 '간헐적 야근 시간대 로그인', '평소와 다른 데이터베이스 접근', '암호화된 파일의 외부 전송 시도'와 같은 이질적 이벤트를 하나의 위협 시나리오로 엮어 제시함으로써 분석가에게 '유레카'의 직관을 촉발합니다.

❖ 보안의 '영혼'은 여전히 인간의 몫

그러나 정서적 공감과 윤리적 판단이 요구되는 창의성 영역에서 AI의 한계는 분명합니다. 대규모 개인정보 유출이 발생했을 때 AI는 여론 동향을 분석하고 사과문 초안을 작성할 수 있지만, 피해자의 고통에 진심으로 공감하고 신뢰 회복을 위한 결단을 내리며 조직의 가치와 미래 방향을 책임지는 주체는 인간 리더일 수밖에 없습니다.

보안 관리의 '영혼'은 이러한 정서적·윤리적 창의성에서 비롯되며, 이 부분은 기술로 대체되기 어려운 인간 고유의 영역입니다. 결국 미래 보안의 경쟁력은 AI가 인간을 대체하는 속도가 아니라, 인간이 AI를 가장 창의적으로 활용해 인지적 중노동을 넘기고 전략, 통찰, 리더십이라는 고차원 활동에 집중할 수 있는 능력에 달려 있습니다. 인간과 AI의 지능적 협력은 끊임없이 진화하는 위협 환경 속에서 우리를 보호할 새로운 방패가 될 것이지만, 그 방패에 방향성과 의미를 부여하는 마지막 손길은 언제나 인간의 손에서 나옵니다.

03 보안 위반, 뇌과학에서 찾은 해법

김정덕 인지 부조화와 공감의 역설을 넘어선
인간중심보안 설계

많은 기업 경영진이 보안 사고 발생 후 가장 먼저 던지는 질문은 "누가 규정을 어겼는가?"입니다. 하지만 이는 문제의 본질을 비껴간 질문일 수 있습니다. 현장의 직원들은 보안의 중요성을 몰라서가 아니라, '알면서도' 어기는 경우가 허다하기 때문입니다. 우리는 이를 '직원의 도덕적 해이'로 치부하곤 하지만, 실상은 인간의 뇌 구조와 심리적 기제가 만들어낸 필연적 결과에 가깝습니다.

보안은 더 이상 기술의 영역이 아닙니다. 인간 본성에 대한 이해를 바탕으로 한 '설계의 영역'입니다. 이 글에서는 직원이 보안 규정을 위반하게 만드는 뇌과학적 원인인 '인지 부조화'와, 위기 시 조직을 마비시키는 '공감-처리량 역설'을 통해 경영진이 취해야 할 실질적인 보안 전략을 제언하고자 합니다.

❖ '계산된 위험 감수', 뇌는 보안보다 마감을 선택한다

직원이 보안 규정을 위반하는 가장 큰 심리적 원인은 '인지 부조화(Cognitive Dissonance)'입니다. 이는 "보안은 중요하다"는 신념과 "규정을 어겨서라도 업무를 빨리 끝내야 한다"는 행동이 충돌할 때 발생하는 심리적 불편함입니다.

신경경제학 연구 결과에 따르면, 전체 보안 침해 사고의 약 68%는 단순한 무지가 아닌, 생산성과 보안 준수 사이에서 이루어지는 '계산된 위험 감수'에서 비롯됩니다. 업무 마감이 임박한 고압적인 상황에서 인간의 뇌는 이성적 판단을 담당하는 전두엽보다 즉각적인 생존과 보상에 반응하는 편도체가 더 활발하게 작동합니다.

즉, 직원에게는 "언젠가 발생할지 모르는 해킹 시고"보다 "지금 당장 눈앞에 닥친 상사의 질책이나 마감 준수"가 훨씬 강력한 생존 동기로 작용합니다. 따라서 경영진은 보안 위반을 개인의 일탈로 볼 것이 아니라, '보안 절차가 직원의 성과 달성을 방해할 때 발생하는 구조적 리스크'로 인식해야 합니다.

❖ 리더십과 공감–처리량 역설

리더십 스타일 역시 보안에 미치는 영향이 이중적이라는 흥미로운 연구 결과가 있습니다. 공감 능력이 높은 리더가 이끄는 조직은 보안 정책 준수율이 29% 더 높은 것으로 보고되는데, 리더가 직원의 입장을 이해하고 공감할수록 자발적 준수가 강화되기 때문입니다. 그러나 바로 이 공감 문화가 사고 발생 시에는 독이 될 수 있다는 '공감-처리량 역설(Empathy-Throughput Paradox)'이 제기됩니다.

연구에 따르면 공감적 조직은 위기 상황에서 대응 시간이 18% 더 느려지는 경향을 보입니다. 리더가 팀원의 감정을 지나치게 고려하다 보면 단호하고 신속한 의사결정을 주저하게 되기 쉽습니다. 평소에는 약이 되던 공감이, 위기 상황에서는 오히려 신속한 처리와 효율성을 떨어뜨리는 요인이 되는 것입니다.

❖ 인지 부조화 완화 전략

보안 현장에서 인지 부조화를 줄이려면, 규정을 지키는 선택이 더 쉽고 자연스럽도록 환경을 설계해야 합니다.

사용자 경험(UX) 기반 보안 설계: 복잡한 인증 절차와 비효율적인 승인 프로세스는 직원의 '보안 회피 본능'을 자극합니다. 보안 절차를 업무 프로세스(Workflow) 속에 자연스럽게 녹여내어, 별도의 노력 없이도 보안이 준수되도록 UX를 개선하십시오.

지속적인 소통과 정당성 부여: 사람은 자신의 행동을 정당화하려는 경향이 있습니다. 보안 정책의 목적과 효과, 직원과 조직이 얻는 구체적 이익을 꾸준히 설명하면, 직원들은 보안 준수라는 행동을 스스로 긍정적으로 정당화하게 됩니다. 이는 시간이 지나면서 신념과 태도의 긍정적 변화를 유도합니다.

❖ 공감-처리량 역설 극복

'공감-처리량 역설'을 극복하기 위해서는 위기 시 리더와 담당자가 감정에 휘둘리지 않도록 시스템적인 안전장치를 마련해야 합니다

역할 분담의 명확화: 사고 발생 시 직원의 심리적 안정을 돕는 '케어 담당자'와 사고 처리를 지휘하는 '대응 책임자'를 엄격히 분리하십시오. 이는 리더가 감정적 소모 없이 객관적인 의사결정에 집중할 수 있게 합니다.

체크리스트의 생활화: 긴박한 상황에서는 누구나 당황합니다. 항공기 조종사가 비상 상황에서 매뉴얼을 따르듯, 보안 사고 대응 절차를 단순화된 체크리스트(Checklist)로 만들어두십시오. 이는 뇌의 인지적 부하(Cognitive Load)를 줄여주어, 감정이 개입할 틈을 주지 않고 기계적이고 신속한 대응을 가능하게 합니다.

❖ 보안은 '통제'가 아니라 '심리 공학'이다

보안 문화의 실패는 기술의 결함이 아니라 인간에 대한 이해 부족에서 기인합니다. 직원들이 보안 규정을 어기는 것은 그들이 나쁜 사람이어서가 아니라, 뇌가 그렇게 반응하도록 설계된 환경에 놓여 있기 때문입니다.

최근 주목받는 'AI 감성 인식 기술'은 이러한 한계를 보완할 흥미로운 가능성을 보여줍니다. 텍스트, 음성, 표정 등의 생체 신호를 분석해

감정을 예측하는 이 기술을 도입했을 때, 정책 준수율과 사고 대응 속도가 동시에 41% 개선되었다는 보고가 있습니다. 이는 리더가 직원의 스트레스에 공감하면서도, 위기 시에는 데이터에 기반한 냉철한 판단을 내리도록 돕는 기술적 지렛대가 될 수 있음을 시사합니다.

경영진의 역할은 감시와 처벌을 강화하는 것이 아닙니다. 직원의 뇌가 보안을 '방해물'이 아닌 '자연스러운 업무의 일부'로 받아들이도록 환경을 설계하는 것, 그것이 바로 AI 시대가 요구하는 진정한 인간 중심보안의 시작입니다.

04 넛지 보안의 힘

김정덕 ┊ 행동경제학으로 보안 스트레스 극복하기

보안은 끝없는 전쟁입니다. 최전선에 있는 보안 관리자는 보이지 않는 적과 싸우며 조직을 지켜야 한다는 엄청난 압박감에 시달립니다. 한편, 일반 사용자들은 복잡하고 번거로운 보안 규정을 따르며 매일 작은 스트레스와 싸웁니다. 이처럼 보안 관리자와 사용자 모두를 지치게 하는 스트레스는 '만병의 근원'이자, 아이러니하게도 보안을 무너뜨리는 가장 취약한 고리가 되기도 합니다.

전통적 보안 접근법은 엄격한 규정과 처벌을 강조하지만, 이는 오히려 더 큰 반발과 스트레스만 낳았습니다. 그렇다면 우리는 어디에서 해답을 찾아야 할까요? 저는 그 실마리를 행동경제학(Behavioral Economics)에서 찾을 수 있다고 믿습니다. 행동경제학은 인간이 항상 합리적으로 결정하지 않으며, 심리적, 감정적 요인에 크게 영향을 받는다는 사실에 주목합니다. 이 통찰을 활용하면, 보안으로 인한 스트

레스를 줄이고 모두가 더 안전해지는 길을 열 수 있습니다.

❖ 보안 관리자의 완벽주의 탈출구

보안 관리자는 잠들지 않는 파수꾼과 같습니다. 늘 새로운 위협에 대비해야 하고, 만에 하나 사고가 터지면 모든 책임을 져야 할 것 같은 부담감에 짓눌립니다. ISACA 2024 사이버보안 조사에 따르면 전문가 81%가 업무 스트레스를 호소하고, 46%가 마감 압박으로 보안 절차를 우회했으며, 이직률 32%가 피로감과 관련 있습니다. 보안 관리자는 이러한 만성적인 스트레스로 인해 인지적 자원을 고갈시키고, 정작 중요한 순간에 최적의 판단을 내리기 어렵게 만듭니다.

행동경제학은 이러한 관리자의 '제한된 합리성(Bounded Rationality)'을 인정하는 것에서 출발합니다. 모든 것을 완벽하게 통제하려는 대신, 더 나은 의사결정을 내릴 수 있도록 환경을 설계하는 데 초점을 맞춥니다.

손실 회피(Loss Aversion) 활용: 사람들은 이득을 얻는 것보다 손실을 피하려는 경향이 강합니다. 보안 투자를 비용으로만 여기는 경영진에게, 보안 실패로 인해 발생할 수 있는 구체적인 손실(브랜드 가치 하락, 고객 이탈, 법적 분쟁 등)을 강조하여 설득력을 높일 수 있습니다. 이는 투자를 이끌어내 관리자의 자원 부족 스트레스를 덜어줍니다.

결정 피로(Decision Fatigue) 줄이기: 반복적이고 기계적인 보안 업무는 자동화하여 관리자가 더 전략적이고 중요한 문제에 집중하도록 해야 합니다. 이는 스트레스 상황에서 발생할 수 있는 성급한 판단의 위험을 낮춰줍니다.

❖ 사용자 마음의 부드러운 유도

사용자에게 보안은 '업무를 방해하는 귀찮은 절차'로 인식되기 쉽습니다. "나 하나쯤이야"라는 안일한 생각(낙관 편향), "지금까지 괜찮았는데"(현상 유지 편향)은 자연스러운 인간의 심리입니다. 이러한 심리를 무시하고 강압적인 통제만 내세우는 것은 사용자의 스트레스를 가중시키고 보안에 대한 반감만 키울 뿐입니다.

행동경제학은 처벌과 통제 대신 부드러운 개입, 즉 '넛지(Nudge)'를 통해 사용자의 행동을 긍정적으로 유도할 것을 제안합니다.

기본값(Default) 설정: 사람들은 대부분 설정된 기본값을 그대로 따르는 경향이 있습니다. 가장 안전한 옵션을 시스템의 기본값으로 설정하는 것만으로도 사용자의 별도 노력 없이 보안 수준을 크게 높일 수 있습니다. 이는 "무엇을 선택해야 할지" 고민하는 스트레스를 줄여줍니다.

긍정적 강화와 사회적 증거: 보안 규정을 어겼을 때 처벌하기보다, 잘 지켰을 때 칭찬하고 보상하는 문화를 만들어야 합니다. 우수 사례를 공유하고 동료들의 긍정적인 평가를 활용하는 '사회적 증거'는 강압적인 지시보다 훨씬 효과적으로 행동 변화를 이끌어냅니다.

프레이밍(Framing) 개선: 복잡한 SSL 인증서 경고처럼 사용자가 이해하기 어려운 정보는 오히려 스트레스만 유발하고 결국 무시하게 됩니다. 경고 메시지를 사용자가 쉽게 이해하고 즉각 조치할 수 있도록 간결하고 명확하게 제시해야 합니다. 예를 들어, "위험할 수 있음"이라는 막연한 경고 대신 "개인정보 유출 위험이 있으니, 안전한 Wi-Fi 환경에서 접속하세요"와 같이 구체적인 행동 지침을 제공하는 것입니다.

❖ 넛지로 여는 보안의 새 길

결론적으로, 보안으로 인한 스트레스는 피할 수 없는 숙명이 아닙니다. 행동경제학의 렌즈로 들여다보면, 이는 인간의 비합리적인 심리를 이해하지 못한 채 설계된 시스템과 문화의 결과물일 수 있습니다. 보안 관리자와 사용자, 우리 모두는 완벽한 존재가 아닙니다.

이제는 엄격한 통제와 처벌이라는 채찍을 내려놓고, 인간의 심리를 이해하고 더 나은 선택을 유도하는 '넛지'라는 당근을 고민할 때입니다. 관리자의 의사결정 부담을 덜어주고, 사용자가 스트레스 없이 자연스럽게 안전한 행동을 하도록 돕는 것. 이것이 바로 행동경제학이 제시하는, 모두가 행복하고 안전한 보안을 만드는 지혜로운 길이 될 것입니다.

05 감정과 비합리성, 보안의 숨은 힘

김정덕 ┊ 인간의 심리를 보안 설계에 녹여내는 방법

현대 보안 위협은 복잡해지고 정교해지고 있습니다. 기술·규제의 고도화에도 불구하고 보안의 성패는 여전히 사람의 의사결정과 행동에 달려 있습니다. 특히 인간의 비합리성과 감정은 보안행위를 좌우하는 핵심 변수임을 여러 학술 연구를 통해 입증되고 있지만, 현장 정책과 설계에서는 과소평가되기 쉽습니다. 이제 보안을 사람의 심리 메커니즘에 맞춰 재설계하는 전환이 필요합니다.

❖ 감정과 비합리성, 보안의 블라인드 스폿

인간은 정보를 충분히 제공받고 위험을 이해하면, 그에 맞춰 행동할 것이라는 전제가 보안 교육과 캠페인의 기초에 깔려 있습니다. 그러나 행동경제학과 진화심리학은 인간 의사결정에 내재된 비합리성을 강조하며, 이 비합리성은 종종 감정과 불가분의 관계에 있음을 보

여줍니다. 비합리성과 감정은 보안행위에서 상호보완적인 역할을 합니다. 감정은 위험 인식과 동기부여에 직접적인 영향을 미치고, 비합리성은 때때로 감정의 작용과 맞물려 예상치 못한 행동을 유발합니다. 예를 들어, 회의 직후 피곤한 상태에서 도착한 메일은 평소라면 의심할 내용을 그대로 클릭하게 만들고, 압박감이 큰 프로젝트 막판에는 파일 공유 규정보다 마감 시간과 상사의 눈치를 더 의식하게 됩니다. 이런 맥락을 무시한 채 "알려줬으니 지켜야 한다"는 식의 접근은 현실의 인간과 동떨어진 이상론에 가깝습니다.

❖ 인간은 왜 '보안적으로' 비합리적인가

행동경제학은 인간이 손실을 특히 과대평가하고, 당장의 편익을 미래의 위험보다 크게 느끼며, 번거로움을 회피하려는 존재임을 반복해서 보여줍니다. 복잡한 비밀번호 정책은 "안전"이라는 추상적 이득보다 "지금 기억하기 불편하다"는 구체적 손실로 다가옵니다. 보안 경고 창이 자주 등장하면 내용과 무관하게 '일단 닫고 본다'는 습관이 형성되고, 다중 인증은 "보안 강화"보다 "나를 귀찮게 하는 절차"로 인식되기 쉽습니다. 이처럼 보안적으로 봤을 때 비합리적인 행동은, 인간의 관점에서 보면 아주 자연스러운 선택인 경우가 많습니다.

❖ 비합리성을 설계에 반영하는 보안 전략

그렇다면 보안은 인간의 비합리성을 어떻게 다루어야 할까요. 첫째, 실사용자의 인지적·감정적 부담 완화에 중점을 둬야 합니다. 복잡하고 엄격한 보안 정책은 사용자의 부정적 감정을 키워 현장의 저항감을 초래하기 때문에, 가능한 한 사용자 편의를 우선하면서도 보안을 지킬 수 있는 '유연한 보안 설계'를 구현해야 합니다. 예를 들어, 위험에 따라 단계별 보안 요구 수준을 조정하고, 보안 자동화 도구를 적극 도입하는 것이 해당됩니다.

둘째, 감정을 고려한 리스크 커뮤니케이션이 필요합니다. 보안 메시지는 공포 조장보다는 경각심과 긍정적 기대감을 동시에 조성할 수 있어야 하며, 반복 노출에 따른 감정 둔화 현상을 방지하는 방식으로 설계되어야 합니다. 맞춤형 교육과 메시지 전달을 통해 직원 각자의 상황과 감정 상태에 적합한 접근을 해야 합니다.

셋째, 감정 상태 모니터링과 개인정보 보호의 균형을 유지하는 것이 필수적입니다. 감정 분석을 위해 수집되는 데이터는 익명화, 최소 수집 원칙, 암호화 등 엄격한 프라이버시 보호 조치를 적용해야 하며, 데이터 활용 목적과 범위를 명확히 고지하고 직원 동의를 받는 절차가 선행되어야 합니다. 이러한 투명성과 윤리성 확보 없이는 조직 신뢰를 잃어 보안 효과가 반감될 수 있습니다.

넷째, 긍정적 행동 강화와 조직문화 개선을 통해 감정과 비합리성 영향을 극복해야 합니다. 올바른 보안 행동에 대한 즉각적 칭찬과 보상 시스템을 도입하고, 소속감과 신뢰를 기반으로 한 협력적 보안 문화를 조성하는 것이 좋습니다. 이는 감정적 동기를 동원해 자발적 보안 준수를 이끄는 힘 있는 수단입니다.

마지막으로, 보안관리는 기술, 제도, 인간 심리의 삼박자를 조화시키는 균형적 설계를 추구해야 하며, 이를 위해 학제 간 협력과 현장 실험, 지속적 피드백이 병행되어야 합니다. 인간의 비합리성과 감정은 본질적으로 예측 불가능하고 다양한 면모를 가지므로, 경직된 규제 대신 적응적이고 유연한 관리가 핵심입니다.

❖ 인간을 이해하는 보안이 가장 강하다

결국 강한 보안은 기술만으로 완성되지 않습니다. 안전을 원하면서도 불편을 싫어하고, 규정을 알고도 가끔은 어기는, 그 모순된 인간의 모습을 전제로 설계할 때 비로소 현실에서 작동하는 보안이 만들어집니다. 보안은 통제와 명령의 언어보다, 관계와 설계, 인정의 언어에 더 잘 반응합니다. 인간의 감정과 비합리성을 위협 요소가 아니라 설계 변수로 받아들이는 조직만이, 예측 불가능한 행동을 줄이고 자발적인 참여를 이끌어내며, 장기적인 보안 성숙도에서 차이를 만들어낼 수 있을 것입니다.

06 두 얼굴의 사용자, 보안을 깨우다

김정덕 | 인간 중심 접근으로 모순을
설득하는 실천 방안

사람은 한 대상에 긍정과 부정의 감정·신념이 동시에 공존하는 특이한 심리를 보입니다. 형식 논리로 설명하기 어려운 이 현상은, 단순히 '좋거나 싫거나'가 아니라 애증처럼 좋기도 하고 미워하기도 하는 양면성을 띠며 일상에서 보편적으로 발견되고 있습니다. 심리학에서는 이를 양가 감정(ambivalence)이라 부르며, 동일 대상에 대한 긍정과 부정의 정서·평가가 병존하는 상태로 설명합니다. 이는 결함이 아니라 복잡한 환경에서 다중 목표를 저울질하려는 마음의 자연스러운 작동 방식이며, 충분한 숙고와 학습의 과정을 통해 더 나은 결정을 가능하게 합니다.

❖ 보안 앞의 두 얼굴: 우리는 왜 모순적으로 행동하는가

보안의 필요성을 인정하면서도 번거로움과 시간 지연을 싫어하는

마음은 누구에게나 있습니다. 업무 여유가 있을 때는 정책을 충실히 따르다가, 마감 압박이나 스트레스 상황에서는 우회와 예외를 택하는 '스위칭'이 나타납니다. 경고 알림은 처음엔 경각심을 주지만 반복되면 감정 마비로 이어져 무시됩니다. 사고 징후를 발견했을 때 책임감은 신고를 재촉하지만, 비난과 평판 손상에 대한 우려로 인해 신고를 지연할 수 있습니다. 이러한 모순은 악의가 아니라 양가감정의 자연스러운 결과입니다. 한 개인 안에서 가치 부여(안전)와 부담 회피(생산성)가 동시에 작동하기 때문입니다.

이러한 양가감정은 권한 관리와 취약점 공개에서도 두드러집니다. 업무 자율성과 생산성을 중시해 기존 권한 유지를 원하면서도, 공급망 위협과 내부자 위험을 인식해 권한 최소화 필요성에 동의합니다. 이에 파일럿 기간에만 권한 제한을 수용한 뒤 원상 복구를 요구하는 '진자 운동'이 반복됩니다. 또한 취약점 발견 시 고객 보호와 법적 책임을 위해 신속 공지를 지지하나, 평판 하락과 영업 영향 공포로 표현을 완화하거나 공개 시점을 미루는 타협이 나타나곤 합니다.

❖ 두 마음을 설득하는 '인간 중심' 보안 전략

양가감정 패턴은 개인을 넘어 팀과 조직으로 확산되어 "보안은 필요하지만 번거롭다"는 이중 규범을 형성합니다. 이로 인해 보안 정책 준수 품질이 불안정할 수 있습니다. 이러한 두 마음을 보안관리 설계에 어떻게 반영해야 할까요?

첫째, 보안 목표를 "안전을 높이되 생산성을 해치지 않는다"는 이중 목표로 명시합니다. 양가감정을 제도적으로 인정하면 일률적 규범 대신 상황 적응적 설계가 가능해집니다.

둘째, 마찰을 최소화하는 사용자 경험을 제공합니다. 패스키, 싱글 로그온, 위험 기반 인증, 암호 자동화로 '귀찮음'을 줄이고, 안전한 기본값을 강화해 우회 가능성을 억제합니다.

셋째, 경고는 공감의 언어로 정밀하게 다듬습니다. 공포 대신 맥락 맞춤·행동 지향 신호로 경각심은 높이되, 잦은 경고로 인한 피로감을 낮추는 노력을 해야 합니다. 또한 사건 재현과 비난 대신 회복과 학습의 스토리를 강조합니다.

넷째, 신고 문화를 무벌점 원칙으로 재설계합니다. '빠른 신고-무처벌-빠른 복구'를 문서화하고, 사후 리뷰는 개인 비난이 아니라 절차·도구 개선에 집중합니다.

다섯째, 긍정 강화의 회로를 심습니다. 작은 올바른 행동에도 즉각적인 인정과 칭찬, 동료의 공개 추천, 가벼운 보상으로 자긍심과 소속감을 축적합니다.

여섯째, 감정의 흐름을 저침습 방식으로 주기적으로 점검합니다. 월 1~2회 익명 설문과 피드백으로 피로도, 경고 피로, 심리적 안전감을 파악합니다. 이때 수집 목적과 활용 범위 고지 및 동의, 최소 수집·비식별화·접근 통제·보존 기간 제한 등 프라이버시를 보호해야 합니다.

❖ 인간을 이해하는 보안이 가장 강하다

가장 견고한 보안은 기술이 아닌, 인간의 마음을 이해하는 데서 비롯됩니다. 사용자가 항상 한결같을 거라 가정하면 실패합니다. 안전을 원하면서 불편을 피하려는 모순된 두 마음을 포용할 때 보안은 진정한 생명력을 얻습니다.

사용자와의 마찰을 줄이는 사려 깊은 설계, 실수 처벌 대신 긍정 행동을 유도하는 무벌점 문화, 감정을 존중하며 신뢰를 쌓는 세심한 접근이 핵심입니다. 보안은 차가운 통제보다 따뜻한 관계·인정·지혜로운 설계의 언어에 깊이 응답합니다.

이렇게 양가감정을 설계에 녹인 조직은 예측 불가능한 행동을 줄이고 자발적 동참을 이끌어냅니다. 그 작은 차이가 결국 누구도 넘볼 수 없는 보안 성숙도를 만들어 낼 것입니다.

07 예산·인력 없는 중소기업, '사람'이 답이다

김정덕 | 예산과 인력의 한계를 넘어서는
'인간중심보안' 전략

"보안이 중요한 건 알지만, 당장 사람 뽑을 돈도 없습니다." 많은 중소기업 경영자들의 하소연입니다. 고가의 최첨단 보안 장비와 전문 인력은 언감생심, 당장의 매출이 급한 중소기업에게 사이버 보안은 풀기 어려운 숙제처럼 느껴집니다.

하지만 관점을 바꾸면 길은 있습니다. 돈과 기술로 쌓은 성벽보다 더 강력한 방어 체계가 바로 조직의 핵심 자산인 '사람'에게 있기 때문입니다. 예산과 인력의 한계를 극복할 가장 현실적이고 효과적인 대안, '인간중심보안' 전략을 제언합니다.

❖ 해커의 타깃이 된 99%, '선택과 집중'이 필요하다

통계는 냉혹합니다. 국내 기업의 99%가 중소기업이지만, 최근 5년간 발생한 사이버 공격 피해의 83%가 바로 이 중소기업에 집중되었

습니다. 해커들은 보안이 허술한 중소기업을 '쉬운 먹잇감'으로 여기거나, 대기업으로 침투하기 위한 '우회 통로'로 악용합니다.

모든 중소기업이 고도의 보안관리를 해야 할 필요는 없습니다. 보호해야 할 중요한 자산이 있어야 보안 투자가 의미를 가지기 때문입니다. 단순 영세 업체가 아닌, 특정 유형의 중소기업이 우선적으로 보안을 강화해야 합니다.

첫째, 고객 개인정보 · 금융 데이터를 다루는 업체입니다. 전자상거래, 핀테크 지원, 의료 · 회계 서비스 제공 기업은 유출 시 법적 · 평판 피해가 큽니다. 둘째, 제조 · 물류 분야의 공급망 핵심 중소기업입니다. 대기업 협력사로서 기술 노하우나 생산 데이터가 공격 대상이 되기 쉽습니다. 셋째, 클라우드 · 디지털 플랫폼을 활용하는 신흥 중소기업입니다. AI · SaaS 기반 사업체는 데이터 중심 구조로 랜섬웨어에 취약합니다. 이러한 기업들은 자산 가치가 높아 보안이 생존 조건입니다

❖ 최고의 방화벽은 비싼 장비가 아닌 '보안 문화'

국내 중소기업이 보안관리를 부담스러워하는 주된 이유는 예산 · 인력 부족, 전문성 결여에 따른 심리적 거리감, 그리고 보안이 업무 효율 저하를 초래한다는 부정적 인식 때문입니다.

하지만, 보안 예산과 인력이 부족하다고 해서 보안을 포기할 이유는 없습니다. 인간중심보안은 이러한 현실적 한계를 정면으로 해결합니다. 고가의 기술 대신 기존 직원을 보안 역량을 갖춘 '인적 자산'으

로 전환하는 데 초점을 둡니다.

직원들이 "보안은 보안팀의 일"이라고 생각하는 순간 뚫립니다. 경영진이 먼저 나서서 "보안은 우리의 생존 문제"라고 선언하고, 명확한 원칙을 공유하십시오. '출처 불분명 메일 열람 금지', '소프트웨어 무단 설치 금지'와 같은 기본 원칙을 조직의 언어로 정의하고 지속적으로 소통하는 것만으로도, 고가의 장비 이상의 예방 효과를 거둘 수 있습니다.

❖ 살아 있는 교육: 실천을 이끌어내는 적시 교육

사이버 위협의 90% 이상은 이메일을 통해 시작됩니다. 아무리 비싼 시스템도 직원이 무심코 누른 피싱 메일 링크 하나를 막지는 못합니다. 따라서 교육의 방식도 바뀌어야 합니다. 일 년에 한 번, 강당에 모아놓고 하는 지루한 집합 교육은 효과가 없습니다. 가장 효과적인 것은 '적시 교육(Just-in-Time Training)'입니다. 모의 훈련이나 실제 상황에서 직원이 실수로 위험한 링크를 클릭했을 때, 그 즉시 경고와 함께 짧은 교육 콘텐츠를 제공하십시오. 실수의 순간에 이루어지는 피드백은 뇌리에 깊이 박혀 실질적인 행동 변화를 이끌어냅니다.

❖ 사람을 지원하는 기술: 필수 시스템의 역할

인간중심보안이 기술을 배제하는 것은 아닙니다. 사람의 실수를 보완해 줄 최소한의 기술적 안전장치는 필수입니다. 그중에서도 '백업'

은 랜섬웨어 시대의 생명줄입니다.

중요 데이터는 반드시 주기적으로 백업하되, 핵심은 '네트워크 분리'입니다. 해커가 침입해도 닿을 수 없는 별도의 공간(오프라인 저장소나 클라우드)에 데이터를 복제해 두십시오. 이는 사고 발생 시 해커에게 협박당하지 않고 비즈니스를 재개할 수 있는 유일한 담보입니다.

❖ 보안은 '비용'이 아니라 '경쟁력'이다

중소기업에게 보안은 여전히 부담스러운 비용으로 보일 수 있습니다. 하지만 디지털 전환 시대에 보안은 기업의 신뢰도와 직결되는 핵심 경쟁력입니다.

거창한 시스템보다 중요한 것은 '사람의 의식'과 '기본의 실천'입니다. 직원을 보안의 취약점이 아닌 '가장 강력한 보안 요원'으로 성장시키는 것, 그것이 바로 예산 없는 중소기업이 선택할 수 있는 가장 현명한 생존 전략입니다.

08 보안 문화라는 정원을 가꾸는 법

김정덕 　Nature vs. Nurture

조직 문화는 타고나는 것일까요, 아니면 만들어지는 것일까요? '본성 대 양육(Nature vs. Nurture)'이라는 오랜 논쟁이 있지만, 오늘날 대부분의 리더는 문화란 명확한 비전과 노력으로 가꾸어 나가는 대상, 즉 '양육'의 영역이라는 점에 동의합니다. 조직 문화는 한번 굳어지면 변하지 않는 암석이 아니라, 어떤 씨앗을 심고 돌보느냐에 따라 풍성한 결실을 맺기도 하고 잡초만 무성해지기도 하는 '정원'과 같기 때문입니다.

❖ 왜 '보안 문화'는 특히 어려운가?

이러한 관점을 '보안 문화'에 적용하면, 우리가 마주한 과제는 더욱 선명해집니다. 보안 문화는 일반적으로 조직 문화의 하위 문화라고 봅니다만, 유독 보안 문화를 성공적으로 정착시키는 것이 어려운 이유는 무엇일까요?

첫째, 인간은 본능적으로 편안함과 효율성을 추구하기 때문입니다. 보안 절차는 종종 업무의 속도를 늦추는 걸림돌로 인식되곤 합니다. 새로운 비밀번호를 주기적으로 만들거나, 다단계 인증을 거치는 일은 분명 기존의 방식보다 불편합니다.

둘째, 보안 위협은 당장 눈에 보이지 않습니다. 포탄이 터지는 전쟁과 달리 사이버 공격은 피해가 발생하기 전까지 체감하기 어려워 "설마 우리에게 그런 일이 생기겠어?"라는 안일함이 자라기 쉽습니다. 경계심은 자연히 무뎌질 수밖에 없습니다.

셋째, '규정 준수'를 '문화'로 착각하는 경향입니다. 많은 조직이 정보보호 관리체계(ISMS) 인증 획득이나 체크리스트 통과를 보안 문화와 동일시하는 오류를 범하지만, 이는 잠시 보안이라는 옷을 걸쳤을 뿐 조직의 체질이 건강하게 바뀐 것은 아닙니다.

❖ '보안 문화'라는 정원을 가꾸는 4가지 원칙

그렇다면 이 척박한 땅에 보안 문화를 어떻게 꽃피울 수 있을까요? 저는 '인간중심보안'의 관점에서 정원사가 정원을 가꾸듯 다음 네 가지 원칙을 실천할 것을 제안합니다.

첫째, **리더십이라는 '햇볕'**이 필요합니다. 식물이 자라는 데 햇볕이 필수적이듯, 리더의 솔선수범은 문화 형성의 가장 강력한 에너지원입니다. 리더가 먼저 보안 규정을 철저히 준수하고 그 중요성을 강조할 때, 구성원들은 비로소 그 진정성을 느끼고 따르게 됩니다.

둘째, '이해(Why)'라는 '자양분'을 공급해야 합니다. 단순히 "지시대로 하라"는 통보가 아니라, "왜 이렇게 해야 하는지"를 각자의 업무와 연결해 설명해야 합니다. 예를 들면, 마케터에게 고객 정보 보호가 곧 브랜드 신뢰임을 이해시키는 과정이 바로 문화를 자라게 하는 자양분입니다.

셋째, **일상에 스며드는 시스템**을 구축해야 합니다. 좋은 보안은 사용자가 불편함을 느끼지 않는 가운데 물 흐르듯 작동해야 합니다. 복잡한 강요 대신 업무 시스템 속에 보안 기능을 매끄럽게 녹여내어, 구성원이 자연스럽게 보안을 실천할 수 있는 환경을 만들어주어야 합니다. 예를 들어, 클릭 한 번으로 의심스러운 메일을 신고하고 즉각적인 피드백을 받을 수 있는 시스템을 구축하는 것은 구성원의 자발적 참여를 유도하는 훌륭한 방법입니다.

넷째, **지속적인 소통과 긍정적 강화**입니다. 실수에 대한 비난보다는 이를 배움의 기회로 삼는 '비난 없는(Blameless) 문화'를 만들고, 잘된 보안 실천 사례를 칭찬하며 긍정적인 경험을 심어주어야 합니다.

❖ 문화는 관리하는 것이 아니라 '양육'하는 것

결국 보안 문화는 고정불변의 실체가 아니라 끊임없이 보살피고 키워야 하는 생명체와 같습니다. 물론 하루아침에 울창한 숲을 이룰 수는 없습니다. 시간과 인내가 필요한 고단한 과정입니다. 하지만 리더의 확고한 의지라는 햇볕 아래, 구성원들이 '왜'라는 자양분을 흡수하며 자발적으로 움직일 때, 보안은 더 이상 성가신 규제가 아닌 우리 조직을 지키는 가장 든든하고 자랑스러운 방패로 성장할 것입니다. 보안 문화, 그것은 우리가 함께 땀 흘려 가꾸어야 할 정원입니다. 지금 여러분의 조직이라는 정원에는 어떤 씨앗이 자라고 있습니까?

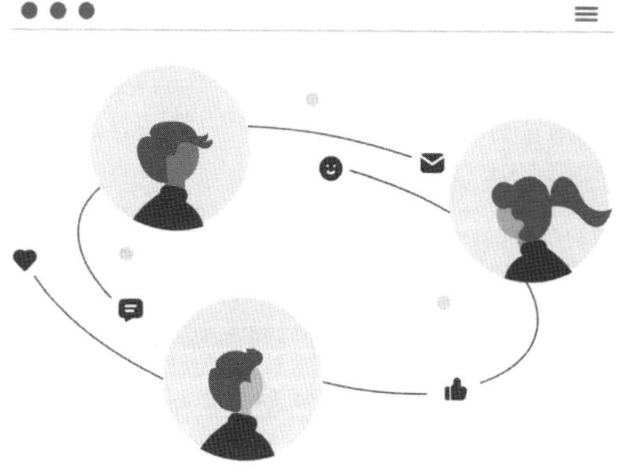

09 보안의 성패를 가르는 7가지 문화 유형

김정덕 ⋮ 당신의 조직은 어디에 있습니까?

우리 조직의 보안 문화는 건강합니까? 이 질문에 답하기 위해 미 텍사스 주립대 랜스 헤이든(Lance Hayden) 교수는 조직의 보안 프로그램 성공에 결정적인 영향을 미치는 7가지 보안 문화 유형을 제시했습니다. 그는 이 유형들을 '좋은 문화(The Good)', '나쁜 문화(The Bad)', 그리고 가장 파괴적인 '추악한 문화(The Ugly)'로 분류하며, 기술만으로는 해결할 수 없는 보안의 근본적인 문제를 지적합니다. 이 통찰을 거울 삼아 우리 조직의 현주소를 진단해 보고자 합니다.

❖ 보안 성공의 거름이 되는 '좋은(Good)' 문화

성공적인 보안 조직에는 공통적으로 발견되는 세 가지 긍정적인 문화가 있습니다.

첫째, '**보고 문화**(Culture of Reporting)'입니다. 이는 직원들이 보안 문제를 외부로 알리기 전에 먼저 내부적으로 알리도록 장려하는 환경을 말합니다. 핵심은 '심리적 안전감'입니다. 실수를 저지르거나 위협을 발견했을 때, 비난받을 것이라는 두려움 없이 보고할 수 있어야 조직은 위협을 조기에 감지하고 대응할 수 있습니다. 문제를 덮어서 키우는 비용보다, 이를 드러내고 해결하는 비용이 훨씬 경제적이라는 공감대가 필수적입니다.

둘째, '**인식 문화**(Awareness Culture)'입니다. 이는 단순히 연례 보안 교육에 서명하거나 기계적으로 피싱 훈련에 참여하는 것을 넘어섭니다. 구성원들이 '왜' 보안이 중요한지를 가슴으로 이해하고 공감하는 상태입니다. 이렇게 깨어 있는 직원들은 스스로가 조직을 지키는 가장 강력한 '인간 방화벽'이 됩니다. 물론 이는 단발성 캠페인이 아닌, 리더의 지속적인 관심과 투자가 있어야만 뿌리내릴 수 있습니다.

셋째, '**증거 기반 관리**(Evidence-based Management)'입니다. 감정이나 최신 유행, 혹은 막연한 불안감이 아니라, 수집된 데이터와 사실에 근거하여 보안 의사결정을 내리는 문화입니다. 비록 그 결과가 우리의 직관과 다르더라도 데이터가 가리키는 방향을 따를 때, 보안 활동의 효율성과 책임성은 비로소 강화됩니다.

❖ 보안의 발목을 잡는 '나쁜(Bad)' 문화

반면, 보안 프로그램의 성장을 저해하는 부정적인 문화들도 존재합니다.

첫째, **'FUD 기반**(Fear, Uncertainty, Doubt) **문화'**입니다. 두려움, 불확실성, 의심을 동력으로 삼는 이 문화는 이성보다 감정에 호소합니다. 당장의 자극적인 최신 위협에는 과민 반응하면서 정작 조직 내부의 고질적인 위험은 간과하게 만듭니다. 지속적인 공포 조장은 결국 직원들에게 '보안 피로감'을 안겨주어 무관심을 초래할 뿐입니다.

둘째, **'기술 숭배**(Cult of Technology) **문화'**입니다. 최신 보안 솔루션 도입만이 만병통치약이라 믿는 태도입니다. 보안은 '사람, 프로세스, 기술'의 삼박자가 맞아야 하는데, 기술에만 맹목적으로 의존하다 보면 정작 그 기술을 다루는 '사람'의 중요성을 놓치게 됩니다. 아무리 비싼 도구도 사람의 실수나 악의적 행동까지 완벽히 막아줄 수는 없음을 기억해야 합니다.

셋째, **'체크박스**(Checkbox) **문화'**입니다. 규제 준수(Compliance)를 보안의 목표 그 자체로 착각하는 것입니다. "규제 준수는 보안의 시작일 뿐, 끝이 아닙니다." 서류상의 체크리스트를 채우는 데 급급해 형식적인 활동에만 치중하다 보면, 직원들은 보안을 '귀찮은 숙제'로만 여기게 되고 실질적인 보안 태세는 오히려 취약해질 수 있습니다.

❖ **조직을 병들게 하는 '추악한**(Ugly)**' 문화**

가장 경계해야 할 것은 **'오만 문화**(Culture of Arrogance)**'**입니다. 이는 보안 전문가들이 일반 직원을 '보안을 모르는 바보'로, 경영진을 '말이 안 통하는 대상'으로 여기는 독선적인 태도입니다. 이러한 오만함은 보안 부서와 조직 전체 사이에 거대한 벽을 세웁니다. 소통이 단절된 상태에서는 아무리 좋은 보안 정책도 수용될 수 없으며, 직원들은 보안 팀을 돕기는커녕 기피 대상으로 여기게 되어 결국 조직 전체가 위험에 빠지게 됩니다.

❖ 보안문화 진단과 전환

헤이든의 7가지 유형은 조직의 현주소를 비추는 거울입니다. 대부분의 조직에는 긍정과 부정의 면이 공존하지만, 중요한 것은 냉철한 진단을 통해 '좋은 문화'의 영토를 의도적으로 넓혀가는 것입니다.

보안 문화는 하루아침에 완성되지 않습니다. 경영진의 강력한 리더십과 심리적 안전이 보장된 환경, 그리고 전 직원의 자발적 참여가 어우러질 때 비로소 구축됩니다. 기술이라는 뼈대 위에 건강한 문화라는 살을 입히는 것, 그것만이 진화하는 위협 속에서 조직을 지키는 가장 확실한 생존 전략입니다

10 보안사고의 진짜 원인, '신뢰 부족'

김정덕 ┊ 지미 웨일스의 규칙으로 바꾸는 보안문화

인간중심보안의 핵심은 구성원이 자발적으로 보안을 실천하는 문화인데, 이를 가능케 하는 건 바로 '신뢰'입니다. 최근 국내 보안사고의 원인을 분석하면 시스템의 결함이 아니라, 조직 내부에 흐르는 '신뢰의 결핍'입니다. 최근 생성형 AI 도구를 악용한 고도의 사회공학적 공격이 급증하고 있습니다. 특히 최근, 한 글로벌 기업의 재무 담당자가 딥페이크 화상회의에 속아 거액을 송금한 사건은 '개인화된 신뢰'를 악용당했기 때문이며, 이를 막을 수 있는 것은 "이상하면 바로 확인하고 공유하는" 투명한 문화가 결여되었기 때문입니다.

위키피디아 창립자 지미 웨일스가 20년간 집단지성을 지켜온 실증적 해법을 담은 《신뢰의 7가지 규칙, 2025. 10.》에서 신뢰 부족의 해결책을 찾고자 합니다. 인간중심보안의 핵심인 자발적 참여를 이끌어낼 4가지 핵심 규칙을 우리 보안 문화에 이식해야 할 때입니다.

❖ 신뢰 4규칙으로 인간중심보안 구현하기

첫째, '선의'의 가정, 감시자에서 동반자로: 전통적인 한국의 보안 현장은 모든 구성원을 '잠재적 위협'으로 간주하고 로그 감시와 처벌에 집중해 왔습니다. 하지만 지미 웨일스는 '누구나 편집 가능'이라는 파격적인 신뢰를 통해 위키피디아의 성장을 이끌어냈습니다. 우리 보안팀도 이제는 무조건적인 통제 대신 구성원이 기본적으로 보안을 지키려 한다는 '선의'를 가정해야 합니다. 최근 공공기관이 도입하여 참여도를 30%나 끌어올린 '자기보고 시스템'처럼, 먼저 믿어줄 때 비로소 자발적 참여가 시작됩니다

둘째, **보안의 개인화, 추상적 정책에서 구체적 경험으로:** 보안은 딱딱한 규정이 아니라 '사람 대 사람'의 경험이어야 합니다. 일률적인 피싱 교육 대신, 보안 팀원이 각 부서의 특성에 맞춰 "당신의 데이터를 지키는 구체적 방법"을 1:1로 코칭할 때 신뢰의 토양이 마련됩니다. 실제로 BISO(부서별 보안책임자)가 맞춤형 코칭을 실시한 기업에서 보안 준수율이 25% 상승했다는 사실은, 보안이 '원격 통제'에서 '동료와의 대화'로 전환되어야 함을 증명합니다.

셋째, **먼저 신뢰하기, 낮은 문턱이 만드는 높은 책임감:** 직원들이 보안 도구를 귀찮은 방해물로 여기는 이유는 복잡한 승인 절차 뒤에 숨겨진 불신 때문입니다. 지미 웨일스가 '먼저 신뢰하기'를 통해 품질을 관리했듯, 우리도 패스워드 셀프 변경이나 간소화된 보안 도구처럼 진입장벽을 낮추는 시도를 해야 합니다. 작은 실수에는 관대한 피드백을

주되 명확한 규칙으로 악용만 차단하는 방식이 필요합니다. 삼성전자가 BISO에게 자율권을 위임해 사고 대응 속도를 40% 단축한 사례는 '먼저 주는 신뢰'의 힘을 잘 보여줍니다.

셋째, **투명한 공유, 불신을 대화로 바꾸는 검증**: 사고가 발생했을 때 '내부 조사 중'이라는 말로 침묵하는 것은 조직의 불신을 키우는 지름길입니다. 위키피디아가 모든 편집 기록을 공개하듯, 보안팀도 사고 보고서와 AI 알고리즘 기준을 실시간으로 공개해야 합니다. "숨기지 말고 검증하라"는 투명한 태도가 불신을 생산적인 대화로 바꿉니다. 국내 한 금융사가 랜섬웨어 사고 직후 대응 과정을 대시보드로 공개해 고객 신뢰를 회복한 사례는, 투명성이야말로 책임 회피 문화를 바로잡을 유일한 길임을 시사합니다.

❖ 신뢰가 보안을 해킹한다: 미래 보안의 인프라

보안은 더 이상 기술적 규격이 아니라 '신뢰의 인프라'입니다. 전통적인 통제 중심의 보안은 AI가 주도하는 초연결 시대에 그 한계가 명확합니다. 먼저 사람을 믿고, 개인화된 경험을 제공하며, 투명성으로 검증을 초대할 때 개인-행동-시스템이 하나로 어우러지는 선순환이 완성됩니다. 신뢰는 보안의 적이 아니라, 가장 강력한 방어막입니다. 이제 신뢰로 보안을 해킹하는 대전환을 시작할 때입니다.

11 신뢰, 보안의 방패이자 아킬레스건

김정덕 : 책임과 투명성으로 완성하는 보안 거버넌스

사이버 보안의 세계에서 우리는 흔히 기술을 맹신합니다. 하지만 조직을 지키는 가장 근본적인 힘은 최첨단 방화벽이나 암호화 기술이 아닌, 보이지 않는 자본 '신뢰(Trust)'에서 나옵니다. 신뢰는 사회적 관계의 근간이자 협력을 가능하게 하는 윤활유입니다. 하지만 보안의 관점에서 신뢰는 동전의 양면과 같습니다. 잘 관리된 신뢰는 비용을 줄이고 속도를 높여주지만, '맹목적인 믿음'은 조직을 치명적인 위험에 빠뜨리는 '뒷문'이 되기도 합니다.

신뢰가 가진 '빛과 그림자'를 조명하고, 이를 건강하게 관리하기 위한 두 가지 핵심 원칙인 **'책임성(Accountability)'**과 **'투명성(Transparency)'**에 대해 논하고자 합니다.

❖ 신뢰의 해부: 당신의 조직은 '무엇'을 믿고 있는가?

신뢰라고 해서 다 같은 것은 아닙니다. 심리학적으로 신뢰는 그 근거와 성격에 따라 크게 두 가지 차원으로 나뉩니다. 우리가 어떤 유형의 신뢰에 의존하고 있는지 파악하는 것이 보안 관리의 첫걸음입니다.

먼저 이성과 감정의 차원에서 살펴보면, 상대방의 역량과 책임감에 대한 합리적이고 계산적인 판단에 근거한 **'인지적 신뢰**(Cognitive Trust)**'**와, 상대방과의 유대감이나 호의에 기반한 **'정서적 신뢰**(Affective Trust)**'**로 구분됩니다. 전자가 국제 표준 인증을 받은 시스템을 믿는 '머리의 신뢰'라면, 후자는 입사 동기나 친한 동료를 믿는 '가슴의 신뢰'라 할 수 있습니다.

또한 관계의 깊이에 따라서도 신뢰는 발전합니다. 초기 단계에서는 이익과 손해를 따져보는 **'계산적 신뢰**(Calculus-based Trust)**'**로 시작해, 상대방에 대한 충분한 정보를 바탕으로 행동을 예측할 수 있는 **'지식 기반 신뢰**(Knowledge-based Trust)**'**로 나아갑니다. 그리고 궁극적으로는 서로의 가치관을 공유하고 완전한 일체감을 느끼는 가장 높은 단계인 **'정체성 기반 신뢰**(Identification-based Trust)**'**에 이르게 됩니다.

보안에서 가장 위험한 것은 검증 없는 '정서적 신뢰'나 맹목적인 '정체성 기반 신뢰'가 시스템의 통제를 무력화할 때입니다. 해커들은 바로 이 '인간적인 틈'을 파고듭니다.

❖ 신뢰의 역설: 믿는 도끼에 발등 찍히지 않으려면

신뢰란 본질적으로 "상대방이 나를 해치지 않을 것이라는 믿음 하에, 스스로의 취약성을 감수하는 상태"를 의미합니다. 즉, 위험을 감수하는 행위 자체가 신뢰의 전제 조건입니다.

문제는 조직 내 '묻지마 신뢰'가 만연할 때입니다. 오랜 거래처라고 보안 점검을 생략하거나, 동료가 보낸 메일을 의심 없이 여는 행위가 대표적입니다. 경영진은 "우리끼린데 뭐 어때"라는 문화가 보안에 얼마나 위험한 시그널인지 인지해야 합니다. 신뢰는 '검증'을 배제하는 것이 아니라, 철저히 검증된 시스템 위에서 작동해야 합니다.

❖ 건강한 신뢰를 지탱하는 첫 번째 기둥: 책임성(Accountability)

그렇다면 맹목적 신뢰의 함정에 빠지지 않고 건전한 보안 문화를 만들기 위해서는 무엇이 필요할까요? 첫 번째 기둥은 '책임성'입니다.

많은 조직이 '실무적 수행(Responsibility)'과 '결과적 책임(Accountability)'을 혼동하곤 합니다. 전자가 방화벽 설정과 같은 구체적 업무를 '누가 수행하는가'에 대한 실무적 차원이라면, 후자는 보안 사고 발생 시 '누가 최종적인 짐을 지는가'를 묻는 경영적 차원의 개념입니다. 즉, 실무자가 기술적 조치를 담당하더라도 그 결과에 대한 궁극적인 책임은 경영진이나 CISO에게 있다는 명확한 인식이 필요합니다.

진정한 책임성은 "아무도 책임지지 않는다면, 아무도 수행하지 않는다"는 명제를 이해하는 것에서 시작합니다. 보안 사고 발생 시 꼬리 자르기 식의 처벌이 아니라, 최고경영층이 최종 결과를 수용하고 책임지는 자세를 보일 때 조직 내에는 '건강한 긴장감'이 형성됩니다.

❖ **건강한 신뢰를 지탱하는 두 번째 기둥: 투명성(Transparency)**

두 번째 기둥은 '투명성'입니다. 이는 조직이 무엇을 지키고 있으며, 어떤 위험에 노출되어 있는지를 이해관계자와 솔직하게 공유하는 것입니다.

과거에는 보안 사고를 숨기는 것이 미덕이었을지 모르나, 이제는 감추는 행위가 오히려 더 큰 불신을 낳습니다. 따라서 조직은 우리가 어떤 보안 조치를 취하고 있는지 명확히 알리는 '정책의 투명성'과, 잠재적 취약점 및 사고 발생 현황을 내외부에 솔직히 공유하는 '위험의 투명성'을 동시에 실천해야 합니다.

자신의 약점을 드러내는 것은 역설적으로 "우리는 숨길 것이 없으며, 문제를 해결할 역량이 있다"는 자신감의 표현이 됩니다. 이것이 바로 인지적 신뢰(합리적 믿음)를 쌓는 가장 정직한 방법입니다.

❖ **신뢰는 '상태'가 아니라 '관리'의 대상이다**

보안 거버넌스의 핵심은 '사람을 믿지 마라(Zero Trust)'가 아닙니다. '검증되지 않은 신뢰를 경계하라'는 것입니다. 경영진의 역할은 막연한 정서적 믿음에 기대는 것이 아니라, 책임성이라는 뼈대와 투명성이라는 혈관을 통해 조직의 신뢰 시스템을 건강하게 유지하는 것입니다. 신뢰가 맹신이 되지 않도록 시스템으로 제어하는 것, 그것이 초연결 시대에 조직을 지키는 가장 현명한 리더십입니다.

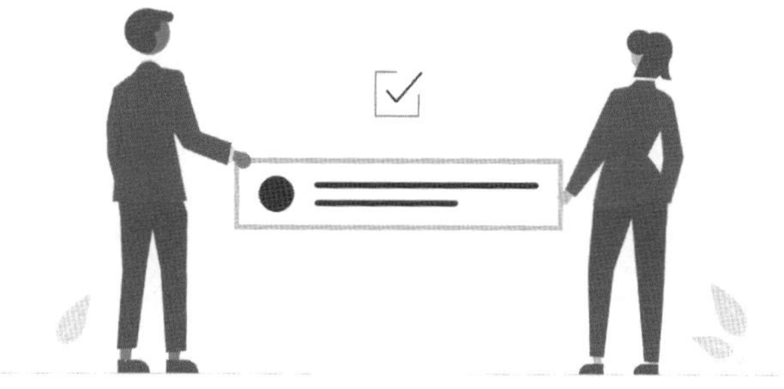

김정덕

사이버 보안의 다면적 가치

비즈니스 안정성의 토대이자
미래 성장의 핵심 동력

디지털 대전환(Digital Transformation)의 파도가 전 산업을 덮친 지금, 시이버 보안의 위상은 극적으로 변화하고 있습니다. 과거의 보안이 전산실 구석에서 이루어지는 기술적 방어책이나 비용(Cost)으로 여겨졌다면, 오늘날의 보안은 조직의 생존을 결정짓는 핵심 경영 요소이자 미래 비즈니스의 지평을 여는 투자(Investment)로 자리 잡았습니다. 급변하는 초연결 사회 속에서 사이버 보안이 제공하는 다면적 가치는 크게 '현재의 안정성을 지탱하는 버팀목(Support)'과 '미래의 혁신을 견인하는 동력(Impact)'이라는 두 가지 축으로 설명할 수 있습니다.

❖ 조직 및 비즈니스 지원: 신뢰와 회복 탄력성의 기반

사이버 보안의 본질적인 역할은 비즈니스 운영의 연속성을 보장하고, 이해관계자들에게 신뢰를 제공하는 것입니다. 이는 디지털 생태계

에서 활동하는 모든 조직의 존립 근거가 됩니다.

운영의 3대 기둥과 비즈니스 연속성: 정보보호의 3대 요소인 기밀성, 무결성, 가용성—이른바 CIA 트라이어드—는 단순한 보안 원칙을 넘어 비즈니스 운영의 뼈대입니다. 기밀성은 기업의 지적 재산과 고객 데이터를 유출의 공포로부터 보호하는 방패이며, 무결성은 의사결정의 기초가 되는 데이터의 정확성과 완전성을 보증합니다. 특히 최근 랜섬웨어 공격 등으로 인해 시스템이 마비되는 사례가 급증함에 따라, 서비스의 중단 없는 접근을 보장하는 '가용성'의 가치는 그 어느 때보다 높아졌습니다.

나아가 현대의 보안은 단순 방어를 넘어 '사이버 레질리언스(Cyber Resilience, 회복 탄력성)'를 지향합니다. 완벽한 방어가 불가능한 시대에, 위기 상황에서도 핵심 기능을 유지하고 신속하게 정상 궤도로 복구하는 능력은 기업의 경쟁력을 가늠하는 척도가 되었습니다. 이는 예기치 못한 공격에도 조직이 흔들림 없이 본연의 가치를 창출할 수 있게 하는 운영의 안전벨트입니다.

리스크 관리와 규제 준수의 전략적 대응: 사이버 보안은 재무적 손실과 브랜드 평판 하락을 막는 가장 효과적인 리스크 관리 수단입니다. IBM의 연구에 따르면 데이터 유출로 인한 평균 비용은 수백만 달러에 달하며, 고객 신뢰 상실로 인한 보이지 않는 손실은 이를 훨씬 상회한다고 합니다. 또한, 유럽의 GDPR이나 미국의 CCPA 등 강화되는 글로벌 컴플라이언스(Compliance) 준수는 법적 제재를 피하는 것을 넘어, 글로벌 시장 진출을 위한 필수 면허와 같습니다. 철저한 보안 규제 준수는 파트너사와 고객에게 해당 기업이 '준비된 파트너'라는 신호를 보내는 강력한 마케팅 수단이 되기도 합니다.

내부 역량 강화와 능동적 보안 문화: 기술적 시스템만큼 중요한 것이 바로 '사람'입니다. 성숙한 보안 문화는 심리적 안전감을 바탕으로 직원들이 실수나 잠재적 위협을 두려움 없이 보고할 수 있게 합니다. 이는 인적 오류를 줄이고 조직 전체의 방어 기제를 강화하는 데 기여합니다. 여기에 **AI** 기반의 지능형 위협 탐지 시스템(MDR)과 같은 기술이 더해지면, 방대한 데이터를 실시간으로 분석하여 알려지지 않은 위협(Zero-day exploit)까지 선제적으로 식별하고 대응하는 능동적 방어 체계가 완성됩니다.

❖ 새로운 기회 창출: 디지털 혁신의 촉매제

오늘날 사이버 보안은 수동적 방어에 머무르지 않습니다. 보안은 새로운 기술 도입의 걸림돌이 아니라, 혁신을 가능하게 하는 전제 조건이자 촉매제로서 기능합니다.

디지털 혁신을 완성하는 보안 내재화: 클라우드 전환, 사물인터넷(IoT), 인공지능(AI) 등 신기술 도입의 성공 여부는 보안에 달려 있습니다. 보안이 담보되지 않은 혁신은 사상누각에 불과하기 때문입니다. 제품과 서비스의 기획 단계부터 보안을 내재화하는 'Security by Design' 전략은 고객이 새로운 플랫폼을 안심하고 사용할 수 있는 환경을 조성합니다. 이는 소비자의 진입 장벽을 낮추고, 기업이 새로운 시장을 개척하여 비즈니스 모델을 확장하는 데 결정적인 역할을 합니다. 즉, 높은 수준의 보안은 프리미엄 서비스의 차별화 포인트가 되는 것입니다.

미래 기술 인프라의 선구자: 사이버 보안은 미래 컴퓨팅 기술의 발전과도 궤를 같이합니다. 현재의 암호 체계를 위협하는 양자 컴퓨터의 등장에 대비해, '양자 내성 암호(PQC)' 기술에 선제적으로 투자하는 것은 10년 뒤의 시장 주도권을 확보하는 일입니다. 또한, 인간의 뇌를 모방한 '뉴로모픽(Neuromorphic) 컴퓨팅'을 활용한 차세대 보안 아키텍처는 기존 방식으로는 처리가 불가능했던 초고속·저전력 위협 탐지를 가능하게 합니다. 더불어 이론적으로 해킹이 불가능한 '양자 키 분배(QKD)' 네트워크는 국방, 금융 등 초고보안이 요구되는 영역에서 전례 없는 신뢰 인프라를 구축하며 새로운 서비스 모델을 창출하고 있습니다.

글로벌 신뢰 생태계의 리더십: 사이버 위협에는 국경이 없습니다. 따라서 보안은 개별 기업의 문제를 넘어 국가 간, 기업 간의 연대와 협력을 요구합니다. 민관 협력과 글로벌 위협 인텔리전스 공유는 디지털 생태계 전반의 면역력을 높이는 일입니다. 이러한 글로벌 보안 협력 네트워크에서 주도적인 역할을 수행하는 기업은 국제적인 신뢰를 얻고, 국경을 초월한 디지털 경제의 리더로 발돋움할 수 있습니다.

❖   지속 가능한 디지털 미래를 향한 제언

"보안은 브레이크가 아니라, 더 빨리 달리기 위한 안전장치입니다" 결론적으로 사이버 보안의 가치는 '보호'를 넘어 '가능성(Enablement)'으로 확장되고 있습니다. 현재의 비즈니스 안정성을 굳건히 지지하는 동시에, 디지털 혁신과 미래 성장을 강력하게 견인하는 핵심 동력인 것입니다.

이제 경영진과 의사결정권자들은 사이버 보안을 소모성 비용이 아닌, 지속 가능한 성장을 위한 필수적인 ESG(환경 · 사회 · 지배구조) 경영 전략으로 인식해야 합니다. 견고한 보안 거버넌스 위에 구축된 디지털 신뢰야말로, 불확실한 미래 시장에서 우리 조직을 흔들리지 않게 지탱하고 남들보다 앞서 나가게 할 가장 강력한 무기입니다. 사이버 보안이라는 단단한 토대 위에서만, 우리는 비로소 두려움 없이 혁신하고 성장할 수 있습니다.

13 CISO 패러독스: '최고'의 책임과 '최소'의 권한

김정덕 | 보안 리더십의 위기, 책임과 통제권의
불균형을 말하다

오늘날 기업 환경에서 '최고정보보안책임자(CISO)'라는 직함은 겉보기에 상당한 무게감을 지닙니다. CEO(최고경영자)나 CFO(최고재무책임자)처럼, CISO 역시 조직의 보안 전략을 수립하고 자원을 배분하는 막강한 통제권을 가진 'C-Level' 임원처럼 보이기 때문입니다. 하지만 안타깝게도 대부분의 CISO에게 이러한 통제권은 허상에 불과합니다. 그들은 조직의 가장 민감한 정보를 보호해야 하는 막중한 임무를 띠고 있지만, 정작 이를 수행하기 위해 필수적인 자율적 의사결정 권한은 거의 갖지 못하고 있는 것이 현실입니다.

❖ 통계로 드러난 '권한의 공백'

리더십의 본질은 의사결정권과 자원, 그리고 인력에 대한 통제권에서 나옵니다. 군대에서 지휘관에게 통제권을 부여하는 이유는 그들에

게 행동할 권한을 줌으로써 결과에 대한 책임을 묻기 위함입니다. 그러나 CISO에게 이러한 통제권의 부재는 단순한 엄살이 아니라, 수치로 증명되는 명백한 현실입니다.

실제로 2025년 한국CISO협의회와 보안뉴스가 진행한 설문조사 결과는 이러한 구조적 결핍을 여실히 보여줍니다. 조사에 따르면 국내 CISO의 86%가 "보안 예산 확보가 어렵다"고 토로했으며, 4명 중 3명에 달하는 78%는 타 업무를 겸직하고 있어 독립적인 의사결정이 불가능한 상태였습니다. 심지어 CISO 4명 중 1명(약 25%)은 보안 전담 인력이 단 한 명도 없는 환경에서 고군분투하고 있습니다. 이는 CISO가 '최고'라는 직함을 가지고 있음에도 불구하고, 예산과 인력, 정책에 대한 실질적인 통제권을 전혀 행사하지 못하고 있음을 객관적으로 증명합니다.

❖ '설득'하느라 놓치는 골든 타임

이러한 권한의 부재로 인해 CISO의 업무는 소모적이고 좌절감을 주는 과정의 연속이 되곤 합니다. CISO는 위협을 선제적으로 예측하고 차단해야 하지만, 통제권이 없기에 보안 투자의 당위성을 다른 경영진에게 '세일즈'하고 승인을 기다리는 데 많은 시간을 허비합니다. 타이밍이 생명인 사이버 보안 분야에서 이러한 의사결정 지연은 치명적입니다. 승인을 기다리는 사이 대응 시간은 늦어지고, 이는 곧 보안 사고의 빌미가 되며 막대한 비용 손실로 이어집니다. 결국 통제권 없는 CISO는 능동적인 예방 대신, 사고가 터진 후에야 수습에 나서는 '반응적(Reactive)' 운영에 머무를 수밖에 없습니다. 최신 위협 탐지 기술이나 직원 교육의 필요성을 절감하더라도, 예산 통제권이 없다면 이를 즉시 실행에 옮길 수 없기 때문입니다.

❖ 책임은 무한대, 권한은 '최소'인 딜레마

CISO의 입지를 더욱 좁히는 것은 사이버 리스크의 특성입니다. 재무적 위험과 달리 사이버 위협은 가시적인 지표로 정량화하기 어렵고, 매일 새롭게 진화하며 모호성을 띠기 때문입니다. 경영진을 설득하기 어려운 상황에서도, 역설적이게도 보안 실패에 대한 모든 책임은 오롯이 CISO에게 돌아갑니다. 침해 사고가 발생했을 때 비난의 화살은 CISO를 향하지만, 정작 그들에게는 사고를 예방할 실질적인 칼자루가 쥐어져 있지 않았습니다.

권한 없이 책임만 지는 구조는 그 누구도 성공적인 리더로 만들 수 없습니다. 강제력 없는 조언자 역할에 머무르는 CISO는 동료 임원들에게 '리더'가 아닌 '중간 관리자'로 비칠 뿐이며, 이사회에서도 신뢰를 얻기 어렵습니다. 이는 장기적으로 CISO 개인의 입지뿐만 아니라 조직 전체의 보안 지원 체계를 약화하는 결과를 초래합니다.

❖ 진정한 보안 리더십의 회복을 위하여

통제권의 부재는 내부 보안 팀의 사기 저하로도 직결됩니다. 긴급한 위협 앞에서 신속하고 명확한 결단을 내리지 못하고 타 부서의 눈치를 보는 리더 아래에서, 팀원들은 조직의 보안 의지를 의심하게 됩니다. 결국 CISO의 권한 부족은 조직 전체의 보안 태세에 균열을 일으킵니다. 기업이 진정으로 스스로를 보호하고자 한다면, CISO에게 책임에 걸맞은 '진정한 통제권'을 부여해야 합니다. 앞서 언급한 통계가 보여주듯, 예산과 인력에 대한 권한 없이 책임만 지우는 현재의 구조로는 고도화되는 위협을 막아낼 수 없습니다.

지금 기업들은 자문해야 합니다. 우리는 CISO에게 전쟁을 치를 수 있는 무기와 권한을 쥐여주고 있습니까, 아니면 권력 없이 고위험의 책임만 떠넘기고 있습니까? 조직이 CISO를 진정한 리더로 대우하고 완전한 통제권을 보장할 때까지, 사이버 보안은 여전히 불안정한 도전 과제로 남을 것입니다.

14 CEO를 우리 편으로 만드는 설득의 기술

김정덕 : 기술을 넘어 비즈니스로

법과 규제가 최고경영층을 사이버보안이라는 경기장으로 강제 소환했다면, 그들을 우리 팀의 가장 헌신적인 '주장(Captain)'으로 만드는 것은 현장에서 시작되는 정교한 설득의 기술, 즉 **'상향식(Bottom-up) 접근'**입니다. 규제만으로는 수동적인 방어에 그치기 쉽지만, 마음을 움직이는 설득은 조직 전체를 바꾸는 능동적인 변화를 이끌어냅니다.

이는 정보보호 최고책임자(CISO)와 보안 리더가 단순히 기술 관리자를 넘어, 비즈니스를 이해하고 사람의 마음을 얻는 **'전략적 소통가'**가 되어야 함을 의미합니다. 그렇다면 최고경영층의 인식을 바꾸고 그들을 가장 강력한 보안 챔피언으로 만드는 구체적인 노하우는 무엇일까요?

❖ '보안 용어'를 버리고 '비즈니스 언어'로 통역하라

최고경영층에게 '제로데이 취약점'이나 'APT 공격'과 같은 기술 용어는 공허한 외계어일 뿐입니다. 그들이 매일 고민하는 언어, 즉 **'매출 증대', '비용 절감', '브랜드 평판', '영업 기회', '법적 리스크'**로 대화의 채널을 전환해야 합니다.

예를 들어, "제로데이 공격에 대비해 차세대 엔드포인트 보안 솔루션이 시급하다"고 보고하는 대신 화법을 바꿔야 합니다. "경쟁사 A는 유사한 공격으로 신제품 설계도를 도난당해 수천억 원의 미래 가치를 잃었습니다. 우리는 10억 원의 투자로 이러한 비즈니스 재앙을 예방하고 시장 리더십을 지킬 수 있습니다"라고 말입니다. 보안 투자를 회사의 자산을 지키고 비즈니스 연속성을 보장하는 가장 확실한 '보험'이자 '투자'로 재정의할 때, 최고경영층의 관심은 비로소 시작됩니다.

❖ 데이터에 '스토리'를 입혀 위협을 현실화하라

단순한 통계 자료의 나열은 지루합니다. 위협을 '남의 일'이 아닌 '나의 문제'로 인식하게 만들려면 구체적인 스토리텔링이 필요합니다. 먼저 우리 회사와 규모나 업종이 비슷한 **경쟁사의 실제 침해 사고 사례**를 활용하십시오. 사고 발생 과정과 그로 인한 고객 이탈, 주가 폭락 등 비즈니스 피해를 하나의 이야기로 엮어 전달하면 그 어떤 데이터보다 강력한 메시지가 됩니다.

또한, **CEO**를 주인공으로 한 시나리오도 효과적입니다. "회장님의 목소리를 흉내 낸 딥페이크 전화로 CFO가 수십억 원을 송금하는 상황"과 같이 CEO가 직접적인 타깃이 되는 공격 시나리오를 제시한다면, 먼 나라의 이야기는 곧장 현실의 위협으로 다가올 것입니다.

❖ '문제 제기자'가 아닌 '해결사'로 자리매김하라

최고경영층은 대안 없는 문제 제기를 가장 싫어합니다. CISO는 불안만을 조성하는 '경고 전달자'가 아니라, 명확한 대안과 비전을 제시하는 **'신뢰할 수 있는 조언자'**가 되어야 합니다.

이를 위해 단기-중기-장기 계획과 예산, 그리고 성공 측정 지표인 KPI를 담은 구체적인 로드맵을 제시해야 합니다. 또한, 모든 문제를 한 번에 해결하려 하지 말고 비즈니스 영향도가 가장 큰 리스크부터 우선순위를 정해 보고하는 것이 좋습니다. 이는 CISO가 비즈니스를 이해하고 있음을 증명하며, 최고경영층이 합리적인 의사결정을 내릴 수 있도록 돕습니다.

❖ 든든한 '우군'을 만들어 입체적으로 설득하라

보안은 CISO 혼자만의 싸움이 아닙니다. 조직 내 핵심 임원들을 우군으로 만들어 입체적인 설득을 펼쳐야 합니다. CFO에게는 재무적 손실 방지와 사이버 보험료 인하 효과를, CMO에게는 고객 데이터 보호와 브랜드 신뢰도의 상관관계를, COO에게는 공장 가동 중단 방지라는 운영 리스크 관점을 강조하여 파트너로 만들어야 합니다.

CISO의 보고서에 다른 최고경영진들이 "저도 동의합니다. 우리 부서에도 꼭 필요합니다"라고 힘을 보탤 때, CEO는 그 제안을 결코 무시할 수 없을 것입니다.

❖ 결론: 마음을 움직이는 리더십이 최강의 방패다

법과 규제는 최소한의 방어선을 만들 뿐, 조직을 진정으로 강하게 만드는 것은 결국 사람의 마음을 움직이는 리더십입니다. 보안 리더가 기술의 성채에서 걸어 나와 비즈니스의 언어로 소통하고, 신뢰를 바탕으로 관계를 구축하며, CEO를 가장 강력한 '보안 챔피언'으로 변화시키는 그 여정이야말로, 우리 조직을 그 어떤 해커도 뚫을 수 없는 진정한 요새로 만드는 길일 것입니다.

15 CISO의 든든한 파트너, BISO가 온다

김정덕 | 비즈니스와 보안의 간극을 메우는
새로운 해법

디지털 혁신의 시대, 사이버 위협은 이제 IT 부서의 기술적 문제를 넘어 주가와 경영진의 법적 책임을 위협하는 핵심 '비즈니스 리스크'가 되었습니다. 그러나 안타깝게도 기업 현장에서는 여전히 보안을 단순한 비용이나 통제로만 인식하며, 중앙의 일률적인 보안 정책이 현업의 비즈니스 속도를 따라가지 못하는 '소통의 단절'이 반복되고 있습니다.

이러한 간극을 메우고 보안을 비즈니스의 경쟁력으로 승화시키기 위해, 글로벌 선진 기업들은 BISO(Business Information Security Officer, 비즈니스 정보보호 책임자)라는 새로운 역할에 주목하고 있습니다.

❖ 비즈니스와 보안을 잇는 가교, BISO의 부상

BISO는 사업부의 목표와 보안 전략을 연결하는 실무 책임자입니다. CISO가 전사 거버넌스를 총괄하는 '본부 사령탑'이라면, BISO는 현장에서 소통하며 맞춤형 리스크 관리를 수행하는 '야전 사령관'입니다.

과거 보안팀이 "안 됩니다"를 외치는 브레이크였다면, BISO는 "가능합니다. 더 안전한 방법으로 합시다"라고 제안하는 '전략적 파트너'입니다. 이들은 현장 환경을 이해하고 보안 이슈를 '비즈니스 언어'로 풀어내며 정책을 유연하게 최적화합니다.

이미 직원 5,000명 이상의 글로벌 대기업 중 40% 이상이 BISO를 도입했습니다. 특히 금융, 제조, 헬스케어 등 복잡한 산업군에서는 연간 30~40%씩 도입이 급증하는 추세입니다.

성과는 명확합니다. 한 글로벌 은행은 BISO 배치 후 사고 대응 시간을 60% 이상 단축했고, 대형 컨설팅사는 고객 신뢰도를 높였습니다. 비즈니스 속도와 안전성, 두 마리 토끼를 잡기 위해 BISO 도입을 적극 검토해야 합니다.

❖ 성공적인 BISO 도입을 위한 핵심 조건: 권한과 체계

BISO가 조직에 안착하여 실질적인 성과를 내기 위해서는 단순히 직책 하나를 신설하는 것으로는 부족합니다. 명확한 '역할과 위상'의 정의가 선행되어야 합니다.

BISO를 단순한 중앙 정책의 전달자나 사고 처리 담당자로만 둔다면, 이는 또 하나의 옥상옥(屋上屋)이 될 뿐입니다. BISO에게는 해당 사업부의 보안 예외 승인권, 통제 설계 권한, 그리고 보안 예산 편성에 대한 실질적인 의견 개진 권한이 부여되어야 합니다. 그래야만 보안이 일방적인 비용 센터가 아니라 비즈니스 추진의 조력자로 인정받을 수 있습니다.

보고 체계 또한 정교한 설계가 필요합니다. 글로벌 기업들의 사례를 보면, BISO가 CISO와 해당 사업부장 모두에게 보고하는 '매트릭스(Matrix) 조직' 형태가 가장 효과적입니다. 예를 들어 세계적인 컨설팅 기업 A사는 BISO가 CISO에게는 월간 공식 보고를 통해 전략적 일관성을 유지하고, 사업부장과는 일일 단위로 협업하며 현장성을 확보합니다. 이를 통해 BISO는 '전사 전략의 실행자'이자 '현업의 파트너'라는 두 마리 토끼를 모두 잡을 수 있습니다.

❖ 기술을 넘어선 비즈니스 감각이 필수

그렇다면 어떤 사람이 BISO가 되어야 할까요? 여기서 중요한 점은 '기술적 역량'보다 '비즈니스 감각'이 우선시되어야 한다는 것입니다. BISO는 코딩 실력보다는 커뮤니케이션 능력, 설득력, 그리고 변화 관리 능력이 요구되는 자리입니다. 보안 정책 변경이나 신기술 도입 시 현업의 저항을 최소화하고, 다양한 이해관계자와 신뢰를 쌓을 수 있는 소프트 스킬(Soft Skill)이 핵심 역량입니다.

따라서 기업들은 BISO 도입 시 기존 보안팀 인력 중 소통 능력이 뛰어난 인재를 발굴하거나, 비즈니스 이해도가 높은 IT · 리스크 담당자를 교육하여 배치하는 방안을 고려해야 합니다.

도입 방식 또한 '빅뱅' 방식보다는 단계적 접근이 유효합니다. 우선 디지털 전환이 활발하거나 리스크가 높은 핵심 사업부에 파일럿 형태로 BISO를 도입해 성공 사례를 만들고, 그 효과가 입증되면 전임(Full-time) 체제로 전환하거나 계층형 조직으로 확대해 나가는 것이 바람직합니다.

❖ 보안 패러다임의 전환

BISO 도입은 단순히 새로운 직함을 만드는 인사 행정이 아닙니다. 이는 기업의 보안 운영 패러다임을 '수동적 통제'에서 '능동적 비즈니스 지원'으로 근본적으로 전환하는 경영 혁신 전략입니다.

디지털 시대의 경쟁력 확보를 위해서는 더 이상 보안과 비즈니스가 따로 갈 수 없습니다. 비즈니스 혁신의 속도를 해치지 않으면서도, 보안이 실제 가치를 창출하는 중심에 BISO가 있습니다. 이제 우리 기업들도 우물 안을 벗어나 글로벌 선진 사례를 참고하여, BISO라는 강력한 연결자를 조직의 핵심 동력으로 삼아야 할 시점입니다.

16 규제와 리스크의 행복한 동행, '통합 GRC'

김정덕 : 비용 센터를 넘어 조직을 지키는
핵심 전략 자산으로

조직 내에서 컴플라이언스(규제 준수) 팀과 보안 리스크 팀은 본질적으로 다른 목표를 추구하기에 종종 미묘한 갈등을 겪습니다. 컴플라이언스 팀은 외부 규제와 표준을 지키기 위한 '체크리스트' 방식의 업무에 치중하는 반면, 리스크 팀은 조직의 자산에 대한 실질적이고 현실적인 위협을 막아내는 데 집중합니다. 이러한 시각 차이는 규제 준수가 실제 보안 강화로 이어지지 않거나, 과도한 문서화 작업이 실질적인 방어 역량을 갉아먹는 비효율을 낳기도 합니다.

이러한 갈등을 해결하고 두 팀의 시너지를 창출하는 핵심 전략이 바로 '**통합 GRC**' 접근법입니다. 이는 거버넌스, 리스크, 컴플라이언스를 하나의 유기적인 체계로 묶어 부서 간의 벽인 '사일로(Silo)'를 허물고, 조직의 회복탄력성을 강화하는 경영 혁신입니다. 이를 통해 컴플라이언스 프로그램은 단순한 비용 센터(Cost Center)가 아닌, 조직의 성장을 견인하는 '전략적 조력자'로 거듭날 수 있습니다.

❖ 통합 GRC, 비용을 넘어 가치를 창출하다

분절된 부서 운영은 비효율과 중복 업무, 그리고 상충하는 우선순위의 원인이 됩니다. 통합 GRC는 품질, 규제, 안전 등 여러 부서의 데이터를 연결하여 신뢰할 수 있는 단일 정보원을 구축함으로써 이 문제를 해결합니다. 정보의 비대칭이 사라지고 자원 배분이 최적화되면, 컴플라이언스는 특정 부서의 부담이 아닌 조직 전체의 공동 책임이라는 인식이 확산됩니다.

또한, 조직의 회복탄력성도 비약적으로 향상됩니다. 규제 요건과 실질적 위협을 동시에 고려하여 통제 방안을 설계하므로, 형식적인 활동에 낭비되는 자원을 줄일 수 있습니다. 나아가 통합된 시스템을 통해 사고 발생 시 원인 분석과 대응이 신속해지며, 잠재적 이슈를 조기에 식별하는 선제적 리스크 관리가 가능해집니다. 이는 결국 규제 준수 비용 절감은 물론, 고객 및 투자자와의 신뢰 구축을 통해 시장에서의 확실한 경쟁 우위를 확보하게 해줍니다.

❖ 성공적인 통합을 위한 4단계 실행 프레임워크

그렇다면 이를 어떻게 구현해야 할까요? 비영리 단체인 OCEG가 제시한 'GRC 역량 모델'은 훌륭한 나침반이 됩니다. 이 모델은 학습, 정렬, 수행, 검토라는 4단계 순환 구조를 통해 거버넌스와 리스크 관리를 일상 업무에 통합합니다.

첫째, '학습(Learn)' 단계에서는 조직의 내외부 환경과 이해관계자의 요구를 파악합니다. 과거의 위반 사례나 사고 데이터를 분석하여 반복되는 문제점과 고위험 영역을 식별하는 것이 출발점입니다. 둘째, '정렬(Align)' 단계는 GRC 목표를 비즈니스 전략과 일치시키는 과정입니다. 조직 전반에 걸쳐 리스크를 정의하고 측정하는 '공통 리스크 언어'를 정립하여, 모든 구성원이 동일한 기준으로 우선순위를 논의할 수 있게 해야 합니다.

셋째, '수행(Perform)' 단계에서는 정렬된 전략을 실행에 옮깁니다. 중요한 것은 컴플라이언스 점검과 리스크 평가를 별도의 행사가 아닌, 일상 업무 흐름에 직접 내장하여 자연스러운 업무의 일부로 만드는 것입니다. 마지막으로 '검토(Review)' 단계에서는 핵심 성과 지표(KPI) 등을 통해 프로그램의 효과성을 지속적으로 모니터링하고, 변화하는 환경에 맞춰 전략을 수정하는 민첩성을 발휘해야 합니다.

❖ 이론을 넘어 현실의 무기로

이러한 통합적 접근은 이미 다양한 산업군에서 조직의 생존을 좌우하는 핵심 요소로 작용하고 있습니다. 금융 서비스 분야에서는 실시간 리스크 평가와 컴플라이언스 활동을 연동하여 자금 세탁 등 금융 범죄를 선제적으로 방어하고 막대한 벌금 리스크를 해소하고 있습니다. 헬스케어 산업 역시 환자 데이터 보호 조치를 핵심 리스크 관리 체계에 통합하여, 규제 준수를 넘어 '환자 안전'과 '신뢰'라는 가치를 창출하고 있습니다.

특히 팬데믹과 지정학적 불안정을 겪은 글로벌 공급망 기업들은 통합 GRC를 통해 잠재적 공급망 중단 가능성을 사전에 식별하고 대체 경로를 확보함으로써, 위기를 관리 가능한 도전 과제로 전환시켰습니다.

❖ 선택이 아닌 생존을 위한 필수 전략

컴플라이언스와 리스크 관리 팀 간의 갈등은 피할 수 없는 숙명이 아니라, 통합적 접근을 통해 해결해야 할 경영 과제입니다. 사일로에 갇힌 반응적 접근에서 빗어나 통합적이고 선제적인 GRC 프레임위크로 전환하는 것은 더 이상 선택이 아닙니다.

이는 불확실한 비즈니스 환경에서 조직의 자원을 최적화하고, 변화에 대한 적응력을 극대화하여 지속 가능한 성장을 담보하는 필수 생존 전략입니다. 이제 규제라는 파도를 넘는 것을 넘어, 그 파도를 타고 더 멀리 나아가는 지혜가 필요한 시점입니다.

17 보안의 역설: 그림자 노동을 걷어내라

김정덕 : 사용자 중심 설계와 보안의 비즈니스 가치

오스트리아의 사상가 이반 일리치(Ivan Illich)가 정의한 '그림자 노동(Shadow Work)'은 임금 노동을 지탱하기 위해 필수적이지만 대가가 지불되지 않는 무급 활동을 의미합니다. 과거의 그림자 노동이 가사나 통근에 머물렀다면, 오늘날 디지털 전환기 기업의 그림자 노동은 임직원들의 사무실 책상과 스마트폰 속으로 침투해 있습니다.

현대의 임직원들은 본연의 업무를 시작하기도 전에 수많은 '디지털 관문'을 통과해야 합니다. 주기적인 비밀번호 변경 스트레스, 로그인 시마다 반복되는 다중 인증(MFA), 쏟아지는 스팸 메일 분류와 소프트웨어 업데이트는 보안이라는 미명 아래 개인에게 전가된 '디지털 가사 노동'입니다. 문제는 이러한 보이지 않는 노동이 단순히 개인의 번거로움을 넘어 조직의 생산성을 갉아먹고, 보안 체계 자체를 무너뜨리는 심각한 경영 리스크가 되고 있다는 점입니다.

❖ 보이지 않는 비용이 보안을 무너뜨립니다

보안 환경이 복잡해질수록 사용자가 감당해야 할 '인지적 부하'는 급격히 증가합니다. 보안 부서가 사용자에게 더 많은 주의와 행동을 요구할수록, 임직원들은 업무 효율을 위해 보안 절차를 우회하려는 유혹에 빠집니다. 포스트잇에 적힌 비밀번호나 비인가 클라우드 서비스(Shadow IT)의 활용은 보안 피로도가 한계치에 다다랐을 때 나타나는 전형적인 부작용입니다.

보안 운영 책임을 사용자에게 과도하게 전가하는 것은 보안 강화가 아니라, 오히려 '보이지 않는 비용'만 늘리는 모순에 직면하게 합니다. 보안 사고의 80% 이상이 인적 요인에서 비롯된다는 사실은, 통제가 강해질수록 사용자의 심리적 저항과 실수 가능성 또한 높아진다는 역설을 증명합니다.

❖ 통제에서 설계로, '요구량 최소화'의 원칙

따라서 이제 보안 전략의 패러다임은 '사용자 통제'에서 '자비로운 설계'로 전환되어야 합니다. 시스템이 사용자의 부담을 대신 흡수하여 의식적인 개입을 최소화하는 것이 핵심입니다. 이를 위해 경영진은 '요구량 최소화'와 '운영 부하 흡수'를 보안 투자의 우선순위로 삼아야 합니다.

우선, 사용자가 고민하지 않아도 안전함이 유지되는 '기본 보안(Secure by Default)' 체계를 구축해야 합니다. 사용자가 일일이 패치 버튼을 누르는 대신 시스템이 유휴 시간에 자동 업데이트를 수행하고, 복잡한 설정 대신 가장 안전한 옵션이 기본값으로 적용되도록 설계해야 합니다. 또한, 접속 상황을 지능적으로 인지하는 '위험 기반 인증(Risk-based Authentication)'을 도입하십시오. 평소와 같은 환경에서의 접속은 인증 단계를 간소화하고, 의심스러운 정황이 포착될 때만 제동을 거는 방식은 보안성과 사용자 경험을 동시에 만족시키는 전략적 선택입니다.

❖ 인증의 미래, 기억할 필요 없는 보안

특히 임직원의 생산성을 가장 저해하는 요소인 비밀번호 정책은 근본적인 재설계가 시급합니다. 미 국립표준기술연구소(NIST)를 비롯한 보안 기관들은 이미 주기적인 비밀번호 변경 강제가 오히려 취약한 비밀번호 양산을 초래한다고 경고하고 있습니다.

이제는 사용자가 비밀번호를 기억할 필요가 없는 '패스워드리스(Passwordless)' 환경으로 나아가야 합니다. 지문이나 안면 인식과 같은 생체 인증, 혹은 FIDO2 기반의 하드웨어 키를 활용함으로써 보안 수준은 비약적으로 높이되 사용자의 인지적 부하는 '제로'에 가깝게 낮출 수 있습니다.

❖ 보안은 규정이 아니라 설계입니다

결국 보안의 성패는 사용자를 얼마나 엄격하게 '규정'으로 묶느냐가 아니라, 시스템을 얼마나 정교하게 '설계'하느냐에 달려 있습니다.

규정에 의존하는 보안은 사용자에게 책임을 전가하고 감시의 대상으로 보지만, 설계에 기반한 보안은 사용자를 보호하고 업무에 몰입할 수 있는 환경을 제공합니다.

비즈니스 리더는 보안이 임직원의 업무 흐름을 방해하는 '그림자 노동'이 되지 않도록, 기술이 인간을 배려하는 '보이지 않는 방패'가 되는 설계에 집중해야 합니다. 보안이 규정을 넘어 문화와 시스템으로 체화될 때, 즉 사용자가 보안을 의식하지 않아도 되는 상태에 도달할 때 조직의 보안은 비로소 가장 강력해집니다.

18 트럼프 발 '각자도생' 시대, 한국의 디지털 안보 전략

김정덕 　첨단기술 공급망의
　　　　　사이버-물리 융합 보안 강화 전략

'미국 우선주의(America First)'의 강력한 부상과 함께 바야흐로 '각자도생'의 시대가 도래했습니다. 트럼프 대통령의 재 집권 이후, 보호무역주의가 강화되면서, 과거 글로벌 협력의 상징이었던 국제 질서는 급격히 분절되고 있습니다. 이러한 지정학적 격변은 사이버 공간에도 즉각적인 파장을 일으키고 있습니다. 국가 간 신뢰에 기반했던 위협 정보 공유 체계는 약화되었고, 각국은 '디지털 주권'을 명분으로 배타적인 장벽을 쌓고 있습니다.

이제 사이버 보안은 단순한 기술적 방어를 넘어, 국가와 기업의 생존을 결정짓는 핵심 안보 전략으로 격상되었습니다.

❖ 공급망: 데이터 유출을 넘어 '물리적 파괴'의 전장으로

이러한 '각자도생'의 환경에서 가장 치명적인 위협은 바로 '공급망

공격'입니다. 과거의 사이버 공격이 정보 탈취에 머물렀다면, 지금은 국가 기반 시설과 첨단 제조 산업의 '가동 중단'과 '물리적 파괴'를 목적으로 진화했습니다.

특히, 제조 공정과 디지털 제어가 융합된 스마트 팩토리 환경에서는 소프트웨어 업데이트 파일 하나, 하드웨어 칩 하나에 숨겨진 악성 코드가 전체 생산 라인을 마비시킬 수 있습니다. 글로벌 공급망이 블록화된 현재, 경쟁국의 핵심 산업을 타격하기 위한 공급망 공격은 가장 효과적이고 파괴적인 비대칭 전력이 되었습니다. 따라서 경영진은 공급망 보안을 단순한 IT 이슈가 아닌, '비즈니스 연속성(BCP)' 차원의 리스크로 재정의해야 합니다.

❖ '반쪽짜리' 대책을 넘어: SW와 OT, HW의 융합 보안 필요성

한국 정부 역시 이러한 위기감을 인지하고 있습니다. 지난 2024년 5월 발표된 「SW 공급망 보안 가이드라인 1.0」과 '소프트웨어 자재명세서(SBOM)' 도입 추진은 의미 있는 첫걸음입니다. 그러나 냉정하게 평가하자면, 이는 아직 '반쪽짜리 대책'에 불과합니다.

현재의 정책은 지나치게 소프트웨어(SW) 영역에만 편중되어 있습니다. 그러나 제조업 강국인 한국의 산업 현장은 소프트웨어뿐만 아니라, 생산 설비를 제어하는 운영 기술(OT)과 각종 하드웨어가 복잡하게 얽혀 있는 '사이버-물리 시스템(CPS)'입니다. 펌웨어 레벨의 취약점이나 제조 설비 자체의 결함을 간과한 채 SW 보안만 강화하는 것은, 튼튼한 대문 옆에 창문을 활짝 열어두는 것과 다를 바 없습니다.

우리는 이제 HBOM(하드웨어 자재명세서)의 개념을 도입하고, SW와 HW, 그리고 OT 영역을 포괄하는 '융합 보안 가시성'을 확보해야 합니다.

❖ **거버넌스의 통합: 부처 간 칸막이를 걷어내라**

효과적인 대응을 가로막는 또 다른 장애물은 분절된 거버넌스입니다. 현재 물리적 공급망은 산업통상자원부가, SW 공급망은 과학기술정보통신부가, 국가 안보 차원의 대응은 국가정보원이 각각 담당하고 있습니다.

공격자는 부처 간의 경계를 따지지 않고 가장 약한 고리를 파고듭니다. 따라서 분산된 정책을 조율하고 통합적인 전략을 지휘할 강력한 '컨트롤 타워'가 절실합니다. 부처 이기주의를 넘어, 국가적 차원의 통합된 리스크 관리 체계를 구축하는 것만이 각자도생의 시대를 돌파할 유일한 해법입니다.

❖ **안보는 타협할 수 없는 최고의 비즈니스 자산입니다**

글로벌 기술 패권 전쟁 속에서 보안은 더 이상 비용이 아닙니다. 그것은 우리 기업이 세계 무대에서 신뢰받고 거래할 수 있게 하는 입장권(License to Operate)'이자, 불확실성의 파고를 넘게 해주는 '생존의 닻'

입니다.

정책 결정권자와 경영진께 제언합니다. 소프트웨어 중심의 시각을 넘어 제조 현장과 하드웨어까지 아우르는 입체적인 보안 전략을 수립하십시오. 그리고 이를 뒷받침할 통합 거버넌스 구축에 힘을 실어주십시오. 튼튼한 디지털 방벽만이 '각자도생'의 거친 파도 속에서 대한민국의 미래를 지켜낼 것입니다.

4

디지털 문명과 MIS적 사고

문명사적 관점에서 바라본 디지털은 하나의 거대한 흐름입니다. 정보시스템의 눈으로 세상을 투영하고, 기술만능주의 속에서 소멸해가는 인문의 가치를 다시 세웁니다.

**"우리는 정보의 홍수 속에 빠져 있지만,
지식에는 굶주려 있다."**

---

*"We are drowning in information
but starved for knowledge."*

존 나이스비트 (John Naisbitt)

01 기술과 진보

김준우 ⋮ 기술 발전의 변곡점, AI

역사서의 기본적인 명제는 기술의 발전이 인류의 역사적 진보를 이끌어 왔다는 점입니다. 굳이 학자의 설명을 빌리지 않더라도, 인류 문명이 고대의 돌도끼에서 오늘날의 첨단 기술에 이르기까지 각종 도구의 발전을 통해 구축되어 왔다는 사실은 이미 널리 알려져 있습니다. 원형 바퀴의 발명과 불의 발견은 물류와 인간 생활 전반에 큰 변화를 가져왔으며, 철의 등장은 패권 국가의 형성을 가능하게 하였습니다. 또한 화약과 인쇄술은 근대 문명의 탄생을 촉진하였고, 인터넷과 IT 기술은 현대 인류의 삶을 극적으로 변화시켜 왔습니다.

그러나 산업혁명 이후 자본주의 체제가 확립되면서, 이러한 눈부신 기술 발전이 과연 인간의 삶을 더 나은 방향으로 이끌었는지에 대해 의문을 제기하는 시각도 등장하기 시작하였습니다. 기술이 인간 노동을 해방시키기보다는 오히려 인간을 새로운 방식으로 속박할 수 있다는 우려 때문입니다. 이러한 문제의식은 헝가리의 사상가 죄르지 루카치와 같은 마르크스주의자들뿐만 아니라, 전후 미국의 철학자 헤르베르트 마르쿠제 등 사회비판 이론가들에 의해 지속적으로 제기되어 왔습니다. 이들은 기술이 제공하는 편리함 속에서 오히려 인간이 소외되고, 세계와의 관계가 파편화되는 현상을 지적해 왔습니다. 오늘날 AI 혁명을 앞두고 다시 이러한 우려가 제기되는 이유 역시 이 오래된 불안감에서 비롯된 것이라 할 수 있습니다.

❖ 진보의 두 얼굴

역사적 진보는 크게 물질적 진보와 사회적 진보로 구분할 수 있습니다. 물질적 진보란 기술의 발전으로 생활이 보다 편리해지는 것을 의미하며, 사회적 진보는 사회가 더욱 정의롭고 자유로운 방향으로 나아가는 것을 뜻합니다. 예를 들어 사회적 평등의 확대나 개인의 자유 증진과 같은 정치·사회적 가치가 여기에 해당합니다.

그러나 물질적 진보, 즉 문명의 발전이 항상 사회적 진보와 병행되는 것은 아닙니다. 화려한 문명적 성과에도 불구하고 공동체가 오히려 해체되고 인간의 삶이 더욱 힘들어졌다면, 이를 진정한 사회적 진보라고 보기는 어렵습니다. 이러한 관점에서 최근 여러 학자들은 물질 문명이 지닌 환상에 대해 중요한 문제를 제기하고 있습니다.

먼저 정보기술이 인간의 소통을 확장하기보다는 오히려 왜곡해 왔다는 주장입니다. 이스라엘의 역사학자 유발 하라리는 기술이 지닌 함정에 주목하며, 소통 기술에 내재된 자동화 기능, 즉 알고리즘이 인간의 의사소통을 왜곡하고 심각한 사회적 비극을 초래할 수 있다고 경고합니다. 그는 미얀마 사례를 들어, 메타의 '페이스북' 서비스에 내재된 알고리즘이 사람들의 폭력성을 증폭시키고, 결국 소수민족인 로힝야족에 대한 대규모 학살을 조장하는 데 기여하였다고 지적합니다. 이는 기술이 결코 중립적인 존재가 아님을 분명히 보여주는 사례라 할 수 있습니다.

또한 기술이 공동체 전체가 아니라 일부 집단에 의해 독점적으로 사용될 수 있다는 점도 중요한 문제로 제기됩니다. 하라리는 기술이 왜곡을 넘어 기득권층이나 독재 권력이 대중을 통제하는 수단으로 활용될 가능성에 대해서도 우려를 표합니다. 이러한 주장에 힘을 실어주는 연구로, 노벨 경제학상 수상자인 대런 애쓰모글루 교수는 기술 발전이 중립적인 흐름이 아니라 인간의 선택에 의해 형성되어 왔으며, 그 결과 기술이 자본가나 정치 권력자에게 유리한 방향으로 발전해 왔다고 분석합니다.

이러한 문제는 공공 영역뿐만 아니라 민간 부문에서도 예외가 아닙니다. 실제로 일부 거대 IT 기업들은 기술 권력을 바탕으로 국제 사회에 막대한 영향력을 행사하고 있습니다. 이에 대해 애쓰모글루 교수는 기술 진보의 방향을 민주적으로 통제하고, 공익에 부합하도록 권력 구조를 재편해야 한다고 주장합니다. 소수의 기득권 집단이 첨단 기술을 이용해 막대한 이윤을 독점하는 현실은, 기술이 과연 누구를 위해 존재하는지에 대한 근본적인 질문을 던지게 합니다.

기술 문명에 대한 비판은 철학 영역에서도 지속적으로 제기되어 왔습니다. 독일의 철학자 한나 아렌트는 인간의 본질적 조건으로 노동과 사유(思惟)를 강조하였습니다. 그러나 근대 산업사회로 접어들면서 대량 생산 체제가 일반화되고 생산성이 최우선 가치로 부각되자, 노동은 물론 사유마저도 하나의 상품으로 전락하고 있다고 지적하였습니다. 아렌트에 따르면 생산성을 중시하는 자본주의 기술 중심 사회에서는 노동과 사유가 더 이상 인간의 고유한 덕목으로 존중받기 어렵습니다. 우리는 생산량을 늘리는 데에는 성공하였으나, 그 과정에서 인간을 인간답게 만드는 능력, 즉 생각하고 창조하며 의미를 부여하는 힘은 점차 주변부로 밀려나게 되었습니다.

이처럼 과학기술 문명을 통해 물질적 풍요와 화려함을 누릴 수는 있으나, 정신적이고 인간적인 삶의 측면에서는 반드시 그렇다고만 보기는 어렵습니다. 인간이 자신이 원하는 노동에서 배제되는 인간 소외, 문명화라는 이름 아래 진행되는 자연 파괴로 인한 자연 소외, 그리고 인간이 기계처럼 취급되는 사물화 현상 등은 기술 문명이 초래한 대표적인 부작용이라 할 수 있습니다.

❖ **AI 시대의 도래**

이제 우리는 또 하나의 문명적 전환점에 서 있습니다. 2022년 ChatGPT의 등장으로 촉발된 AI 기술은 인간의 지식과 판단 영역을 직접적으로 다루는 기술입니다. 과거 IT 기술과 로봇이 반복적인 노동의 생산성을 높여 주었다면, AI는 인간의 사고와 판단 능력 자체의 생산성을 급격히 향상시킬 가능성이 큽니다. 동시에 우리의 사고 방식과 행동이 점차 AI에 적응하게 될 것이라는 전망도 제기되고 있습니다.

지금까지의 문명적 진보는 대체로 인간이 통제할 수 있는 범위 내의 기술이었습니다. 그러나 AI 기술이 제기하는 가장 큰 문제는 그 작동 원리와 결과를 인간이 완전히 이해하거나 통제하기 어렵다는 점입니다. AI는 방대한 데이터를 바탕으로 반복 학습을 통해 결과를 도출하지만, 그 과정과 이유를 인간이 명확히 설명하기는 쉽지 않습니다. 설령 결과가 일정 수준의 정확성을 갖추었다 하더라도, 그것이 어떻게 도출되었는지는 알기 어렵습니다. 만약 AI가 인간과 유사한 지능 수준에 도달한 상태에서 오류나 왜곡된 판단을 내린다면, 그 문제를 인지하고 통제하는 것 자체가 매우 어려워질 수 있습니다. 이는 곧 인간의 통제를 벗어나는 상황을 의미합니다.

AI 시대는 근대 과학기술 문명과는 다른 형태의 문명과 인간 삶을 예고하고 있습니다. 통제하기 어려운 AI와 이를 탑재한 휴머노이드와의 공존은 새로운 인간 사회를 형성할 가능성이 큽니다. 그 과정에서 노동과 작업, 그리고 사유라는 인간의 조건이 여전히 유지될 수 있을지, 아니면 기술을 소유한 기업과 권력자에 의해 인간이 체계의 부속품으로 전락하게 될지는 아직 단정하기 어렵습니다. 설령 물질적 풍요는 달성할 수 있을지라도, 그러한 사회가 진정한 사회적 진보라고 말하기는 어려울 것입니다. 진정한 진보란 기술이 얼마나 정교해졌는가가 아니라, 그 기술 속에서도 인간이 얼마나 주체성을 유지할 수 있는가에 달려 있기 때문입니다.

02 새로운 기준, 디지털 패러다임 2.0

김준우 : AI시대의 새로운 잣대

'패러다임'이란 그 시대의 주도적인 믿음이나 사고방식을 의미합니다. 이 용어는 과학철학자 토마스 쿤이 과학의 발전 단계를 논할 때 예로 든 천동설에서 지동설로의 전환 사례처럼, 과학의 발전이 점진적인 진보가 아니라 급격한 변화, 즉 '패러다임의 전환'으로 이루어진다는 점을 주장하면서 일반화되었습니다.

사실 패러다임이 포괄하고 있는 영역은 기술이 태동한 과학기술 영역에만 국한되지 않습니다. 과학 이론의 발전에 따라 그에 맞는 기술이 개발되고, 이 기술을 근간으로 한 상품이 우리 생활 속에 파고들면서 우리의 인식과 생각, 그리고 행동이 함께 변화하게 되기 때문입니다. 결국 새로운 과학이나 기술은 사회를 변화시키고 궁극적으로 국가 및 이념에까지 영향을 미치게 되어 사회 전반의 총체적인 전환을 불러옵니다. 이렇듯 사회 전반적인 전이가 이루어졌을 때 비로소 우리는 이를 패러다임의 전환이라고 지칭합니다.

역사적으로 패러다임은 몇 단계를 거쳐왔습니다. 지동설뿐만 아니라 불, 철, 전기 등 기술의 발명 및 발견은 인류 생활에 큰 획을 그을 정도로 혁신적인 발전을 이끌어왔습니다. 20세기 말에 등장한 인터넷을 비롯한 IT 기술 역시 인류 생활을 큰 폭으로 변화시켰습니다. 기업 생산성을 획기적으로 향상시켰으며 우리 생활 곳곳에 지대한 영향을 미쳤습니다. 미래 학자인 앨빈 토플러 교수는 이 현상을 '제4차 혁명(The Fourth Wave)'이라고 칭했으며, 디지털 패러다임으로 명명한 이는 니그로폰테 교수였습니다.

1995년 MIT의 니그로폰테 교수는 저서 『디지털이다(Being Digital)』에서 디지털 패러다임이라는 개념을 제시하며, IT 세상과 인터넷이 지배하는 미래 세상의 특징과 사회 구조 변화를 예측했습니다. 그는 아날로그 신호가 디지털 신호로 바뀌는 전환의 시대에서 기술적 변화뿐만 아니라, 이 기술에 의해 나타날 다양한 디지털 IT 서비스 및 인터넷 상거래와 같은 사회적 변화를 예견했습니다.

그로부터 약 20년 후, 구글의 알파고는 인공지능(AI) 시대가 도래했음을 알리는 신호탄이었습니다. 알파고는 바둑 전문가인 이세돌과의 대국에서 막대한 IT 자원을 바탕으로 전승에 가까운 승리를 거둠으로써 세계로 하여금 AI의 가능성을 깊이 인지하게 했습니다. 더욱이 2022년 OpenAI의 ChatGPT는 이러한 가능성을 확인시켜준 결정적 사례입니다. ChatGPT가 채용한 생성형 AI는 우리의 일상적인 대화 형태로 요구사항을 질의하면 대량의 데이터를 학습한 자료를 바탕으로 분석과 답변을 제시합니다. 이후 AI 적용 영역은 점차 넓어져 이제는 텍스트를 넘어 음악, 미술, 코딩 등 인류가 보유한 창조적인 영역으로까지 확산되고 있습니다.

최근 AI의 미래 가치를 직감한 거대 IT 기업들이 막대한 투자를 아끼지 않으면서 AI의 발전은 더욱 가속화될 것으로 보입니다. 현재 업계는 인간과 유사한 지능을 가진 범용 인공지능(AGI)이나 인간의 지능을 뛰어넘는 초지능(ASI)을 목표로 천문학적인 투자를 이어가고 있습니다. 비록 통제 없는 AI 개발이 인간 공동체에 해악이 될 수 있다는 전문가들의 우려가 있으나, 자본 논리가 지배하는 시대 속에서 AI의 확산은 멈추지 않을 전망입니다. 이제 AI의 특징은 단순 자동화를 넘어 자체적으로 판단하고 사고할 수 있는 지능을 가졌다는 점에서 기존 기술과는 차원을 달리합니다. 이는 인간의 생산성을 넘어 판단력까지 지배할 수 있음을 의미합니다. 따라서 지금이 바로 이 기술에 의한 새로운 패러다임을 성찰해 볼 때이며, 이를 '디지털 패러다임 2.0' 혹은 'AI 패러다임'이라 부를 수 있을 것입니다.

❖ 기술의 사회적 수용과 AI 패러다임의 새로운 특성

기술과 서비스, 그리고 사회와 국가 사이에는 밀접한 관계가 형성됩니다. 기술과 서비스는 우연 혹은 필요에 의해 발명되지만, 단순히 상품화된다고 해서 곧바로 시장에서 받아들여지는 것은 아닙니다. 예를 들어 1980년대 소니에서 출시한 베타 방식의 비디오 플레이어는 기술적으로 매우 우수했음에도 불구하고 과도한 기술 보호 정책으로 인해 시장에서 외면받았습니다. 일단 기술이 시장에 수용되면 고객들은 그 기술과 상품에 맞추어 생활 양식과 행동을 점차 조정하게 됩니다. 그리고 이러한 사회적 변화는 궁극적으로 국가 차원의 제도와 외피에까지 영향을 미칩니다. 기술 발전은 그 자체로 끝나는 것이 아니라 개인의 삶과 사회, 국가에 이르기까지 연쇄적인 파급력을 갖기 때문에 각 단계에 대한 분석이 반드시 필요합니다.

니그로폰테 교수는 디지털 패러다임의 특성을 탈중심화, 세계화, 조화, 그리고 분권화의 네 가지로 정의했습니다. 그러나 이러한 특징은 초기 인터넷 시대에는 적합했을지 모르나, 인간의 판단력 영역을 다루는 AI 시대와는 차이가 있습니다. AI 패러다임의 특성을 재정의하면 다음과 같습니다.

첫째, 탈중심화와 함께 나타나는 강한 '중심화' 현상입니다. 인터넷 패러다임이 웹 기술을 통한 분산을 지향했다면, AI 시대에는 규모의 경제가 더욱 중요해집니다. 고도화된 AI 시스템을 구축하기 위해서는 거대한 데이터 센터와 막대한 전력 시스템이 필연적입니다. 결과적으로 각 노드에서 생성된 데이터는 거대 IT 기업을 중심으로 모일 수밖에 없으며, AGI와 ASI를 지향할수록 이러한 데이터 및 서비스의 중심화는 더욱 가속화될 것입니다.

둘째, 세계화 속의 '국지화'입니다. 인터넷은 전 세계를 실시간으로 연결하고 번역을 통해 언어 장벽을 허물며 진정한 세계 문화 공동체를 형성하는 듯 보였습니다. 그러나 이는 정보 습득 측면의 표피적인 현상일 수 있습니다. 사용자들은 자신의 신념에 부합하는 정보만을 선택하는 확증 편향에 빠지기 쉬우며, 개인화된 AI 서비스에 의존할수록 타인과의 직접적인 소통은 줄어들고 기계와의 소통이 늘어나게 됩니다. 이는 개인이 사회와 점차 격리되거나 동질적인 소규모 공동체에만 머무는 결과를 초래할 수 있습니다.

셋째, 분권화의 역설인 '비분권화'입니다. 과거에는 다운사이징 기술을 통해 의사결정 권한을 지역으로 분산하는 것이 화두였다면, AI 시대에는 데이터의 중심화로 인해 오히려 중앙집권적 통제가 용이해집니다. 권력이 집중된 시스템을 통해 사회 전반에 대한 보이지 않는 통제가 일어날 가능성이 큽니다.

이외에도 AI 패러다임에서는 도덕, 윤리, 평등과 같은 전통적 가치가 재정립되는 '탈가치화' 현상이 나타날 수 있으며, 지식의 일반화로 인해 지식인의 사회적 가치가 하락할 가능성도 큽니다. 또한 생산, 가정, 국가에 대한 인식이 근본적으로 변화하는 '사회의 재구조화' 역시 피할 수 없는 현상이 될 것입니다.

❖ 인공지능 시대의 사회 구조와 플레이어의 역할

AI가 만들어내는 디지털 사회의 모습은 과거 니그로폰테 교수의 예견만으로는 설명하기 부족합니다. 당시의 예견은 아날로그 기기의 통합과 원거리 통신에 따른 전자상거래, OTT 서비스 등 인간이 내재된 서비스에 국한되었습니다. 하지만 AI가 진화하여 인격을 갖춘 휴머노이드가 등장한다면 인간과의 관계는 어떻게 설정되어야 할까요? 사회 철학자 게오르그 루카치가 우려했듯이 인간이 사물화되어 기계의 부품으로 전락하는 것은 아닐지 고민해야 합니다. 이러한 미래를 대비하기 위해 우리는 개인, 사회, 정치의 각 차원에서 변화를 살펴봐야 합니다.

개인 차원에서 AI 기술은 생산성을 극한으로 끌어올릴 것입니다. 초기에는 단순한 도구로서 노동의 질을 높이겠지만, 점차 인간과 기기의 협동 과정을 거쳐 종국에는 인간을 대체하는 단계로 이어질 것입니다. 인간의 모든 노동과 판단을 기계가 대신하게 되는 시기에 맞춰 우리의 생활 규범과 인식 또한 변화할 것입니다.

사회 차원에서는 먼저 노동 시장의 격변이 예상됩니다. 기업은 노동력을 AI로 대체하려 할 것이며, 이는 노동 인구의 퇴출로 이어질 수 있습니다. 새로운 일자리가 창출될 것이라는 낙관론도 있으나 교육과 기술 인식의 지체 현상을 고려할 때 이는 매우 조심스러운 접근이 필요합니다. 따라서 노동과 소득에 대한 새로운 정의가 시급합니다. 경제 형태 역시 대용량 데이터를 바탕으로 한 주문형 생산 체제로 변모할 것이며, 금융 시장의 불확실성이 제거되면서 경기 침체의 순환 고리가 끊길 가능성도 있습니다. 다만 기술을 보유한 계층과 그렇지 못한 계층 사이의 격차는 더욱 커질 것이며, 이를 해소하는 것이 정부의 핵심 과제가 될 것입니다.

정치 차원에서는 노동자 계급을 대변하는 정당보다는 공동체의 이익을 대변하는 대중 정당이 주류가 될 것이며, 정부는 최소한의 통제를 지향하는 작은 정부를 추구하게 될 수 있습니다. 그러나 유발 하라리 교수가 『넥서스』에서 언급했듯이, 반대로 IT 기술을 활용한 강력한 중앙집권적 절대 체제가 등장하여 공동체를 통제할 가능성 또한 배제할 수 없습니다.

이러한 새로운 시대의 도래를 앞두고 각 플레이어는 다음과 같은 역할을 수행해야 합니다. 정부는 기술 개발과 활용의 불법성을 감시하는 '조절자'로서, 기업은 시장의 요구에 부응하는 '공급자'로서 책임을 다해야 합니다. 시장은 제품의 수용 여부를 결정하는 가치 평가의 장이 되어야 하며, 특히 대학은 가장 중요한 '가이드' 역할을 맡아야 합니다. 대학은 기업이 간과하기 쉬운 인문학적 사고를 기반으로 기술과 가치관, 윤리적 판단에 대한 깊이 있는 연구를 수행해야 합니다. AI 사회를 살아갈 미래 세대에게 필요한 지식과 올바른 판단력을 이식하고 사회적 방향성을 제시하는 작업이 대학에서 이루어져야 합니다.

결론적으로 AI 패러다임은 기술 혁명을 넘어 사회와 국가 차원의 근본적인 전이를 의미합니다. 역사가들이 말하듯 패러다임의 설정은 현재를 되돌아보고 미래를 준비하는 데 큰 의미가 있습니다. 우리가 AI라는 변곡점에서 기존의 제도와 규범을 성찰하지 못한다면, 유발 하라리가 경고한 로힝야족의 비극처럼 기술은 예기치 못한 참사를 야기할 수도 있습니다. AI가 우리의 지능뿐만 아니라 영혼까지 다룰 수 있는 기술인 만큼, 그 발전 궤적을 면밀히 살펴 우리 문명에 실질적인 도움이 되도록 조율해 나가야 할 것입니다.

03 시스템과 인문학

김준우 | 세상을 보는 시각, 시스템에는
인문학이 필요하다

우리가 일상에서 접하는 다양한 구조물을 설명하는 방법 중 가장 강력한 도구는 아마도 '시스템(Systems)'일 것입니다. 20세기 중반 생물학자인 루드비히 폰 버틀란피(Ludwig von Bertalanffy)가 이 개념을 언급한 이후, 우리는 주위에서 일어나는 현상을 시스템을 통해 설명할 수 있었을 뿐만 아니라, 새로운 구조물을 설계하는 데에도 이를 적극적으로 활용해 왔습니다. 최근에는 지구의 생성을 나타내는 용어부터 주거용 유리창 브랜드에 이르기까지 시스템이라는 단어가 쓰이지 않는 곳이 없을 정도로 보편화되었습니다. 그러나 모든 개념이 그러하듯, 시스템적 사고 역시 명확한 한계를 지니고 있기에 이를 다시 한번 되짚어보는 것은 매우 의미 있는 일이라 생각합니다.

시스템이란 '여러 하위 구성요소들이 공동의 목표를 달성하기 위해 각자 담당하는 기능을 갖추고 상호 연결된 상위 수준의 집합체'라는 사전적 의미를 지닙니다. 다시 말해, 시스템은 반드시 지향하는 목적이 있어야 하며, 이를 달성하기 위해 여러 하위 기관들이 유기적으로 상호작용해야 한다는 것입니다. 예를 들어 우리 몸의 시스템은 소화, 순환 등 다양한 기관들로 구성되어 있으며, 이들의 상호작용을 통해 생명이 유지됩니다. 기업 역시 마찬가지입니다. 마케팅, 생산 등 다양한 기능 조직들이 모여 의도된 목표를 달성하도록 상호 운동하는 상위 조직이 바로 기업 시스템입니다.

시스템은 크게 자연 시스템과 사회 시스템으로 구분됩니다. 자연 시스템이 자연의 물질 운동을 대상으로 한다면, 사회 시스템은 국가나 기업처럼 인간 개인이나 집단의 운동을 대상으로 합니다. 여기서는 시각을 조금 좁혀, 기업을 설계하고 분석하는 관점에서 시스템적 사고가 지닌 한계를 살펴보고자 합니다.

❖ 시스템적 사고의 한계: 환원주의를 넘어서는 창발성

시스템적 사고는 크게 두 가지 측면에서 한계를 드러냅니다. 첫째는 시스템을 단순히 하위 요소로 환원(Reduction)할 수 없다는 점이며, 둘째는 상위 시스템 자체가 하위 요소들의 합과는 전혀 다른 새로운 운동 양식을 갖게 된다는 점입니다.

먼저 환원의 문제를 살펴보겠습니다. 흔히 기업을 분석하거나 새로운 조직을 설계할 때, 우리는 기능적 분화의 수순을 밟게 됩니다. 소위 '분할 및 정복(Divide and Conquer)'이라 불리는 이 방식은 기업을 큰 기능으로 나누고, 이를 다시 마지막 단위 업무에 이르기까지 세분화합니다. 그러나 문제는 이렇게 세분화된 요소들을 다시 합친다고 해서, 그것이 원래의 상위 시스템인 기업과 동일한 모습이 되는 것은 아니라는 점입니다. 비유하자면, 이는 여러 인간의 신체 부위 조각들을 이어 붙여 만든 인조인간 '프랑켄슈타인'에 지나지 않을 수 있습니다.

둘째로, 여러 단위 시스템이 모여 상위 시스템을 형성하면 이전과는 전혀 다른 운동 양식이 나타납니다. 사람의 각 요소 기관이 모여 한 인간을 구성하면, 인간은 개별 기관의 생리적 작용과는 무관하게 독자적으로 사고하고 행동합니다. 즉, 시스템 설계자가 미처 다룰 수 없는 영역인 '영혼'이 깃들게 되어 독립된 객체로서 행위하는 것입니다. 기업의 경우에도 리더십, 비전, 노하우, 경영 철학 같은 비실체적 요소들이 생성되면서, 기업은 하나의 새로운 생명체와 같은 상위 시스템으로 거듭나게 됩니다.

❖ 기술의 기교를 채우는 인문학적 성찰과 윤리적 판단

여기에 더해 기업 시스템에는 윤리적, 규범적 판단 기준이라는 과제가 남아 있습니다. 윤리적 이슈는 인간 집단이 공동체의 생존을 위해 만들어낸 필수적인 기준입니다. 자율주행 자동차의 운용 시스템을 예로 들어보겠습니다. 만약 자율주행차가 다섯 명의 어린 학생을 칠 수밖에 없는 절박한 상황에서, 학생들을 살리기 위해 차를 꺾어 운전자를 사망케 해야 한다면 시스템은 어떤 결정을 내려야 할까요? 이는 흔히 거론되는 윤리적 딜레마이지만, 실제 시스템을 설계할 때 이러한 상황은 비일비재하게 발생합니다. 이처럼 도덕적 판단이 필요한 사안은 산술적인 시스템적 사고만으로는 해결하기 어렵습니다.

따라서 기업이라는 시스템을 분석하거나 설계할 때, 기능을 세분화하고 조합하는 전통적인 분석 절차만으로는 한계가 있을 수밖에 없습니다. 이를 보완하기 위해 시스템의 상층 구조로서 인간의 특질을 반영할 수 있는 요소, 즉 '인문(人文)'의 영역이 반드시 필요합니다.

인문학은 서양에서 크게 두 가지 의미로 번역됩니다. 하나는 문학·역사·철학을 의미하는 'Humanities'이고, 다른 하나는 일반 교양을 뜻하는 'Liberal Arts'입니다. 이 두 개념은 결국 인간의 본성을 탐구하는 영역이며, 기업의 관점에서는 윤리, 리더십, 그리고 경영의 질적인 방향을 결정짓는 토대가 됩니다. 그러므로 기업이나 사회 조직을 온전히 이해하기 위해서는 조직을 구성하는 기능적 측면뿐만 아니라, 인문적 소양에 바탕을 둔 비기능적인 부분까지도 깊이 있게 통찰해야 합니다.

안타까운 점은 현재 대학의 커리큘럼이나 시스템 전문가들 사이에서 이러한 종합적(Holistic) 시각에 대한 관심이 부족하다는 사실입니다. 그동안 정보 시스템 분야는 효율성만을 앞세워 기술적인 기교에만 치중해 왔으며, 기업 시스템에 대한 포괄적이고 본질적인 이해에는 소홀했던 것이 사실입니다. 그 결과 기업의 정보 시스템은 단순한 업무 지원 도구 수준에 머물게 되었습니다. 최근 인공지능과 같은 첨단 기술로 이러한 간극을 메우려 노력하고 있으나, 감정과 다양성을 지닌 인간의 본질을 완벽히 대체하기에는 역부족입니다.

시스템적 사고는 현상을 이해하고 인류에게 편익을 주는 구조물을 만드는 데 있어 매우 중요한 도구임이 분명합니다. 그러나 우리는 그 도구가 지닌 한계를 명확히 인식하고 이를 보완하기 위해 노력해야 합니다. 시스템을 다루는 이들이 인문학적 소양을 내재화하기 위해 끊임없이 정진해야 하는 이유가 바로 여기에 있습니다.

⓪4 기술의 발전단계와 MIS의 역할

김준우　：　MIS는 기술과 함께 발달해 왔다

주지하다시피 역사적으로 출현했던 각 기술은 작게는 기업에 그리고 크게는 사회의 생산성 증대에 크게 기여하여 왔습니다. 특히 기존 기술의 개선이 아니라 새로운 기술은 생산성 향상을 점진적인 아닌 혁신적으로 증대했음을 알 수가 있습니다. 그래서 특정 기술이 점유하는 시기를 구분하여 놓고 그 주도적인 기술이 기업 특히 MIS에 어떠한 영향을 미치는지 살펴보는 것은 큰 의미가 있습니다. 지금처럼 AI 기술이 주도적 기술이라고 한다면 이와 같은 시도를 통해 이 기술에 대한 MIS의 바람직한 대응을 대강이나마 스케치할 수가 있기 때문입니다.

MIS의 이슈는 최근 화두로 떠오르고 있는 AI와 그 기술이 갖는 사회적 관계에 대한 것입니다. AI는 이제 단순한 도구로서 보다는 인류와 공존할 수 있는, 어쩌면 대체할 수도 있을 정도의 발전을 지속해 왔으며 그 가능성은 우리 상상을 넘고 있습니다. 그래서 새로운 차원에서의 비전이 필요성이 요구되는 것입니다.

인류의 기술은 정보화 관점에서 보면 다음 세 단계로 발전되어왔습니다. 컴퓨터가 발명되기 이전의 시대를 1기 (Before MIS)라고 한다면 2기는 컴퓨터와 통신이 기업 생산성 향상의 장치로 쓰였던 시기 (MIS)이고 제 3 기는 AI 기기가 우리 모든 생활에 파급되어 사회 자체가 변화되는 시대 (MIS 2.0)라고 할 수 있습니다. 이를 도표를 정리하면 〈표 1〉과 같습니다.

특히 기술의 발전 제 2기는 컴퓨터와 통신의 결합을 통하여 정보시스템 개발과 같이 정보 (지식)중심사회로서 기업의 생산성이 주요 이슈이지만 제 3 기에서는 인공지능을 매개로 한 사회입니다. 여기서는 AI가 이미 개인, 기업을 포함한 모든 사회에 널리 퍼져 상호 유기적인 작용을 하고 있는 상태를 말합니다. 따라서 이를 따로 떼어내어 개인이나 기업을 독립적인 대상으로 하기 보다는 사회 집단 전체를 대상으로 분석하는 것이 보다 합리적이라고 할 수 있습니다.

〈표 1〉 기술발전에 따른 종류

기술의 발전 단계	1 (B. MIS)	2 (MIS)	3 (MIS 2.0)
매개	데이터	정보 / 지식	지능
생산방식	대량생산	소품종 대량생산	주문 생산
이슈	생산량	생산성	자동화
매개기기	기계	컴퓨터, 통신	AI 기기

제2기 기술 발전단계에는 기업에 한정하여 정보기술이 기업의 생산성 향상을 도모하는 것이 주제였습니다. 이는 산업 혁명 이후에 대량 생산을 효율화를 시도했던 제1기의 연장선이라고 할 수 있을 것입니다. 그래서 1기에서는 과학적 대량생산 방식을 위한 테일러 시스템이나 포드 시스템을 도입하여 생산성 향상을 노력했으나 그 생산성 향상이 한계에 이르렀을 때 때마침 발명된 컴퓨터와 통신에 의해 그 한계를 극복할 수 있었습니다.

다시 기술 발전 3기에서는 AI 기술의 활용기간을 더욱 세분화하여 다음과 같이 세 단계로 〈표 2〉와 같이 분류할 수가 있습니다. AI와 인간의 관계를 보면 1단계는 인간이 AI를 작업의 도구로 보는 단계로서 AI의 LLM(대규모 언어 모델)처럼 필요한 답을 구하거나 드론처럼 사람의 요구에 의해 작업을 실행하는 초보적인 AI 활용을 의미합니다. AI 로봇과 과제를 나누어 사람의 감독하에 로봇이 나머지 과제 프로세스를 진행하거나 독립적으로 과제를 수행할 수도 있는 단계입니다.

제2단계는 AI와 사람의 하나의 합체로서 AI와 사람을 하나의 생명체로 구성하는 일입니다. 간단한 예로 영화 매트릭스처럼 사람의 의식에 AI가 자리 잡으면서 때로는 그들의 판단에 의해 의사결정을 내리는 단계입니다. 이로써 사람들은 AI가 갖는 무한한 지식을 공유할 수 있을 뿐만 아니라 보다 합리적인 판단을 할 수 있게 됩니다.

마지막은 AI가 인간을 대체하는 단계입니다. 인간이 해야 할 노동, 창작 등을 AI 등의 장치들이 맡아 하면서 대신 인간의 역할을 찾아야 하는 시기가 될 것입니다.

비록 이러한 단계는 아직 공상과학 수준에 지나지 않을 지 모르나 많은 과학자들이 예견하고 있듯이 그 시대는 꽤나 빨리 우리에게 다가오고 있습니다.

〈표 2〉 AI 발전 단계 별 인간과의 작업

AI 발전 단계	1	2	3
인간과의 작업	도구	융합	대체
작업 관계	협업	일체	자동

❖ AI기반의 MIS 역할

물론 MIS에서 AI기술의 활용은 그 분야와 방식에 대해 수많은 가능성이 열려 있습니다. 여기서 모든 가능성에 대해 일일이 추출하고 기술하는 것 보다는 초기에 가능한 몇 분야를 소개하도록 합니다.

1) 시스템 개발 방법론

우선 당장은 AI와 IT를 결합한 시스템 개발 방법이 초점이 될 수 있습니다. 먼저 시스템 개발 방법에는 고전적인 방법에 따르면 일반적으로 요구분석, 설계, 코딩, 검수, 확산, 평가 및 보수 등의 단계를 거칩니다. 이때의 시스템 개발 방식에 대한 AI에 대한 과제는 세개의 질문으로 요약이 됩니다.

- AI를 이용하여 정보시스템을 어떻게 효율적으로 구축할 수 있는가?

- 영역별 AI를 시스템의 기능 속에 어떻게 결합하고 통합할 수 있는가? 각 필드 즉 마케팅, 회계, 생산 등의 기능 조직에 어떻게 AI를 접목하고 이를 통합할 것인 가?
- 기업 통합 AI 시스템과 사회 가치와 어떻게 통합할 수 있는가?

2) 기업의 기본계획과의 조율

기업에 존재하는 각 기본계획, 즉 기업의 발전기본계획, 시스템 개발 기본 계획 (ISP) 그리고 시스템 개발 계획을 유기적으로 통합하기 위한 AI의 활용. 예컨대 각 시스템의 개발 시기, 크기 및 예산 등이 기업의 발전계획과 그리고 외부 환경 변화와 조율하기 위해서는 AI의 도움이 필요합니다.

3) 개발에 따른 요구 분석 및 훈련, 평가

데이터 중심의 AI 시스템은 범용이 될 수는 없습니다. 즉 domain specific 하다는 의미입니다. 그래서 데이터 훈련에 앞서 요구사항을 정의하고 이에 적합한 데이터를 취합할 필요가 있다. 전문가 시스템의 경우에는 소위 knowledge engineer들이 했으나 이제는 이들이 이러한 작업을 맡아 데이터와 훈련을 맡아야 할 것입니다.

4) AI 시스템 확산에 따른 인간 소통, 윤리, 생활양식, 세계관 연구의 필요

MIS의 영역이 기업내 시스템에서 AI에 기반한 사회시스템으로 확산된다면 이제는 그 대상이 기업의 효율에서 사회의 가치로 확대될 것입니다. 그래서 사회시스템의 역할에 대한 정의, 운영상의 규제, 시스템의 각종 편익 분석 등을 연구와 시스템 구축에 대한 역할을 이행하여야 할 것입니다.

5) AI와의 공생에 대한 철학적 사회적, 그리고 심리적 연구

AI의 미래 세상은 SF 소설처럼 어쩌면 기계와 공생할 가능성도 있습니다. 더욱 심각하면 기계로부터 노동을 강탈당하거나 오히려 종속될 우려도 있습니다. 그러나 명확한 것은 AI 가 탑재된 이들 기기가 더욱 우리의 삶에 침범해 올 것임에는 틀림없습니다. 그런 세상을 위하여 적어도 기술을 담당하는 MIS가 핵심 역할을 하게 될 가능성이 매우 높습니다. 그런 시대를 위해 지금부터 MIS에서 준비를 해야 합니다.

AI 이진 시기의 MIS는 IT과 타 경영영역을 통합하여 조율하는 매개의 역할이었습니다. MIS가 AI 기술이 더욱 발전되고 활용될수록 단지 기업 영역에만 한정되는 것이 아니라 보다 넓은 영역, 즉 사회의 핵심으로 자리잡게 될 것은 명확합니다. 이때 MIS의 주제는 그 대상이 기업이 아니라 사회에 대해 AI를 어떻게 활용하여야 하고 어떻게 통제하여야 하며 또한 어떻게 개발되어야 하는 가에 맞추어 질 것입니다.

◆

05 MIS와 탈(脫)MIS

김준우   MIS의 새이름,
MAIS(Management Artificial Information Systems)

MIS(Management Information System)라는 용어가 일반화된 지도 어느덧 약 30년이 지났습니다. 당시 컴퓨터를 경영 효율화 및 조직화에 활용한다는 것은 매우 혁신적인 아이디어였습니다. 초기 MIS가 추구했던 것은 경영의 효율, 다시 말해 기계적이고 반복적인 기업의 과업(Task)들을 전산화하고자 하는 것이었으나, 인터넷을 비롯한 IT 기술의 발달은 단순 자동화를 넘어 소위 기업의 형태를 바꾸는 정보화 단계로 발전하게 되었습니다. 그러나 최근 AI 시대의 도래와 함께 이러한 MIS의 역할에 대해 다시 한번 재조명할 필요성을 느끼게 됩니다. 이는 AI 기술 자체가 단순한 자동화의 차원을 넘어 '사고'의 차원으로 진입했기 때문입니다.

❖ MIS의 본질

MIS는 글자 그대로 IT를 활용하여 기업의 이윤을 극대화하는 것을 목표로 합니다. MIS 교과서가 설명하듯이, IT의 발전에 따라 단순히 반복적인 업무를 자동화하는 전산화(Computerization) 작업에서 시작하여, 이후 네트워크 기술을 이용해 일의 방식 자체를 바꾸어 더 높은 효율을 얻고자 하는 정보화(Informatization) 작업 등으로 지속적인 진화를 거듭해 왔습니다.

이와 같은 기술의 눈부신 발전에 맞추어 기업 구조 역시 다양하게 진화해 왔습니다. 예컨대 기업 부서 내의 업무 자동화부터 시작하여, BPR 경영 기법 등을 이용한 업무 프로세스 통합, 그리고 더 나아가 기업의 구조 및 비즈니스 모델 자체를 바꾸는 단계에 이르게 된 것입니다.

물론 기존의 MIS는 도구적(Tooling) 기술의 활용이라는 점에서 일정한 한계가 존재합니다. 다시 말해, 이윤이라는 기업 목표를 달성하기 위하여 다양한 IT를 조합하는 데 초점이 맞춰져 있다는 점입니다. 물론 MIS가 경영의 일부로서 기업과 IT의 최적의 조합을 목적으로 발전해 온 것은 분명한 사실입니다.

여기서 도구적 기술이란 기업의 업무를 대신하거나 보완하는 것에 제한됩니다. 경영에서 일어나는 정보의 보관, 분석, 전달 등의 정보 체계를 자동화하거나 효율적으로 이용하는 것입니다. 또한 새로운 기술의 등장에 따라 해당 기술이 갖는 특징과 장점을 이용해 목표를 달성하고자 했습니다. 기업들의 이러한 노력 덕분에 정보처리의 거두(Guru) 기업들이 등장하였으며, 새로운 IT 기술을 이용한 사업 모델(Business Model)로 무장한 기업들이 최근의 경영 풍경을 크게 바꾸어 놓은 것도 현실입니다.

그러나 알파고와 ChatGPT의 등장은 이러한 경영 환경을 송두리째 바꾸어 놓았을 뿐만 아니라, 기술에 대한 인식과 활용에 대해 다시 생각하는 계기를 만들어 주었습니다. 주지하시다시피 AI는 지능(Intelligence)을 갖는 기술입니다. 아직은 발전 초기에 있으나, 매 순간 전해지는 뉴스를 통해 그 거대한 발전을 실감할 수 있습니다. AI가 기존 기술과 다른 점은 경영 일상에서 발생하는 정보들을 단순히 빠르고 정확하게 연산하는 차원이 아니라, 사람처럼 정보를 바탕으로 '판단'이 가능하다는 점입니다.

❖ MAIS; MIS의 새로운 명칭

그렇다면 기업은 AI를 이용하는 방식이나 목적을 기존의 IT와는 다르게 정립할 필요가 있습니다. 기술의 종류와 수준이 다르기 때문입니다. 우리는 이를 MAIS(Management Artificial Intelligence Systems)라고 부르기로 합시다. 기존의 MIS와 MAIS의 차이를 개념적으로 정리하면 아래의 표와 같습니다.

<표 1> MIS와 MAIS의 기능 비교

구분	MIS	MAIS
목적	효율	효과 (가치)
인터페이스	Copilot / Agent	AI Agent
대상	기업 경영인	경영자, 사회 전문가
역할	시스템 개선 및 혁신	디지털 사회와 상호 협업을 통한 유기적 진화
방식	IT화	Hyper 융합

먼저 MAIS의 궁극적인 목적은 사회적 가치, 혹은 이와 연동된 기업 이념이나 비전을 중심으로 설계되고 활용되어야 한다는 점입니다. 이러한 비전과 이념에 따라 AI는 보다 나은 아이디어와 전략, 그리고 그에 맞는 실행 계획을 추출하고 실행을 자동적으로 운용할 수 있게 됩니다. 즉, 기존 기업이 스마트 기업(Smart Firm)을 지향했다면, 이제는 기업이 생명을 갖는 유기체라는 의미인 "인텔리진드 기업(Intelligent Firm)"으로의 변환을 의미하는 것입니다.

또한 MAIS가 작동하는 방식은 단순한 IT화를 넘어 '하이퍼(Hyper) 융합'이라 할 수 있습니다. 기업 내 업무, 즉 생산이나 마케팅과 같은 일반 업무를 AI가 자동 튜닝하여 개별 생명체와 같은 구조를 갖게 됩니다. 그리하여 사람과 기업의 인터페이스를 담당하는 것은, 사람이 모든 것을 지시해야 했던 MIS의 코파일럿(Copilot) 혹은 대리인(Agent)이 아니라, AI가 사람과 모든 기업 모듈 간, 그리고 기업 모듈 상호 간의 인터페이스를 관장하는 'AI Agent'가 됩니다. 즉, 기업의 업무 모듈들이 사람이 제시한 기업 비전에 최적화될 수 있도록 매 순간 재설계, 분리, 통합을 통해 조직의 재구성을 지속적으로 실행하게 됩니다. 기업 전반이 자동화되면서 외부 데이터 간의 상호 작용(Interaction) 역시 필연적입니다. 기업 AI가 외부 데이터 집단과 연결되어 있어 외부 데이터에 종속되기도 하지만, 역으로 외부 데이터에도 영향을 주기 때문입니다. 즉, 기업 AI의 데이터 세트는 전체 데이터 세트의 일부가 되는 것입니다.

그럼으로써 MAIS의 대상은 기업인에 국한되지 않고, 이를 폭넓게 확장하여 사용자 및 정책 결정자, 그리고 가치 사슬(Value Chain)상의 모든 기업과 기관들이라 할 수 있습니다. 따라서 MAIS의 궁극적인 목표는 기업 이념과 비전을 실현하기 위해 사회와 협력하여 유기적이고도 지능적으로 기업 업무와 생산 과정을 최적화하는 것입니다. 이러한 과정을 통해 MAIS는 한 기업의 이윤만이 아니라 사회의 복지와 발전에 기업의 이념이 기여할 수 있도록 사회 시스템의 일부를 구성하게 됩니다. 아마도 이러한 사회적 복지를 MAIS에서는 "사회적 이윤"이라고 부를 수 있을 것입니다.

이처럼 관련 MAIS 연구 단체는 기존 MIS가 추구했던 기능에서 탈피하여 전혀 다른 의식과 목표를 정립하고 새로운 학문 체계를 열어야만 합니다. 지금은 AI의 진화 속도에 맞추어 MAIS 역시 발전해야 함은 물론, 기업의 울타리에서 벗어나 미래 기술 사회에 대한 연구로 전환해야 할 시기입니다. 만약 때를 놓치게 된다면 MIS는 죽은 학문으로서 구시대의 전설로 남게 될 가능성도 적지 않습니다.

06 경영정보(MIS)학회 회생론

김준우 ┊ AI시대, MIS의 역할과 사명

필자가 MIS 전공자로서 평생을 몸담아 오고 일을 했던 곳이 MIS 학회입니다. 그리고 학회를 아끼고 사랑했던 회원의 한 명으로서 은퇴 후 그 학회를 다시 한번 돌아보는 것은 의미가 있다고 생각합니다. 어쩌면 그 울림이 어떤 후학 회원들에게 어쩌면 자그마한 교훈이나 깨침을 줄 수도 있기 때문입니다. 물론 요즘과 같이 기술의 변화가 심한 시기에 은퇴 세월도 제법 지난 탓에 자칫 멀 모르는 노인의 궁시렁일 수도 있겠지요.

국내 MIS 관련 학회는 1980년대에 설립된 경영정보학회를 위시하여 전문가 시스템 학회, 데이터베이스 학회 등 세부 영역별로 성장해 왔습니다. 초기 1990년대 초반에서 2010년까지 외국에서 MIS 유학파들이 대학에 포진하여 있었고 당시 정부에서는 정부사업으로 정보화 사업을 독려했을 뿐 아니라 기업은 기업대로 경쟁력 강화를 위한 기업 정보화가 맞물리면서 당시 MIS 학문은 급격한 성장을 했습니다.

이후 첨단 IT 지식이 다방면의 채널을 통하여 국내에 소개가 되자 국내 사설 IT컨설팅 그룹의 성장과 기업이 직접 IT 지식을 축척하기 시작하였습니다. 문제는 국내 학계의 경직된 조직 구조상 IT와 기업의 변화 속도를 따라 가지 못했던 학계나 대학에서는 초기의 수준을 면치 못하고 정체되었던 것입니다.

물론 국내 학계가 기여한 것 역시 무시할 수는 없습니다. 특히 정보시스템이 국내에는 생소했던 시절에 그리고 가장 필요로 했던 시기에 경영정보학회는 나름대로의 교육, 프로젝트, 컨설팅을 주도적으로 이끌면서 국내 정보산업의 주축을 이루었다고 봐도 큰 무리가 없습니다. 또한 필요한 새로운 경영 혁신 도구들 특히 BPR, Outsourcing, KMS, EC, DW 등 정보기술과 관련한 새로운 경영혁신 도구를 외국의 선진국과 실시간으로 국내 기업과 산업에 공급해 왔던 것입니다. 이러한 노력의 결실로 2000년대 초기에 대형 국가 정보화 프로젝트였던 대법원 정보화 프로젝트, 통합 세무정보화 프로젝트, 전자정부 등을 성공적으로 구축하고 이제는 외국에 수출하고 상황이 되었습니다.

그러나 학계 즉 대학과 학회는 영역의 특성상 보다 개방적이어야 함에도 불구하고 국내 학계의 경직된 문화에 따라 점차 고립되고 배타적인 형태로 변질되었습니다. 그래서 MIS의 본래의 모습을 다시 돌아보고 현재에 이르게 된 한국 MIS 학계의 문제점을 정리함으로써 가능한 대안을 아이디어 차원에서 생각해 볼 필요가 있습니다. 먼저 현역시절에 생각하고 느꼈던 몇몇 문제들을 간단히 적시하면 다음과 같습니다. 지금 현재에는 많은 변화가 있겠지만 말입니다.

❖ **MIS 학계의 문제**

물론 조직이 갖는 문제를 세세하게 기술한다는 것은 여기서 다룰 일은 아닙니다. 다만 한번 조직을 돌아보자는 차원에서 큰 항목만을 살펴보았습니다. 물론 이런 사항은 MIS 학회만의 문제도 아닐 뿐더러 또한 문제를 알아야 이것이 앞으로 고쳐 나갈 출발점이 될 수 있다고 생각합니다.

1. 학계의 자체 고립화

  1) 경직된 대학의 커리큘럼.

    - IT의 변화에도 대학의 커리큘럼의 정체

    - AI 시대의 커리큘럼에 대한 준비 부족

  2) 산학 협업의 미흡

    - 산학 협동을 위한 학회내 조직 및 활동 부재

2. MIS 주제의 개인화

  1) 새로운 주제의 개인화

    - 사회 IT 이슈에 대한 학회 의견 미흡

3. 젊은 연구인력의 미흡한 수혈 및 논문에 매몰.

  1) 논문을 위한 논문에 매몰

- 현실보다는 실적을 위한 논문 작성위주.

2) 전문가 보다는 Generalist의 사회적 요구

3) 외국 IT관련 일자리 활황

4. 타 영역의 IT수용에 따른 MIS의 정체성 퇴조

1) IT와 관련 툴의 발전으로 MIS의 위상 퇴조

5. 학회 지도부의 리더십 부족

1) 정부, 산업계와의 협업, 제언, 등 미흡

2) AI 등 신기술에 대한 의견 및 비전 제시 부족

그렇다면 이를 극복할 수 있는 대안은 무엇인 가? 물론 분석에 따라 다양한 의견과 결과가 추출될 수는 있으나 현 시점에서 큰 틀만 보면 다음 네 개의 영역을 생각할 수 있습니다.

- 학회의 비전 관리 및 정체성 확보

- 학회의 리더십 확보 및 활성화

- 정부, 업체와의 교류 활성화

- 실질적 연구의 활성화 독려

❖　MIS학회의 변화 필요성

각 항목마다 에도 수많은 실행계획을 기술할 수가 있을 것입니다.

다만 여기서는 화두를 던지는 것으로 그치려 합니다.

사실 MIS는 경영자에게 혹은 정보 소비자에게 필요한 정보를 가공하여 적시에 적합한 포맷으로 제공하는 것을 목적으로 하는 학문입니다. 특히 MIS 연구하고 선도하는 단체인 MIS 학회는 IT의 발전과 함께 크게 성장한 것도 사실입니다. 그러나 IT 기술의 급격한 발전과 기업들의 축적된 IT 지식으로 고도화되고 있음에도 학회의 안이한 대응으로 MIS와 MIS 학회의 정체성은 점차 퇴색되어 갔습니다. 더욱이 학계내에서 리더십의 부재와 회원 간의 결집이 안된 상태에서 학문적 정체는 대학의 관련 전공 및 학회의 정체로 이어졌고 점차 MIS의 존재감마저 위태롭게 된 것입니다.

최근 AI기술의 부각과 함께 학회의 화두는 AI와 그 기술이 갖는 사회적 관계에 대한 것입니다. AI는 이제 단순한 도구로서 보다는 인류와 공존할 수 있는 수준을 넘이 그 기능성은 우리 상상을 넘고 있습니다. IT 기술의 경영적 융합을 다루는 MIS 학회는 부각된 AI기술에 맞추어 변신이 요구되는 시점입니다.

그래서 MIS 학회는 AI 시대의 학회 비전을 다시 정립하고 리더십을 발휘하여 현장에서 필요한 학문으로서 거듭나야 한다는 것입니다. 앞으로 어떻게 AI를 우리 MIS discipline에서 다뤄야 하는가 하는 이슈와 이에 대한 노력은 우리 MIS 학회가 새롭게 거듭날 수 있는 계기가 될 수 있습니다

MIS와 AI의 융합, 인텔리전트 기업

07

김준우 ┊ AI, 기업의 두뇌가 되다

한 동안 4차 산업혁명의 표징으로 무인화 공장을 뜻하는 Smart Factory라는 개념이 회자된 적이 있었습니다. 당시 부각되었던 IOT(Internet Of Thing) 통신기술과 로봇을 이용하여 자동화 공정을 통합하고 MIS와 묶어 이를 Smart Factory라고 명명하였습니다. 그러나 이 구성은 무인화 공장까지는 가능하지만 경영 부문의 경우 아직 경영자의 의사결정이 필요했기 때문에 스마트기업(무인 기업)이라고 하기에는 한계가 있었습니다.

❖ MIS의 두뇌; AI

사실 MIS(경영정보학)는 기업을 대상으로 하는 정보시스템인 반면 최근 부각되고 있는 AI 기술은 특정 서비스를 위한 단위 정보기술로서 각기 목적과 역할이 다릅니다. 이 두 기술이 기업 시스템으로서 통합될 수 있다면 그것을 다음과 같은 단계 즉 MIS의 초기단계에서 단위 업무 지원을 위한 AI 서비스 단계 그리고 경영자와 MIS 그리고 AI간의 협업의 단계, 그리고 마지막으로 경영자가 배제된 AI 중심의 MIS 통합 구조로 진화될 가능성이 높습니다.

초기 MIS가 운영되었던 시대에는 경영자가 MIS가 제공하는 다양한 Tool을 갖고 의사결정을 했던 것이 일반적입니다. 당시 MIS가 제공하는 도구 구성을 보면 기업 데이터 베이스에 근거하여 Data Warehouse 분석 도구인 OLAP 혹은 Data Mining을 활용하거나 필요에 따라서는 Big Data에 근거한 데이터 패턴 툴들을 활용하였습니다.

AI 시대의 제조 공정이 지향하는 바는 경영시스템과 통합된 완전 무인 자동화된 공장입니다. 이러한 목표를 가기 위한 로드맵을 세단계로 생각해 봅시다. 먼저 현재의 AI 서비스는 MIS와 독립된 기술로서 아직은 단위 업무 수준에서 활용되고 있는 수준입니다. 사실 기업에서는 웬만한 분석 보고서와 계획서는 AI에 의존하고 있을 뿐 아니라 손이 많이 가는 프로그램 코딩이나 그래픽 역시 AI가 대부분 처리하고 있습니다. 이는 과거에 워크 스테이션을 이용하여 그래픽을 그리거나 지식기술자 (Knowledge Engineer)가 전문가의 지식을 추출하여 지식 DB를 구축하는 독자적인 업무에 비길 수 있습니다. 이러한 AI 서비스로 인하여 의도되었던 바와 같이 기업 생산성을 크게 높아진 것도 사실입니다. 이 단계에서는 AI와 MIS는 양 기술의 결합보다는 이원화된 기술로서 필요한 영역에 AI가 개별 서비스를 하고 있는 상황입니다.

다음은 AI가 경영 기능별 MIS의 내부에 결합하여 직접 기능 영역의 의사결정을 맡게 되는 단계입니다. 다시 말하면 생산 AI는 MIS 생산 모듈에 탑재되어 생산을 모니터링하고 필요한 상황에 최적화를 이룰 수 있게 된다는 것입니다. 점차 각 모듈의 AI 가 정착이 되면 이제 모듈 AI를 통합 지휘할 수 있는 중앙 AI 서버가 위치하게 됩니다. 각 모듈 AI들은 효율의 극대회를 달성하기 위해 영역내에서의 프로세스 재설계, 자동 구축을 자율적으로 이행할 것입니다. 이 단계는 AI가 직접 의사결정을 하지만 데이터 축척을 위해 경영자에게 추인 받는 형태로 운영이 됩니다.

마지막으로는 중앙 AI서버가 경영자를 대체하고 독자적으로 영역별 MIS와 AI를 융합하는 단계입니다. 즉 중앙 AI서버는각 영역별 AI를 제어하게 되고 이 서버를 중심으로 기업 전체는 통합을 이룹니다. AI는 이미 학습을 통해 의사 결정과 예측의 과정을 익히고 경영자를 능가하는 능력을 갖추게 될 것입니다. 이 수준에 이르게 되면 중앙 AI 서버가 경영자를 대신하여 회사를 운영하고 이에 연결된 로봇, 휴머노이드, 그리고 자동화 생산설비를 통해 소위 무인 기업이 가능한 인텔리전트 기업(Intelligent Firm)이 가능합니다. 단지 경영자는 외부에서 AI Agent를 이용하여 기업의 목표, 조건 등을 명령함으로써 기업 시스템을 통제할 수 있습니다. 작금의 AI 발전 속도를 보면 이렇게 인텔리전트 기업처럼 AI와 MIS의 역할이 뒤 바뀌는 상황이 멀지 않다고 느껴집니다.

❖ AI의 한계

그러나 AI가 갖고 있는 태생적 한계 역시 적지 않습니다. 문제는 AI 기술이 데이터 편향적이고 또한 AI가 제시한 답안이 항상 정확한 것이 아니라는 것입니다. 예컨대 비즈니스의 상황은 매우 변덕이고 과거의 상황이 항상 재현되지 않는다는 특징이 있습니다. 다시 말하면 과거의 상황이 앞으로도 일어난다고 불 수는 없다는 것입니다. 그리고 과거의 결정이 반드시 옳았다고 볼 수도 없습니다. 결국 데이터 편향적인 AI기술로는 정확한 답을 구하기 어렵다는 사실입니다. 즉 반복적이고 정확한 데이터를 다루는 공장의 제조 시설은 가능하지만 경영 일선에서는 AI 기술을 쓰기에는 한계가 있을 수밖에 없습니다.

또한 각 기업은 같은 업종이라도 각기 독특한 특질을 갖고 있습니다. 이런 기업의 AI를 구성하기 위해서는 이 기업이 생산해 내는 데이터가 필요할 것이고 AI는 이를 통해 학습을 해야 할 것이지만 이러한 데이터의 양이 충분치 않을 뿐더러 그 데이터 역시 양질의 것이라고 볼 수도 없습니다. 더욱이 충분히 AI가 학습을 했다 하더라도 경영환경과 기업은 변하기 마련이어서 과거 데이터를 학습된 AI 시스템은 이미 고물이 된 상태입니다.

그러나 가장 큰 문제는 AI System을 통제하지 못할 경우입니다. 폴 뒤카의 교향시 "마법사와 제자"에서의 물긷는 빗자루처럼 통제가 풀린 빗자루는 계속 물을 길어 집을 물에 잠기게 하는 우화는 우리를 섬뜩하게 합니다. 기업 MIS의 중앙에 위치한 AI를 제어할 수 없다면 분명 문명의 이기(利器)라기 보다는 무서운 괴물이 아닐 수 없습니다.

비근한 예로 만약 스마트 기업 시스템에 일단 목표가 주어질 때 예컨대 오직 이윤극대화라는 목표를 위해 AI System이 작동된다고 하면 의도하지 않았더라도 우리가 생각지도 못한 가공할 사태도 충분히 일어날 수 있습니다. 기업 AI 시스템은 그 목표를 위해 비정상적으로 기업 내외부를 변화시키고 영향을 주는 등의 지속적인 노력을 할 것이고 제어되지 않는 이러한 시스템의 획일적인 행위는 결코 바람직한 결과를 초래한다고 볼 수는 없습니다. 자칫 사회의 재앙이 될 수도 있다는 것입니다.

그러나 MIS와 AI의 결합은 미래 기업의 숙명적인 과정입니다. AI가 기업의 뇌라고 한다면 MIS는 신경망 그리고 로봇은 몸에 비유할 수 있을 것입니다. 그럼으로써 인류는 AI Agent를 통해 기업 AI 시스템의 목표를 설정함으로써 규모와 장소 그리고 시간에 관계없이 무인 기업을 움직일 수 있게 될 가능성이 높습니다. 물론 이와 대한 논의는 윤리적, 경제적, 사회적 이슈를 낳게 되고, 또한 시장 중시의 자본주의 존재에 대한 의문 역시 남게 되는 것입니다. 그리고 우리에게 궁극적인 질문을 던집니다. 과연 인류의 고귀한 노동을 강탈한 그런 기업 무인화가 우리 인류를 위해 바람직한 일인 가라고 말입니다.

MIS의 이론과 현실

김준우 ⋮ 이상적인 설계와 야전의 기록

지금은 인공지능(AI)이 프로그래밍 코딩까지 수행하는 시대가 되었지만, 1970년대만 하더라도 국내에서는 전산화라는 이름의 시스템 통합(SI, System Integration)이 전부였습니다. 산업화가 급격히 진행되던 1990년대에 들어서면서 공기업은 물론 국내 대기업 그룹을 중심으로 정보화 바람이 거세게 일어났습니다. 때마침 서구에서 경영정보시스템(MIS)을 전공한 학자들이 국내 대학으로 유입되었고, 이들은 새로운 정보기술의 소개와 첨단 인력 공급을 통해 정보기술 산업을 견인하는 역할을 했습니다.

당시 산업계는 각 그룹 계열사의 전산실을 통합하여 SI 전문 기업을 설립하였고, 정부는 대법원 정보화, 국세 통합시스템, 전자정부 구축 등 국가 차원의 대규모 SI 프로젝트를 발주하였습니다. 이러한 격변의 시기에 대규모 프로젝트를 직접 수행하며 겪었던 이론과 현실

사이의 괴리는, 프로젝트의 야전 사령관이라 할 수 있는 프로젝트 매니저(PM) 입장에서 반드시 해결해야 할 과제였습니다. 1990년대 당시 한국통신(KT)의 각종 정보화 실무를 진행하며 느꼈던 소회를 기록하는 일은, 비록 그것이 과거의 기술에 기반한 방식이라 할지라도 방법론적 골격은 변하지 않는다는 점에서 충분한 의미가 있을 것입니다.

사실 MIS의 정수는 교과서의 마지막 단원에 등장하는 시스템 구축(SI)에 있다고 해도 과언이 아닙니다. 여기에는 기업 전략을 비롯하여 첨단 기술, 정보기술의 수용 방법, 그리고 시스템 설계와 구축, 운용에 이르기까지 MIS의 모든 영역이 망라되어 있기 때문입니다. 즉, MIS의 각론은 결국 '시스템 구축'이라는 하나의 실체로 통합되는 것입니다.

❖ 기존 시스템 개발 방식의 한계

현재까지도 시스템 구축에는 5~6단계로 구분되는 시스템 개발 생명주기(SDLC) 방식이 적용되고 있습니다. 이 방식은 기간과 비용의 한계에도 불구하고 구조적이고 체계적이라는 면에서 여전히 독보적입니다. 당시 SI 프로젝트에서는 컨설팅 팀과 개발 팀을 이원화하여 운영하는 것이 일반적이었습니다. 프로젝트 초반 제안서 작성과 전략 수립은 컨설팅 팀이 맡고, 이후 구현은 개발 팀이 담당하는 구조였는데, 이 과정에서 크게 세 가지 측면의 어려움을 겪게 됩니다.

첫째는 개발자들의 문서화(Documentation) 능력입니다. 시스템 개발

단계마다 생성되는 결과물을 구체적으로 작성해야만 다른 개발자가 이를 이해하고 다음 단계로 넘어갈 수 있습니다. 그러나 당시에는 개발 방법론에 기반한 표준 결과물이 존재했음에도 불구하고, 이에 대한 교육과 관리가 충분치 않았습니다. 최악의 경우는 문서화 없이 시스템을 완성한 뒤 마지막에 결과물을 짜맞추는 것이었습니다. 개발자가 소수이고 규모가 작을 때는 효율적으로 보일지 모르나, 이는 대개 작성자 본인만 알아볼 수 있거나 정확성을 확인하기 어려워 보고를 위한 요식행위에 그칠 위험이 큽니다. 특히 결과물의 신뢰도가 떨어지면 이후의 유지보수는 사실상 불가능해집니다. 이는 정보기술 역사가 짧았던 탓도 있겠지만, 기록과 디테일을 경시했던 문화적 요인도 한 원인이었을 것입니다.

둘째는 컨설팅 팀과 개발 팀 사이의 괴리입니다. 컨설팅 팀은 프로젝트 초기에 선진 사례를 바탕으로 소프트한 영역의 비전과 전략을 수립하지만, 정작 구현을 담당하는 개발 팀과는 인적 구성이 다르다 보니 상호 이해가 부족한 경우가 많았습니다. 실제로 설계와 코딩 단계로 넘어가면 컨설팅 단계에서 보지 못했던 기업의 실제 사정과 기술적 한계에 부딪히게 되어, 애초의 구상을 온전히 실현하기란 매우 어려운 일이었습니다. 예산 문제로 인해 초기부터 고급 컨설턴트 대신 숙련도가 낮은 인력이 투입되는 현실적인 제약 또한 이러한 괴리를 심화시키는 요인이 되었습니다.

셋째로 실무에서 무엇보다 중요한 것은 코드 체계를 설정하는 일입니다. 코드는 기업의 자산, 상품, 부품 등 모든 아이템에 부여되는 식별자입니다. 품목 수가 방대하고 형태에 따라 부여 방식이 달라지기 때문에, 코드 체계가 한 번 꼬이면 데이터베이스 뿐만 아니라 프로그램 전체가 심각한 오류에 빠지게 됩니다. 당시 주로 사용하던 3세대 순차적 프로그래밍 언어는 사소한 실수도 용납하지 않는 특성이 있었기에, 이러한 디테일을 놓치면 추후 막대한 수정 비용을 치러야 했습니다.

❖ 시스템 개발 방법론 통합의 어려움

사실 시스템 개발 방법론에서 비즈니스 프로세스 재설계(BPR) 방법론을 데이터 흐름도(DFD)나 개체-관계 모델(ERD) 설계와 통합하는 과정은 이론적으로도 매우 복잡한 영역입니다. 초기 요구사항 분석 단계에서 생소한 업무를 짧은 시간 내에 파악하고, 그 안에서 문제를 찾아 새로운 설계를 고안해내는 작업은 차라리 '예술(State of the Art)'에 가깝다고 할 수 있습니다.

이후 코딩을 보조하기 위한 리버스 엔지니어링, CASE 도구, 객체지향 언어 등 다양한 기술이 고안되었지만 현장의 한계를 완벽히 극복하기에는 무리가 있었습니다. 최근 인공지능이 설계와 코딩을 돕는다고 하지만, 여전히 오류가 존재하며 인간의 재검토 절차를 거쳐야 하는 번거로움이 남아 있습니다. 결국 시스템은 아무리 기술이 발달해도 사람의 손이 일일이 닿아야 하는 구조물인 것입니다.

정보기술 시스템은 결국 사람에 의해 창조됩니다. 사람의 특성과 편차에 의해 결과물이 결정되는 것은 당연한 이치입니다. 정형화된 방법론을 통해 인간적 편차를 줄이려 노력하지만, 인간 고유의 특성을 완전히 비껴 가기는 쉽지 않아 보입니다. 수십 년 전 20세기 끝 무렵에 겪었던 어려움들이 오늘날이라고 해서 말끔히 해결되었다고 생각하지 않습니다. 플라톤이 이상 세계인 '로고스'를 꿈꾸었듯이, 완벽한 시스템을 만드는 것은 어쩌면 우리가 영원히 지향해야 할 하나의 이상일지도 모르겠습니다.

09 Data, Intelligence and Beyond

김준우 : 지능의 시작은 Text, 그 과정은 기술

인류의 역사는 바로 도구의 역사입니다. 수 만년간 돌을 도구로 사용하다가 3천년전 청동기 시대를 지나 철기 시대로 진입한 것은 불과 이 천년이 되지 않습니다. 인류 소통의 기본적인 도구인 텍스트(text) 역시 수 천년의 역사에 지나지 않습니다. 그리고 이 text 처리를 위한 도구는 기술의 발전과 함께 점토와 책을 위시하여 정보기술 등으로 다양하게 진화하여 왔습니다. 그렇다면 이들 text 처리를 위한 도구의 현재와 미래는 과연 어떤 것일까요?

❖ 지능의 시작: TEXT

인간 소통의 근간은 TEXT입니다. 이를 정보 기기로 표현한 것이 데이터이며 세상 객체가 쏟아 놓은 모든 것이 데이터의 부류에 포함됩니다. 이러한 데이터의 규모에 따라 데이터 베이스, 데이터 마트, 데이터 웨어 하우스, 혹은 빅데이터로 구분합니다. 초기의 정보시스템이 발달되고 확장됨에 따라 데이터 규모도 여기에 맞게 확장된 것입니다.

이러한 데이터를 기반으로 사용자가 필요한 즉 알고 싶은 형태로 가공한 것을 "정보"라고 부릅니다. 예컨대, 이는 경영자가 필요한 것을 경영정보, 투자가가 필요한 것을 투자정보라고 부르는 것과 같고 이 정보들은 가치를 지님은 물론입니다. 그래서 정보를 얻기 위해서는 먼저 어떤 정보가 필요한지를 알아야 하고 또한 그것을 얻도록 정보기술을 통하여 데이터로부터 가공하는 방법을 이해해야 합니다. 이 정보의 사용자가 경영자라면 그의 목적에 따라 관련된 정보기술은 MIS, ERP, MRP, CRM, SCM 등으로 구분할 수 있습니다.

정보기술이 발달하자 시스템의 가능성을 확장하기 시작하였습니다. 소위 1990대 말 등장한 지식정보시스템은 기업의 자산은 결국 조직원들이 갖고 있는 지식이라는 데 착안하여 이 지식들을 정보기술로 집적화하기 시작하였습니다. 정보는 데이터의 가공에 지나지 않으나 지식은 경영인의 노하우, 아이디어, 문제해결 방법 등을 집적하여 이 정보를 해석하고 활용하여 새로운 가치를 찾아냅니다. 즉 지식 경영은 전문가의 지식을 데이터베이스(DB)화 하고 관리하는 것을 의미합니다.

지능의 단계에서는 축적된 지식 아카이브를 대상을 지식을 검색하는 것을 넘어 추론이 가능하며 보다 유용한 해결책을 제시할 수 있는 상태입니다. 세계적인 IT 기업들이 내 놓고 있는 AI 시스템은 꽤나 신기하기도 하고 유용하기도 합니다. 그 영역도 광범위해서 검색을 물론 글짓기, 법률, 컴퓨터 코딩을 위시하여 음악, 미술, 문학 등 예술까지 확장하고 있습니다. 물론 그 능력은 웬만한 전문가를 능가할 정도로 인정을 받고 있습니다.

그러나 문제는 지식정보시스템까지는 사람들이 시스템으로부터 제시된 답을 쉽게 평가할 수 있으나 지능의 단계에서는 답을 예측할 수 없는 한계를 갖는다는 것입니다. 주어진 답 역시 사용자가 직접 평가를 해야 하고 또한 사용자가 평가할 수 있는 안목이 있어야 하는 것을 전제로 합니다. 그것 마저도 그럴듯한 답을 얻기 위해 엄청난 데이터와 정보 그리고 지식으로 학습(?)을 해야 만 가능한 일입니다.

그렇다면 인간이 제어할 수 없다면 그것은 도구가 될 수 있을 까요? 현재까지는 우리가 그럴 듯한 답을 구하는 것에 신기하고 만족하고 있으나 우리의 통제를 벗어나면 그리고 여기에 우리의 삶이 익숙해지면 그것은 우리의 도구가 아닌 바로 우리가 도구의 노예가 될 가능성이 높아집니다. 그 때는 우리의 사고능력, 분석 능력, 그리고 글 쓰는 능력까지 기계에게 빼앗기게 됨을 의미합니다.

역사적으로 보면 이제까지 도구는 우리의 능력을 하나 둘 대체해 왔습니다. 이제 육체적 노동을 물론 급기야는 사고 능력에까지 도구에게 내 주어야 할 단계에 온 것입니다. 조만간 이 들 기계가 쏟아내는 각종 정보와 지식의 홍수 속에서 인간의 창조물인지 아니면 기계의 산출물인지 분간할 수 없는 세상이 될 것이 명확합니다. 더욱이 AI 발전이 앞으로 AI특이점 (Singularity) 즉 인간의 지능을 뜻하는

AGI(Artificial General Intelligence) 혹은 그 이상의 인공지능인 ASI(Artificial Super Intelligence)가 언급되고 있으나 이는 현재의 인공지능 기술의 연장선에 지나지 않습니다. 그러나 긴 시간으로 보면 기술의 발전은 여기서 그칠 것이 아닐 것입니다.

❖ 자각하는 도구의 의미

나는 이들 지능을 갖춘 기계가 언젠가 인간의 또 하나의 기능인 자각(自覺)할 수 있는 능력을 갖춘 더 이상의 단계(BEYOND)가 올 수 있다고 생각합니다. 아직은 자각은 물론 인간의 감정도 과학적으로도 그리고 철학적으로도 밝혀지지 않고 더욱이 이렇다 할 정의조차 없습니다. 이를 비슷한 알고리즘으로 구현하려 해도 상당한 시간이 필요하겠지만 어쩌면 급 부상하고 있는 바이오 기술이 그 해답이 될 수도 있을 것입니다.

그렇다면 질문은 인류에게 왜 자각 능력이 있는 도구가 필요한가일 것입니다. 왜 도구에게 감정이 필요할까 싶습니다. 사실 도구는 필요에 의해 개발되고 또한 사용되는 것이지 인류에게 필요가 없는 것은 만들 이유는 없습니다. 혹자는 사람에 따라서는 교감을 할 수 있는 도구 혹은 휴머노이드 등이 필요하다고 합니다. 예컨대 레플리카를 위시한 애인 AI를 지칭하는 것이지만 이들은 아직 자각이 있는 것이 아니라 단지 화자에게 적당한 답을 알고리즘으로 찾아 주는 기능을 갖고 있을 뿐입니다. 즉 자각이 필요하지 않다는 것이다. 사용자가 원하는 답을 찾거나 만들어 주기만 하면 되기 때문입니다. 자각을 하면 오히려 SF영화 컴패니언이나 HER 등에서 보듯 오히려 사용자에게 생각지도 못한 결과를 초래할 수도 있을 것입니다.

그래도 먼 미래에 혹시나 이러한 자각의 알고리즘이 만들어 질 수도 있습니다. 영화 아이로봇에서 보듯 천재적인 프로그래머가 이런 알고리즘을 만들었다 해도 감정을 갖고 있는 도구가 인류에게 어떠한 도움이 될 지 알 수가 없습니다. 오히려 굳이 말하면 똑똑한 인조인간 프랑켄슈타인을 만드는데 지나지 않습니다. 결국 BEYOND의 소재는 SF 영역에나 가능한 이야기가 아닌가 싶습니다.

10 DFD와 ERD, 두 세계관의 충돌

김준우 시스템 개발 방법론의
어려운 그리고 필요한 통합

경영정보시스템(MIS)의 궁극적인 목적은 경영자나 시스템 사용자들에게 적합한 정보 처리 및 경영 정보를 제공하는 것입니다. 우리는 '시스템'이라는 틀을 구축함으로써 이러한 목적을 달성하게 됩니다. 실제 대학 현장에서 시스템 분석, 설계, 데이터베이스 설계 등 다양한 IT 기술을 가르치고 있지만, 결국 이 모든 각론은 '어떤 시스템을 어떻게 만들 것인가'라는 소프트웨어 개발 방법론(Software Development Methodology)으로 귀결됩니다.

❖ DFD; 데이터의 흐름

각 기술에는 그에 맞는 적절한 사용법이 있기 마련입니다. 소위 3세대 컴퓨터 언어로 시스템을 설계하기 위해 고안된 고전적 개발 방법론으로 '시스템 생명주기(SDLC, System Development Life Cycle)'가 있습니다. 이 방식에서는 건축의 청사진과 같은 역할을 하는 다양한 모형들이 사용되는데, 그중에서도 데이터를 흐름으로 엮어 분석하는 '데이터 흐름도(DFD, Data Flow Diagram)'가 핵심이 됩니다. 기업 경영이라는 본질 자체가 결국 경영 자료의 발생과 흐름, 조작, 그리고 기록의 과정이기 때문입니다.

DFD를 설계하기 위해서는 각 현행 업무를 파악하여 이를 전체적으로 묶는 과정이 필요합니다. 이는 개별 사용자 관점(User View)에서 시작하여 기업 전체의 관점(World View)으로 종합하는 'AS-IS 분석'의 시발점이 됩니다. 즉, DFD를 통해 기업의 데이터 흐름을 추적함으로써 기업 전반에 대한 깊은 이해가 가능해지며, 이를 바탕으로 기업을 어떻게 개선할지 고민하는 'TO-BE 분석'을 수행할 수 있게 됩니다.

TO-BE 분석은 정보 기술의 장점인 자동화와 비대면화 등을 이용하여 경영 효율화를 목표로 새롭게 DFD를 그리는 작업입니다. 이 과정에서 첨단 경영 기법이나 새로운 의사결정 모델을 채택할 수도 있습니다. 다시 말해, 이 단계부터는 명확한 목표를 향한 창조력이 필요한, 그야말로 '예술의 경지(State of the Art)'라고 할 수 있습니다. 이후 DFD에서 도출된 데이터 흐름을 기능별로 묶어 메뉴 구조를 설계하고, 이와 함께 데이터 저장을 위한 파일 구조를 분석해야만 비로소 데이터베이스(DB) 설계가 가능해집니다.

❖ ERD; 데이터의 구조

문제는 새로운 정보 기술의 등장과 함께 그에 적합한 또 다른 개발 방법이 고안되었다는 사실입니다. 1970년대 후반부터 확산된 '관계형 데이터베이스(RDB)' 기술이 대표적입니다. 이 기술은 기존의 파일 구조를 엔티티(Entity)와 그들 간의 관계로 보는 파일 구조로 치환하였고, 이를 표시하는 핵심 도구로 '개체-관계 모델(ERD, Entity Relationship Diagram)'이 부각되었습니다. DFD가 데이터의 '흐름(Flow)'을 중시한다면, ERD는 정태적인 '축적(Stock)'의 개념으로 파일을 어떻게 정의하고 관계를 설정할 것인가에 집중합니다.

설계자가 시스템 구축을 위해 DFD와 ERD를 동시에 사용해야 할 때 심각한 어려움이 발생합니다. DFD는 흐름에 방점을 둔 3세대 언어에 적합한 반면, ERD는 4세대 언어인 SQL을 전제로 하기 때문입니다. ERD는 데이터를 물리적 공간에서 효율적으로 처리하기 위해 파일을 쪼개고 연결하는 데 목적이 있습니다. 이 작업이 완료되면 SQL을 통해 원하는 자료를 손쉽게 얻을 수 있지만, 이는 비즈니스 시스템 전체를 설계하는 데에는 역부족입니다. 결국 현장에서는 비즈니스 처리를 위해 여전히 DFD와 ERD에 의존할 수밖에 없으며, 이 두 세계관을 혼용하는 과정에서 설계 미스가 발생할 가능성이 매우 높아집니다.

이러한 방법론적 통합의 어려움은 교육 현장에서도 고스란히 나타납니다. 소프트웨어 개발의 개념이 정립되지 않은 학생들에게 서로 다른 두 개념의 통합을 가르치는 일은 참으로 난해한 과제입니다. 더욱이 업무 프로세스를 중심으로 설계하자는 BPR(Business Process Reengineering) 경영기법이 개발되면서 '프로세스 맵(Process Map)'이라는 또 다른 도구가 추가되었습니다. 결국 분석가와 설계자는 서로 다른 언어를 쓰는 세 가지 방법론을 하나로 합쳐 하나의 완결성 있는 설계도를 그려내야 하는 과제를 안고 있습니다.

오늘날 AI를 활용한 소프트웨어 개발 도구가 등장하여 상당 부분 자동화가 이루어지고 있지만, 시스템의 적합성을 검증하는 것은 여전히 사람의 몫입니다. 또한 우리는 과거의 설계 패러다임에서 완전히 자유로울 수 없습니다. 새로운 기술이 도입되어도 그것이 개별 기술의 장점을 버리지 못하는 한, 분석 설계자는 끊임없이 방법론의 통합이라는 난제를 안고 고민할 수밖에 없습니다. 기술은 발전하지만, 완벽한 시스템을 향한 인간의 고뇌는 계속될 것입니다.

11 호기심 천국, MIS

김준우 | 끊임없는 질문이 만드는 혁신:
경영정보학의 심장, 호기심

어떤 학문이든 그 시작은 호기심에서 비롯된다고 해도 과언이 아닐 것입니다. 호기심은 곧 질문으로 발전하며, 그에 대한 답을 구하는 과정이 바로 학문의 여정이라 할 수 있습니다. 호기심은 개인이 갖는 독특한 성향으로서 모든 인간 활동의 단초가 됩니다. 물론 모든 호기심이 반드시 학술적 의문이나 발명으로 이어지는 것은 아니나, 이러한 탐구 성향은 모든 학문 영역에서 필수적인 특질입니다. 특히 경영정보학(MIS)에 있어서 호기심은 그 무엇보다 중요한 가치를 지닙니다.

❖ 경영의 신경망, MIS의 본질과 역할

경영정보학은 좁게는 정보 기술을 통해 조직의 효율성을 높여 비전과 목표를 달성하는 학문이지만, 넓게 보면 정보 기술에 의한 사회 발전을 지향합니다. 따라서 MIS는 수시로 출현하는 새로운 기술을 파악하고 이를 조직에 적절히 투입하여 기업의 경쟁 우위를 확보하는 데 그 목적이 있습니다.

이러한 특성으로 인해 경영정보학은 경영학의 다른 세부 전공들과는 차별화된 성격을 갖습니다. 기업 전반에 영향을 미친다는 점에서 회계와 비견되기도 하는데, 회계가 기업의 현금 흐름, 즉 '피의 흐름'에 비유된다면 MIS는 정보를 다루는 '신경망'에 비유할 수 있습니다. MIS는 인사, 마케팅, 재무 등 여타 영역과 긴밀히 연계될 뿐만 아니라 법률, 경제, 사회 문화적 환경 변화에도 민감하게 반응하며 그 대안을 제시해야 하는 학문입니다.

❖ MIS 연구 및 적용의 4단계 여정

이처럼 역동적인 경영정보학의 실천 과정은 크게 네 단계, 즉 '호기심', '파악', '융합', 그리고 '실제 적용'의 단계로 구분할 수 있습니다.

1단계: 호기심 (Curiosity): 새로운 기술이나 사회적 변화가 포착되었을 때 관심을 갖게 되는 시작점입니다. 기술적 변화뿐만 아니라 정치, 법률, 관습의 변화 등 광범위한 사회적 현상이 모두 탐구의 대상이 됩니다.

2단계: 파악 (Identification): 적극적으로 자료를 수집하고 기술을 습득하는 단계입니다. 기술의 장단점과 한계를 이해할 뿐만 아니라, 직접 사용하며 체화(體化)하는 과정입니다. 나아가 기술이 사회에 미치는 영향과 법률적, 윤리적 판단을 통해 미래의 방향성을 제시하는 일도

이 단계에서 이루어집니다.

3단계: 융합 (Integration): 기술 수용 모델인 TAM(Technology Acceptance Model) 이론에서 알 수 있듯이, 습득한 기술을 경영의 어떤 영역에 어떻게 적용할지 구상하는 단계입니다. 이를 통한 경쟁력 제고 방안과 필요한 예산 등을 면밀히 검토하게 됩니다.

4단계: 적용 (Implementation): 구상한 방안을 실제 현장에 도입하는 단계입니다. 이 과정에서는 조직적 저항이나 예상치 못한 변수가 나타날 수 있으며, 사내 구현 혹은 외부 위탁(Outsourcing) 여부 등 전략적인 결정이 수반됩니다.

❖ MIS 전문가를 위한 제언: 열린 마음과 통찰력

그렇다면 MIS를 전공하고 실천하기 위해서는 어떤 소양이 필요하겠습니까? 물론 기술적 능력도 중요하지만, 무엇보다 세상을 바라보는 열린 마음과 타 분야에 대한 깊은 관심이 선행되어야 합니다. 끊임없이 변화하는 기술과 사회 환경 속에서 '왜?'라는 질문을 멈추지 않는 호기심이야말로 경영정보학자를 지탱하는 가장 강력한 동력이기 때문입니다.

경영정보학은 단순히 기술을 다루는 학문을 넘어, 기술과 인간, 그리고 조직을 잇는 가교 역할을 수행합니다. 우리 MIS 전공자들이 호기심이라는 등불을 들고 끊임없이 질문을 던질 때, 비로소 기업과 사회는 기술이 주는 진정한 혜택을 누릴 수 있을 것입니다.

12 MIS 인(人)으로서의 삶

김준우 : 그대, 테크와 인문에의 뿌리로 날다

칠순을 즈음하여 지난 시간을 가만히 뒤돌아보는 것은, 인생의 노년을 맞이하며 스스로를 반성하고 새로운 다짐을 한다는 측면에서 참으로 큰 의의가 있는 일인 것 같습니다. 더욱이 제 평생의 직업이었던 MIS의 은퇴자로서, 과연 이 직업을 갖기 위해서는 어떠한 자질이 필요하고 또 MIS 인으로서의 삶은 어떠해야 하는지에 대해 이야기를 남기고 싶습니다. 굳이 독일 철학자 막스 베버의 말을 빌리지 않더라도, 제가 걸어온 이 길의 흔적이 혹시나 어떤 분에게는 작은 도움이 될지도 모를 일이니까요.

MIS는 학문 분류를 따지면 사회과학의 한 분야인 경영학 중에서도 세부적인 전공에 해당합니다. 잘 아시다시피 사회과학이 사회 현상을 관찰하고 분석하여 대안을 찾는 학문이고, 경영학은 사회의 구성체인 단일 기업의 이윤을 극대화하는 학문이라고 한다면, 경영정보학은 IT

의 특장점을 이용하여 기업의 이윤을 추구하는 학문이라 할 수 있습니다. 즉, IT가 가진 장점을 활용해 기업의 일부 혹은 전체를 혁신함으로써 더 큰 가치를 창출하고자 하는 것이지요. 그렇기에 기술이 발전하거나 새로운 기술이 출현하는 것은 곧 기업의 변화를 일으키는 중요한 계기가 됩니다.

MIS의 대상이 단지 한 기업에만 머무르는 것은 아닙니다. IT의 활용 범위는 이미 기업의 담장을 넘었을 뿐 아니라, 기업과 사회 그리고 개인이 IT를 통해 서로 긴밀하게 연결되어 있어 기업의 한 부분만 가지고 논하기에는 분명 한계가 있기 때문입니다. 그래서 MIS의 대상 영역은 기업과 사회를 포괄하여 인류 차원으로 확장될 필요가 있습니다. 다시 말하면 MIS의 목표가 기업의 이윤에서 이제는 사회적 가치로 확장되었으며, 이를 분석하기 위해서는 정보기술과 경영 지식을 넘어 인문학적 사고가 반드시 뒷받침되어야 한다는 의미입니다. 그렇다면 이러한 MIS를 직업으로 삼기 위해 필요한 특질은 무엇일까요? 저는 이를 호기심, 추진력, 그리고 친화력이라는 세 가지 성질로 압축해 보았습니다.

❖ MIS 인에게 필요한 자질

MIS 인에게 가장 중요한 요소는 '호기심'입니다. 앞서 말씀드린 것처럼 MIS는 크게는 사회, 작게는 기업을 정보로 연결하는 다양한 분야를 이해하고 통합할 수 있는 능력이 필수적입니다. 그래서 IT 기술과 경영 지식뿐만 아니라 사회를 깊이 있게 이해할 수 있는 인문학적 능력이 있어야만 사람과 IT를 진정으로 융합할 수 있는 안목을 갖출 수 있습니다. 그래야만 산술에 입각한 효율보다는 미래 사회가 필요로 하는 가치 중심의 시스템을 설계할 수 있지요. 이러한 특질은 자연스럽게 한 곳에 안주하지 못하고 지식의 세계를 떠도는 '유목민(Nomad)'이자, 끊임없이 모험을 추구하는 삶의 태도를 낳게 됩니다.

두 번째는 IT 기술을 실제로 구현해내는 '추진력'입니다. 연구자는 이를 논문을 통해 현실화하고, IT 전문가는 기업이나 실생활에서 쓸 수 있는 시스템으로 실제화하는 능력이 바로 추진력입니다. 스쳐 지나가는 아이디어만으로는 세상을 바꾸기 어렵습니다. 그 아이디어를 현실로 옮기기 위해서는 치밀한 계산과 체계적인 진행이 필요하며, 그 추진력의 기저에는 자신에 대한 확신과 용기가 반드시 수반되어야 합니다.

세 번째 자질은 원만한 인간관계, 즉 '친화력'에 있습니다. MIS가 기업의 비전과 목표 달성을 위해 가장 필요로 하는 것은 상호 연결과 통합입니다. 이러한 연계를 위해서는 상대방에 대한 깊은 이해와 소통 능력이 필수적입니다. 그래야만 상대방의 양보가 필요할 때 설득하고 양해를 구하는 등의 행동을 능동적으로 할 수 있기 때문입니다. 소통과 통합을 위한 연계는 이제 기업을 넘어 글로벌 세계에서도 이해관계를 연결하고 조정하는 아주 당연한 역량이 되었습니다.

❖ 직업으로서의 MIS 인

MIS 직업군은 크게 IT 관련 연구자와 교육자들, 그리고 IT 기업인들로 구분할 수 있습니다. 하지만 이들 모두에게는 공통적으로 두 가지 역할이 있다고 생각합니다. 그것은 바로 MIS 학문 자체에 대한 기여와 우리 사회에 대한 기여일 것입니다.

먼저 제 경우를 예로 들어보겠습니다. 제가 대학에서 가르치고자 했던 것은 MIS 교과 과정인 정보기술을 이용한 프로세스 통합과 발전된 IT 기술의 실체, 그리고 정보시스템 구축이었지만, 무엇보다 기업이 어떻게 수익을 창출하는지에 대한 근본적인 원리를 전하고 싶었습니다. 사실 기업의 본질을 이해하지 못하면 MIS는 단순히 기계적인 공학(Engineering)에 그치고 말기 때문입니다. 재무나 회계, 인사 등 경영학의 각 분야에서 공학적 방법론을 다루는 것은 효율성을 얻기 위함이고, 공학처럼 측정이 가능해야 비로소 효율화를 기할 수 있습니다. MIS 역시 치밀한 공학적 방법론을 이용해 시스템을 구축해 왔습니다. 하지만 중요한 문제는 기업의 정보시스템이 이제는 폐쇄된 도구가 아니라 사회와 직접 연결된 생명체와 같다는 사실입니다.

예를 들어 고객이나 사회의 요구를 실시간으로 반영하여 의사결정을 해야 할 때, 기존처럼 수동적인 시스템만으로는 한계가 있을 수밖에 없습니다. 이를 극복하는 길은 인간과 사회의 요구를 이해하고, 그 욕구를 어떻게 유연하게 시스템에 이식할 것인가를 고민하는 것입니다. 즉, 시스템을 구현하기 전에 먼저 시스템 철학과 사회적 가치에 대한 이해가 선행되어야 합니다.

또 다른 예를 들어보겠습니다. 수소와 산소가 만나 물을 이루지만, 원자의 운동 방식과 물의 운동 방식은 전혀 다릅니다. 이와 마찬가지로 기업의 운동 방식을 이해하기 위해서는 사회 속에서의 기업을 먼저 이해할 필요가 있습니다. 사회는 물리적 운동 법칙만을 따르지 않기에 인문학적 지식과 능력이 필요한 것입니다. 이렇게 기업의 운동 방식이 결정되고 나서야 비로소 공학적인 구현 방식을 생각할 수 있습니다.

사회과학도로서 IT를 사회에 전파하는 전파자이자 사회 혁신가로서의 역할도 매우 중요합니다. 저는 인천의 산업 구조를 제조 중심에서 첨단 산업 형태로 바꾸어보고 싶다는 꿈이 있었습니다. 그래서 인천의 정보 산업에 대한 의견을 언론을 통해 수없이 발표했고, 실제 관련 기관의 장을 맡아 직접 구현하고자 노력했습니다. 학문이 진정 사회 발전을 위해 존재하는 것이라면, 자신의 생각을 세상에 직접 펼쳐 보이는 것도 참으로 의미 있는 일이라고 생각합니다. 이제는 대학 교정에서만 목소리를 내는 시대가 지났습니다. 새로운 IT 기술의 소개와 연구를 통해 얻은 혜안을 사회에 알리기 위해 강연도 필요하고, 조직을 통한 실현도 필요합니다. 그리고 수시로 대학에 돌아와 현실과 이론을 후학에게 가르치는 것이 진정한 미래의 산학 체계일 것입니다. 이제 대학과 사회는 하나의 공동체이며, 사회과학도에게는 이 사회가 바로 스승이자 학생입니다.

❖ MIS 인으로서의 삶

행복은 성취의 결과물이라고 합니다. 달성하기 어려운 목표를 성취했을 때의 감격과 행복감은 그 무엇보다 높습니다. 그래서 MIS 인이 얻을 수 있는 행복은 몸담고 있는 IT 세계에서 원하는 일을 하고, 그것을 성취해 나갈 때가 아닌가 싶습니다. 어쩌면 그 일이 하나의 사명이라고 느낀다면 더욱 그러할 것입니다. 결국 MIS 인이 느낄 수 있는 행복은 IT를 통해 사회 발전에 기여하는 일에 있을 것입니다.

MIS는 끊임없이 변화하는 학문입니다. 그래서 봇물처럼 쏟아지는 IT 기술에 대해 호기심을 잃지 않고 직접 시도하고 분석하며, 기술이 가진 가능성과 한계를 판단하는 전파자로서의 역할이 필요합니다. 또한 다양한 학문 영역과 소통하며 학문적 통섭(通涉)의 중심 역할을 하는 것도 중요합니다. 시스템 통합이란 반드시 IT 기술만의 통합이 아니라 학문, 예술, 이념 등의 사회적 가치 통합까지 포함되어야 한다고 믿습니다. 이러한 열린 사고와 노력이 인류 발전의 소중한 씨앗이 된다고 생각합니다.

MIS 교육에서도 마찬가지입니다. 대학에서 MIS 전공은 IT의 역할이 변화한 만큼 기능적인 교육보다는 학생들이 사회를 보는 안목, 즉 인문학적 교육에 더 비중을 두어야 합니다. 학생들이 사회를 올바르게 이해하고 가치관을 정립하게 될 때, 비로소 그 사회에 적합한 정보시스템도 설계할 수 있기 때문입니다. 이렇게 새로운 교육 체계에서 배운 이들이 미래 사회에 잘 적응해 나간다면, 그 것이야 말로 대학에 있는 이로서 느낄 수 있는 최고의 행복일 것입니다.

또한 사회과학도로서 사회의 변화에도 앞장서야 합니다. AI와 같은 새로운 기술의 소개와 그 한계점, 파급 효과 등을 분석하여 세상에 알려주는 것도 대학인들에게는 매우 소중한 일입니다. 필요에 따라서는 새로운 IT를 활용해 사회 참여자로서 직접 현장에 뛰어드는 것도 큰 의미가 있을 것입니다. 변화가 느린 사회는 급속한 기술 발전을 따라가기 어렵기에, 사회에 대한 기술 가이드를 제공하는 것은 IT 전문가이자 혁신가로서의 사명이라 할 수 있습니다. 그러한 노력으로 사회가 조금이라도 더 나은 방향으로 발전하는 모습을 지켜볼 때, 우리는 사회과학도로서 그리고 MIS 인으로서 진정한 보람과 행복을 느낄 수 있을 것입니다.

Column

김준우

13 경영정보학(MIS) 전공의 애환(哀歡)

기술의 파고(波高) 속에서 정체성을 찾는
경영정보학의 과제

인간에게는 권력 투쟁이 필연적이며, 보통 이를 정치 행위를 통하여 해결하곤 합니다. 이러한 권력 투쟁과 정치 행위는 가톨릭 교황을 선출하는 콘클라베에서도 볼 수 있을 뿐만 아니라, 상아탑인 대학 역시 예외는 아닙니다. 대학에서 구조조정 등 자원을 배분할 때 각 단과대학별로 치열하게 경쟁하듯이, 단과대학 안에서도 전공별로 자원 쟁탈을 위한 주도권 경쟁이 결코 적지 않은 것이 현실입니다.

❖ 경영정보학의 태생과 학문적 연결성

주지하시다시피 경영정보학은 경영학의 비교적 새로운 분야입니다. 컴퓨터가 등장하고 이를 기업에 도입할 필요성을 인식하면서, 1960년경 미네소타 대학의 데이비스(Davis) 교수를 위시한 몇몇 교수님들이 학문적인 체계를 세움으로써 태동되었습니다. 경영정보학이 갖는 포괄성과 확장성으로 인해 당시 독립 전공이었던 경영과학 분야에서 큰 관심을 갖기 시작하였는데, 경영 효율성을 다룬다는 측면에서 보면 두 학문의 차이가 크지 않았던 것도 한 가지 이유였습니다. 실제로 경영과학 전공자들이 경영정보학 논문집에 많은 기고를 하고 있는 것도 사실입니다.

경영정보학이란 정보 기술에 기반하여 조직 설계와 효율성 극대화를 통해 기업의 이윤을 추구하는 학문입니다. 문제는 경영정보학이 기업의 정보 처리를 담당함에 따라 기업의 모든 기능을 포괄하게 된다는 점에 있습니다. 기업 경영은 각 기능이 정보를 생산하면서 운영되기에, 경영정보학은 각 기능의 정보 처리를 위한 효율성 증대와 그 정보들의 연결을 원활하게 할 책임을 갖기 때문입니다. 그렇게 해서 경영정보학은 본래 다른 전공에 관여할 수밖에 없는 태생적 속성을 지니게 됩니다.

❖ 모호한 경계와 '빈 껍데기 전공'의 위기

경영정보학은 회계(AIS), 마케팅(CRM), 생산(SCM), 인사(HRM) 등 경영학의 전 영역을 정보시스템으로 연결하며, 그 중심에는 전사적 자원관리(ERP)가 위치합니다. 이처럼 경영정보학은 경영학 전체를 포괄하는 광범위한 성격을 지니지만, 역설적으로 각 영역과 경영정보학 사이의 경계는 매우 모호하고 민감할 수밖에 없습니다.

이러한 상황은 경영정보학을 '빈 껍데기 전공'으로 전락시킬 위험을 내포합니다. 정보기술의 비약적인 발전으로 타 전공자들도 전문 지식 없이 시스템에 쉽게 접근하고 운용할 수 있게 되었기 때문입니다. 결국 경영정보학에 남는 것은 기술적 설계 영역뿐인데, 이마저도 공과대학의 컴퓨터공학이나 산업공학적 전문성과 비교하면 학문적 차별성을 확보하기에 분명한 한계가 존재합니다.

❖ 급변하는 기술 트렌드와 교육 현장의 고충

또한 경영정보학은 태생적으로 정보 기술에 기반한 학문인 만큼, 기술 발전에 민감할 수밖에 없습니다. 문제는 기술이 최근처럼 급속도로 발전한다면 이를 소화하기도 어려울 뿐만 아니라 대학 커리큘럼으로 담아 내기가 쉽지 않다는 점에 있습니다. 2000년대 초반 제가 대학에 자리 잡은 이후로 대략 1~2년 간격으로 객체지향 프로그래밍(OOP), DBMS, 데이터웨어하우스, 빅데이터, 데이터 마이닝, 웹 프로그래밍, OLAP, 지식관리시스템(KMS), 블록체인, 메타버스, 그리고 최근의 AI 신기술들이 쏟아져 나왔습니다. 이처럼 짧은 기간에 이들을 학문적 영역은 물론 교과서에서 조차 다루기가 무척이나 힘들었던 것입니다. 특히 정체되어 있는 대학 환경에서는 더욱 그러합니다.

당연히 경영정보학은 수요자인 학생들에게도 결코 쉽지 않은 학문입니다. 경영정보학이 익숙하지 않은 정보 기술을 기반으로 하고 있기 때문에, 배경지식이 없는 학생들로서는 접근하기가 쉽지 않습니다. 특히 다른 전공과는 달리 프로그래밍 언어나 데이터베이스 설계, 더 나아가 시스템 분석과 설계 같은 과목들은 컴퓨터공학과 비교하면 상대적으로 깊이가 얕기 때문에, 인문계 성향의 학생들이 접근하기에는 극히 어려워하는 과목들입니다. 다시 말해, 경영대학 학생들의 관심이 떨어질 수밖에 없고 기피하기도 쉽다는 뜻입니다.

❖ 정치적 입지와 자원 배분의 왜곡

이러한 문제들로 인해 경영정보학이 학과로 독립되어 있지 않고 경영대학 내의 전공으로 남아 있다면, 단과대학 내에서도 입지를 잃고 정치력에서 밀리기 쉽습니다. 모든 의사 결정 참여자들이 정보화의 중요성을 충분히 인지하고 있음에도 그러합니다. 이는 자신의 영역이 침식당하는 것을 경계하기 때문입니다. 이러한 상황은 학과의 필수 과목을 조정하거나 신임 교수를 채용할 때 더욱 두드러지게 나타납니다. 특히 많은 부분이 중첩될 수밖에 없는 경영과학 전공과는 이러한 관계가 더욱 민감합니다.

앞으로 정보 기술이 더욱 다루기 쉬워진다면 경영정보학의 입지가 더욱 약해질 우려가 있습니다. 사실 대학 자원의 안배는 대학의 비전이나 목표에 준하여 결정되어야 합니다. 단과대학의 힘이나 전공의 정치력에 의해 결정되는 것은 분명히 잘못된 일입니다. 이처럼 자원의 배분이 왜곡되는 경우는 대학의 목표가 불분명하거나 리더십이 부족할 때 흔히 나타나곤 합니다.

❖ 고유 영역 확보와 AI 시대의 새로운 도약

따라서 경영정보학 전공의 입지를 굳건히 세우기 위해서는 먼저 나름의 고유 영역을 설정해야만 합니다. 다른 경영학 세부 전공들을 보면 고유한 특징이 있습니다. 예컨대 마케팅이나 회계라고 하면 머릿속에 즉각 떠오르는 고유한 역할이 있지요. 경영정보학 전공 역시 다른 경영학 세부 전공들이 관여할 수 없는 독보적인 역할이 있어야 합니다.

앞으로의 세계를 AI가 지배할 것이라는 점에는 모두가 공감하고 있습니다. 여기에는 분명 AI를 중심으로 AI와 기업, 그리고 AI와 사회를 연구하는 경영정보학의 역할이 주도적이어야 함이 당연합니다. 따라서 경영정보학 전공은 시대가 요구하는 만큼 먼저 AI 중심적 기업 혹은 AI 중심 사회에 대하 선구적인 연구와 커리큘럼 보완을 이끌어 내야 합니다. 그래야만 대학 내에서, 그리고 경영대학 내에서 독립적인 자리매김을 할 수 있으며 발전적인 역할을 담당할 수 있을 것이라 생각합니다.

14 퇴임 MIS 전공자가 맞닥뜨린 AI

김준우 : 늦게 마주친 새로운 세상에서의 생존법

기술은 가능성을 현실로 바꾸어 주는 마술과 같은 도구입니다. 다만 마술과 다른 점이 있다면, 기술은 그 원리를 설명할 수 있지만 마술은 그렇지 못하다는 데 있지요. 그리고 현실이 된 그 자리에는 언제나 새로운 가능성이 피어 오르기 마련입니다. 이러한 기술들은 간혹 커다란 변곡점을 지나며 눈부시게 발전하곤 합니다.

50년대에 태어나신 분들 중에서도 특히 IT를 전공하신 분들은 인생 전반을 정보기술의 발전과 거의 궤를 같이해 오셨다고 할 수 있습니다. 학창 시절 갤러그와 같은 초보적인 전자오락이나 애플 II PC와 함께 시작된 IT 경험은, 이후 PC의 비약적인 발전과 인터넷의 등장으로 큰 전환기를 맞이했습니다. 그 후 물밀듯이 쏟아져 나온 새로운 개념과 기술들의 소용돌이 속에서 어느덧 노년을 맞이하게 되셨지요. 그분들에게는 기술이 아무리 복잡하게 발전했다 하더라도, 과거의 IT

지식만 있다면 충분히 이해하고 따라잡을 수 있는 영역이었습니다.

❖ 새로운 충격: AI

하지만 최근 등장한 **AI** 기술은 이러한 전문가분들조차 참으로 당혹스럽게 만듭니다. 우리가 익숙하게 여겨온 '예측 가능하고 이해할 수 있는' 범주가 아니라, 이전에 경험해보지 못한 전혀 새로운 기술이기 때문입니다. 아무리 기술 전문가라 자부하더라도, 도저히 이해할 수 없는 것을 아는 척할 수도 없는 노릇이지요.

일반적으로 기술에는 두 가지 뚜렷한 특징이 있습니다. 하나는 '리니어(linear, 선형적)'하다는 것이고, 다른 하나는 고유의 '논리체계(logic)'를 갖는다는 점입니다.

먼저 '리니어'하다는 것은 새로운 기술이 항상 기존 기술에 기반한다는 의미입니다. 어떤 새로운 기술이라도 결국 과거의 기술들을 개량하고 혼합한 결과물이라는 것이지요. 프로그래밍 언어를 예로 들어보면 이해가 쉽습니다. 자주 쓰는 코드를 묶어 저장했다가 필요할 때 불러 쓰는 방식은 프로그래밍 언어마다 라이브러리(Library), 저장소(Repository), 모듈(Module), 객체(Object) 등 이름만 다를 뿐, 근본적인 개념은 동일합니다.

데이터의 집합 역시 규모에 따라 데이터베이스, 데이터마트, 데이터 웨어하우스, 빅데이터 등으로 불리지만 결국 그 본질은 데이터입니다. 무선통신 기술 또한 **GSM** 방식에서 **CDMA, LTE,** 그리고 **5G**로 발전해 오는 과정이 전송 속도를 높이기 위해 압축 방식과 물리적 전송 방식을 개선하는 선형적인 흐름 속에 있었습니다.

둘째로, 기술은 고유의 이론, 즉 논리체계를 갖추고 있습니다. 과학적 이론에 입각하여 구현되고 상품화되는 과정을 거치지요. 기술이 구현되기 위해서는 과학적 이해를 바탕으로 창조되거나 개선되어야 합니다. 그렇기에 과학 지식만 있다면 새로운 기술을 충분히 이해할 수 있었고, 언제나 동일한 결과를 재현해낼 수도 있었습니다.

이처럼 과거의 기술들은 논리체계에 입각한 과학을 기반으로 했기에 '이해'가 가능했고, 그 덕분에 기술을 '제어'할 수도 있었습니다. 50년대 세대 전문가분들에게는 자신이 가진 기술을 발전시켜 새로운 가능성을 현실화하는 것이 하나의 규범과도 같았습니다.

그러한 가운데 2022년에 등장한 ChatGP와 같은 AI 기술은 큰 충격이 아닐 수 없었습니다. 잘 아시다시피 AI 기술은 대규모 데이터를 수억 개의 노드를 갖춘 컴퓨터에 만족할 만한 결과가 나올 때까지 반복해서 계수를 조정하며 훈련하는 거대한 장치입니다. 인간의 뇌세포 구조를 모델로 삼아 엄청난 규모의 데이터를 투입하고 반복 작업을 수행하는 방식이지요.

❖ 초기 MIS 전공자의 어려움

이러한 AI 기술을 마주한 MIS 전문가들은 당혹감을 느끼지 않을 수 없습니다. 무엇보다 AI 기술 그 자체를 논리적으로 완전히 이해하기가 어렵기 때문입니다. 오직 질문과 답만이 유일한 접점이 될 뿐이지요. 그 답이 어떤 과정을 거쳐 도출되었는지 알 수 없을 뿐더러, 답변의 정확도를 어떻게 확인해야 할지도 막연합니다. 수학이나 과학처럼 답이 명확한 분야라면 검증이 가능하겠지만, 그렇지 않은 분야에서는 결국 검증의 주체가 본인이 될 수밖에 없습니다. 자신의 판단에 의지해 검증해야 하는데, 이 답이 AI의 결과와 항상 일치하는 것도 아닙니다.

또한 어떤 시점에서도 AI가 준 답이 완벽하게 정확하다고 단정 지을 수 없습니다. AI는 훈련 데이터에 기반해 답을 주기 때문에, 더 크고 새로운 데이터로 다시 훈련한다면 답은 언제든 변할 수 있습니다. 결국 그 답은 특정 시점에 주어진 훈련 데이터로부터 나온 한시적인 결과일 뿐입니다.

이러한 문제는 AI가 아무리 발전하여 인공일반지능(AGI)이나 인공초지능(ASI) 수준에 도달한다고 해도 쉽게 해결될 것 같지 않습니다. 오히려 정답이 없는, 혼탁한 세상이 올 수도 있다는 걱정이 듭니다. AI 모델마다 다른 답을 내놓을 수도 있고, 같은 모델이라도 시기에 따라 다른 답을 줄 가능성이 얼마든지 있기 때문입니다. 이는 진짜와 가짜가 뒤섞여 유통되는 세상이 될 수도 있음을 의미합니다.

확고한 논리에 기반한 기술에 익숙하신 50년대생 IT 전문가분들에게 이런 상황은 참으로 생소합니다. 분명 활용만 잘하면 유용하고 신기한 도구이지만, 자신의 판단을 온전히 대신하게 하기에는 어딘지 모르게 께름칙한 기분이 드는 것이지요. 신기하다는 이유만으로 원리도 모르는 기술을 향해 '미래의 기술'이라며 앞장서 깃발을 흔드는 것도 영 마음이 내키지 않는 일입니다.

물론 AI가 고도로 발전된 기술임에는 틀림이 없습니다. 곧 AI가 탑재된 휴머노이드가 가정과 공장에 보급될 것이고, 노동 시장의 수많은 직업을 대체할 것이라고도 합니다. 이처럼 AI 기술이 급격히 파급되는 상황에서, 50년대생 MIS 전문가분들이 할 수 있는 역할은 무엇일까요? 어쩌면 자동차 운전학원에서 엔진의 원리 대신 운전법을 가르치는 것처럼, AI 기술 그 자체보다는 'AI를 지혜롭게 활용하는 방법'을 가르치는 것에 만족하며 살아가는 것이 우리의 남은 몫이 아닌가 싶습니다.

디지털 야누스의 두 얼굴

초판인쇄 2026년 4월 20일
초판발행 2026년 4월 20일

지 은 이 김준우 · 김신곤 · 김정덕
펴 낸 이 채종준
펴 낸 곳 한국학술정보(주)
주   소 경기도 파주시 회동길 230(문발동)
전   화 031-908-3181(대표)
팩   스 031-908-3189
투고문의 ksibook1@kstudy.com
등   록 제일산-115호(2000. 6. 19)

ISBN   979-11-7457-583-8 93560

이담북스는 한국학술정보(주)의 학술/학습도서 출판 브랜드입니다.
이 시대 꼭 필요한 것만 담아 독자와 함께 공유한다는 의미를 나타냈습니다.
다양한 분야 전문가의 지식과 경험을 고스란히 전해 배움의 즐거움을 선물하는 책을 만들고자 합니다.